江南文化研究论丛·第一辑
主　编　田晓明
副主编　路海洋

学术支持
苏州市哲学社会科学界联合会
苏州科技大学城市发展智库
苏州大学东吴智库
苏州科技大学文学院

江南文化研究论丛·第一辑

主编 田晓明

副主编 路海洋

本丛书获苏州市社科基金项目出版资助

明清苏州审美风尚研究

杨洋 廖雨声 著

苏州大学出版社
Soochow University Press

图书在版编目(CIP)数据

明清苏州审美风尚研究 / 杨洋,廖雨声著. —苏州：苏州大学出版社，2022.12
(江南文化研究论丛 / 田晓明主编. 第一辑)
ISBN 978-7-5672-4174-9

Ⅰ.①明… Ⅱ.①杨…②廖… Ⅲ.①美学史—研究—中国—明清时代 Ⅳ.①B83-92

中国版本图书馆 CIP 数据核字(2022)第 241207 号

书　　　名 /	明清苏州审美风尚研究
	MINGQING SUZHOU SHENMEI FENGSHANG YANJIU
著　　　者 /	杨　洋　廖雨声
责任编辑 /	汤定军
装帧设计 /	吴　钰
出版发行 /	苏州大学出版社
地　　　址 /	苏州市十梓街 1 号
邮　　　编 /	215006
电　　　话 /	0512-67481020
印　　　刷 /	苏州市深广印刷有限公司
开　　　本 /	787 mm×1 092 mm　1/16　印张 15.75　字数 259 千
版　　　次 /	2022 年 12 月第 1 版
印　　　次 /	2022 年 12 月第 1 次印刷
书　　　号 /	ISBN 978-7-5672-4174-9
定　　　价 /	60.00 元

图书若有印装错误，本社负责调换
苏州大学出版社营销部　电话：0512-67481020
苏州大学出版社网址　http://www.sudapress.com
苏州大学出版社邮箱　sdcbs@suda.edu.cn

文化抢救与挖掘：人文学者的历史使命与时代责任
——"江南文化研究论丛"代序

田晓明

世间诸事，多因缘分而起，我与"大学文科"也不例外。正如当年（2007年）我未曾料想到一介"百无一用"的书生还能机缘巧合地担任一所百年名校的副校长，也从未想到过一名"不解风情"的理科生还会阴差阳错地分管"大学文科"，而且这份工作一直伴随着我近二十年时间，几乎占据了我职业生涯之一半和大学校长生涯之全部。我理解，这也许就是人们常说的缘分吧！

承应着这份命运的安排，我很快从既往断断续续、点点滴滴的一种业余爱好式"生活样法"（梁漱溟语：文化是人的生活样法）中理性地走了出来，开始系统、持续地关注起"文化"这一话题或命题了。尽管"文化"与"大学文科"是两个不同的概念，但在我的潜意识之中，"大学文科"与"文化"彼此间的关联似乎应该比其他学科更加直接和密切。于是，素日里我对"文化"的关切似乎也就成了一种偏好、一种习惯，抑或说是一种责任！

回眸既往，我对"文化"的关注大体分为两个方面或两个阶段：一是起初仅仅作为一名普通读书人浸润于日常生活、学习和工作中的碎片式"体悟"；二是2007年之后作为一名大学学术管理者理性、系统且具针对性的理论思考和实践探索。

作为20世纪80年代初期的大学生，我们这一代人虽然被当时的人们羡称为"天之骄子""时代宠儿"，但我们自个儿内心十分清楚，我们就如同一群刚刚从沙漠之中艰难跌打滚爬出来的孩子，对知识和文化的追求近乎如饥似渴！有人说：在没有文学的年代里做着文学的梦，其灵魂是苍白的；在没有书籍的环境中爱上了读书，其精神是饥渴的。我的童年和少年就是在这饥渴而苍白的年代中度过的，平时除了翻了又翻的几本连环画和看了又看的几部老电影，实在没有太多的文化新奇。走进大学校园之后，图书馆这一被誉为"知识海洋"的建筑物便成为我们这代人日常生活和学习的主要场所,而且那段生活和学习的时光也永远定格为美好的记忆!即便是现在,偶尔翻及当初留下的数千张读书卡片,我内心深处仍没有丝毫的艰辛和苦楚,而唯有一种浓浓的自豪与甜蜜的回忆!

如果说大学图书馆(更准确地说是数以万计的藏书)是深深影响着我们这代读书人汲取"知识"和涵养"文化"的物态载体,那么,伴随着改革开放在华夏大地上曾经涌起的一股强劲的"文化热",则是我们这代人成长经历中无法抹去的记忆。20世纪80年代,以李泽厚、庞朴、张岱年等为代表的一大批学者,一方面对中国传统思想文化展开了批评研究,另一方面对西方先进思想文化进行学习借鉴,从而引导了文化研究在改革开放以来再次成为社会热点。如何全面评价20世纪80年代的那股"文化热",这是文化研究学者们的工作。而作为一名大学学术管理者,我特别注意的是这股热潮所引致的一个客观结果,那就是追求精神浪漫已然成为那个时代的一种风尚,而这种精神浪漫蕴含着浓郁的人文主义和价值理性指向。其实,这种对人文主义呼唤或回归的精神追求并不只是当时中国所特有的景致。

放眼世界,由于科学主义、工具理性的滥觞,人文社会科学日渐式微,人文精神也日益淡薄。而这种人文学科日渐式微、人文精神日益淡薄现象最早表现为大学人文学科的边缘化甚至衰落。早在20世纪60年代,国际学术界尤其是大学人文社会科学界就由内而外、自发地涌起了"回归人文、振兴文科"的浪潮。英国学者普勒姆于20世纪60年代出版的《人文学科的危机》,引发了欧美学界尤其是人文社会科学界的广泛关注和热烈讨论;美国学者罗伯特·维斯巴赫针对美国人文学科的发展困境发表感慨:"如今的人文学科,境遇不佳,每况愈下,令人束手无策","我们已经失去其他领域同事们的尊敬以及知识大众的关注";乔·古尔迪曾指出,"最近的半个世纪,整个人文学科一直处于危机之中,虽然危机在每个国家的表现有所不同";康利认为,美国"20世纪60年代社会科学拥有的自信心,到了80年代已变为绝望";利奥塔甚至宣称"死掉的文科";等等。尽管学者们仅仅从大学学科发展之视角来探析人文社会科学的式微与振兴,却也从另一个侧面很好地反映出人类社会所遭遇的人文精神缺失和文化危机的现象。

在这样的大背景下,中国人文社会科学也不例外。作为一名大学学术管理者和人文社会科学研究者，我从未"走出"过大学校门，对大学人文精神愈益淡薄的现状也有极为深切的体会，这也促使我反复思考大学的本质究竟是什么。数年之前，我曾提出了自己对这一问题的认识：在归根结底的意义上，大学的本质就在于"文化"——在于文化的传承、文化的启蒙、文化的自觉、文化的自信、文化的创新。因为脱离了文化传承、文化启蒙、文化创新等大学的本质性功能，人才培养、科学研究和社会服务都会成为无源之水、无本之木，而大学的运行就容易被视作简单传递知识和技能的工具化活动。从这一意义上说，大学文化建设在民族文化乃至人类文化传承、创新中拥有不可替代的重要地位甚至主要地位。换言之，传承、创新人类文化应该是大学的历史使命与责任担当。

对大学本质功能的思索，也是对大学人文精神日益淡薄原因的追问，这一追问的结果还是回到了文化关怀、文化研究上来。由于在地的原因，我对江南文化和江南文化研究有着较长时间的关注。提及江南文化，"江南好，风景旧曾谙。日出江花红胜火，春来江水绿如蓝，能不忆江南""江南可采莲，莲叶何田田""人人尽说江南好，游人只合江南老""忽听春雨忆江南""杏花春雨江南"等清辞丽句就会自然而然地涌上我们的心头，而很多人关于江南的文化印象很大程度上也正是被这些清辞丽句所定义。事实上，江南文化是在"江南"这一自然地理空间中层累发展起来的物质文化、精神文化的总称。

从历史上看，经过晋室南渡、安史之乱导致的移民南迁、南宋定都临安等一系列重大历史事件，江南在中国文化中的中心地位日益巩固，到了明清时期，江南文化更是发展到了它的顶峰。近代以来，江南文化也并未随着封建王朝的崩解而衰落，而是仍以其强健的生命力，在中西文化冲突与交融的大背景下，逐渐形成了兼具传统性与现代性的新江南文化。在这个意义上，我们所说的江南文化，既是历史的，也是现代的，既是凝定的，也是鲜活的，而其中长期积累起来的优秀文化传统，已经深深融入江南社会发展的肌体当中。如果再将审视的视野聚焦到江南地区的重要城市苏州，我们便不难发现，在中国古代，苏州是吴文化的重要发祥地之一，也是江南文化发展的一个核心区域，苏州诗词、戏曲、小说、园林、绘画、书法、教育、经学考据等所取得的丰厚成就，已经载入并光耀了中华传统文化史册；在当今，苏州也仍然是最能体现江南文化特质、江南文化精神的名城重镇。

我们今天研究江南文化，不但是要通过知识考古的方式还原其历史面貌，还要经由价值探讨的方法剔理其中蕴涵的文化传统、文化精神及其现代价值与意义，更要将这些思考、研究成果及时、有效地运用于现实社会生活，从而真正达成文化的传承、弘扬与创新。

其实，世界上最遥远的距离并不在天涯海角之间，也不是马里亚纳海沟底到珠穆朗玛峰巅，而在于人们意识层面的"知道"与行为表达的"做到"之间。所幸无论在海外还是在本土，学界有关"回归人文、振兴文科"的研讨一直没有中断，政府的实践探索活动也已开启并赓续。2017年美国希拉姆学院率先提出"新文科"概念，强调通过"跨学科""联系现实"等手段或路径摆脱日渐式微的人文社会科学困境。如果说希拉姆学院所言之"新文科"是一种自下而上的、内生型的学界主张，那么我国新近提出的"新文科"建设则具有鲜明的中国特色。作为一名长期从事文科管理的大学办学者，我也深有一种时不我待的紧迫感和"留点念想"的使命感！十多年以来，无论是在苏州大学还是在苏州科技大学，我都是以一种"出膏自煮"的态度致力于大学文科、文化校园和区域文化建设的：本人牵头创办的苏州大学博物馆，现已成为学校一张靓丽的文化名片；本人策划、制作的苏州大学系列人物雕塑，也成为学校一道耀眼的风景线；本人策划和主编的大型文化抢救项目"东吴名家"系列丛书和专题片也已启动，"东吴名家"（艺术家系列、名医系列、人文学者系列等）相继出版发行，也试图给后人"留点念想"；本人在全国高校中率先创办的"苏州大学东吴智库"（2013年）和"苏州科技大学城市发展智库"（2018年）先后获得江苏省哲学社会科学重点研究基地和江苏高校哲学社会科学重点研究基地，且跻身"中国智库索引"（CTTI），本人也被同行誉为"中国高校智库理论思考和实践探索的先行者"……

素日里，我也时常回眸来时路，不断检视、反思和总结这些既有的工作业绩。我惊喜地发现，除了自身的兴趣和能力，苏州这座洋溢着"古韵今风"的魅力城市无疑是这些业绩或成就的主要支撑。随着文化自信被作为中华民族伟大复兴历史梦想的重要组成部分而提出、强调，在理论和实践层面实施中华优秀传统文化传承发展工程已经成为国家的一项重要发展战略。勤劳而智慧的苏州人对国家发展战略的响应素来非常迅速而务实，改革开放以来,他们不仅以古典园林的艺术精心打造出苏州现代经济板块,而且以"双面绣"的绝活儿巧妙实现了中国文化和世界文化的和谐对接。对于实施中华优秀传统文化传承发展工程的国家发展战略,苏州人也未例外。2021年苏州市发布了《"江南文化"品牌塑造三年行动计划》,目的即在传承并创造性转化江南优秀传统文化,推动苏州文化高质量发展,进一步提升城市文化软实力和核心竞争力。《"江南文化"品牌塑造三年行动计划》拟实施"十大工程",以构建比较完整的江南文化体系,而"江南文化研究工程"就是其中的第一"工程"。该"工程"旨在坚守中华文化立场,传承江南文化,加快江南历史文化发掘整理研究,阐释江南文化历史渊源、流变脉络、要素特质、当代价值,推动历史文化与现实文化相融相通,为传承弘扬江南文化提供有力的学术支撑。

为助力苏州市落实《"江南文化"品牌塑造三年行动计划》,我与拥有同样情怀和思考的好友路海洋教授经过数次研讨、充分酝酿,决定共同策划和编撰一套有关江南文化研究的系列图书。在苏州市哲学社会科学界联合会大力支持下,我们以"苏州科技大学城市发展智库""苏州大学东吴智库"为阵地,领衔策划了"江南文化研究论丛"(以下简称"论丛")。首辑"论丛"由9部专著构成,研究对象的时间跨度较大,上起隋唐,下讫当代,当然最能代表苏州文化发展辉煌成就的明清时期以及体现苏州文化新时代创新性传承发展的当代,是本丛书的主要观照时段。丛书研究主题涉及苏州审美文化、科举文化、大运河文化、民俗文化、出版文化、语言文学、工业文化、博物馆文化、苏州文化形象建构等,其涵括了一系列能够代表苏州文化特色和成就的重要论题。

具体而言,李正春所著《苏州科举史》纵向展示了苏州教育文化发展史上很具辨识度的科举文化;刘勇所著《清代苏州出版文化研究》横向呈现了有清一代颇为兴盛的出版文化;朱全福所著《"三言二拍"中的大运河文化论稿》以明代拟话本代表之作"三言二拍"为着力点,论述了其中涵纳的颇具特色的大运河城市文化与舟船文化;杨洋、廖雨声所著《明清苏州审美风尚研究》和李斌所著《江南文化视域下的周瘦鹃生活美学研究》,分别从断代整体与典型个案角度切入,论述了地域特性鲜明的"苏式"审美风尚和生活美学;唐丽珍等所著《苏州方言语汇与民俗文化》,从作为吴方言典型的苏州方言入手,分门别类地揭示方言语汇中包蕴的民俗文化内涵；沈骅所著《苏州工业记忆·续篇》基于口述史研究理念，对改革开放以来的苏州工业历史作了点面结合的探研；艾志杰所著《影像传播视野下的苏州文化形象建构研究》和戴西伦所著《百馆之城：苏州博物馆文化品牌传播研究》，从文化传播维度切入，前者着眼于苏州文化形象建构的丰富路径及其特点的探研，后者则着力于苏州博物馆文化品牌传播内蕴的挖掘。

  据上所述，本丛书的特点大体可以概括为十六个字：兼涉古今、突出典型、紧扣苏州、辐射江南。亦即选取自古以来具有典型意义的一系列苏州文化论题，各有侧重地展开较为系统的探研：既研究苏州文化的"过去时"，也研究苏州文化的"进行时"；研究的主体固然是苏州文化，但不少研究的辐射面已经扩展到了整个江南文化。丛书这一策划思路的宗旨正在于《"江南文化"品牌塑造三年行动计划》所说的使苏州"最江南"的文化特质更加凸显、人文内涵更加厚重、精神品格更加突出，从而提升苏州在江南文化话语体系中的首位度和辐射力。

  诚然，策划这套丛书背后的深意仍要归结到我对大学本质性功能的体认，我们希望通过这套可能还不够厚重的丛书，至少引起在苏高校人文社会科学类教师对苏州文化、江南文化、中国传统文化传承与创新的重视，希望他们由此进一步强化对自己传承、创新文化这一历史使命与时代责任的认识，并进而从内心深处唤回曾经被中国社会一定时期疏远的人文精神、人文情怀——即便这套丛书只是一个开始。

目 录

001 **导论**

007 **第一章　审美人格的时代建构**

009　第一节　义与利的权衡
020　第二节　仕与隐的互通
044　第三节　生与死的抉择

065 **第二章　自然审美的历史重塑**

069　第一节　古典自然审美的历史延续
080　第二节　社会风尚与自然的人间化
097　第三节　自然意象的艺术嬗变

113 **第三章　礼文之美的重新观照**

116　第一节　古典礼文之美的历史延续
136　第二节　礼之本：神圣性的衰减
158　第三节　礼之文：形式美的凸显

181 第四章　感性欲望的多元再现

183　第一节　神性身体追求的历史底色
194　第二节　社会理性对身体的规训
211　第三节　身体欲望的放纵与困惑

233 **结语**

导论

一、问题的提出

明清时期，特别是明代中期开始至清代中期，社会上出现了一系列与苏州名称有关的词语，如"苏意""苏样""苏式""苏作""苏坐""吴样""吴风""吴品"等。这些词语出现在整个江南地区，成为当时时尚的一种象征。时尚是社会的产物，涉及政治、经济、文化、阶级、心理等各方面的因素。格奥尔格·西美尔（Georg Simmel）曾对其进行阐释："一方面，就其作为模仿而言，时尚满足了社会依赖的需要；它把个体引向大家共同的轨道上。另一方面，它也满足了差别需要、差异倾向、变化和自我凸显，这甚至不仅因为时尚内容的变化——正是这种变化将今日时尚打上一种相对于昨日和明日时尚的个性化烙印，而且也是因为这些事实：时尚总是阶级时尚（Klassenmoden），较高层次的时尚与较低层次的时尚截然有别，而且在后者养成较高层次的时尚时便抛弃这种时尚。通过某些生活方式，人们试图在社会平等化倾向与个性差异魅力倾向之间达成妥协，而时尚便是其中的一种特殊的生活方式。"[1]从美学的角度而言，作为社会时尚重要组成部分的审美风尚亦具有以上特征，即中心性、普遍性、等级性、差异性。

明清时期，苏州的文学、绘画、园林、戏曲等艺术样式在整个江南，乃至全国，都具有重要的地位；服装、家具、饮食等日常生活美学也引领着时代的潮流，形成所谓的苏州风尚。苏州是此时期全国的审美风尚中心："今夫轻纨阿锡必曰吴绡，宝玉文犀必从吴制，食前方丈瑶错交陈必曰吴品，舟车服玩装饰新奇必曰吴样。吴之所有，他方不敢望；他方所有，

---

[1] 西美尔：《时尚心理的社会学研究》，载刘小枫选编、顾仁明译《金钱、性别、现代生活风格》，上海：华东师范大学出版社，2010年，第95页和第96页。

又聚而萃之于吴。即文章一途,最为公器,非吴士手腕不灵,非吴工锓梓不传。"[1]衣服、器具、舟车、珠宝,甚至文章必冠以"吴"字、经吴人之手方具有更高的价值。河南人周文炜对此十分不满:"今人无事不苏矣!东西相向西坐,名曰'苏坐'。主尊客上,客固辞者再,久之曰'求苏坐'。此语大可嗤。三十年前无是也。坐而苏矣,语言举动,安得不苏。"[2]三十年的时间,苏州所塑造的审美风尚普及大江南北,引领时代的潮流,事物无论雅俗,时人竞相模仿。"苏人以为雅者,则四方随而雅之,俗者,则随而俗之。"[3]苏州占据着审美时尚的话语权,引领、塑造、更迭着社会的审美理念,掀起一股股审美的风潮。

明清时期苏州审美风尚的流播是十分突出、醒目的文化现象。当我们不仅满足于描绘当时苏州引领社会审美风尚的盛况,还试图探究这种审美文化现象的生成原因与发展脉络时,就会面临以下的问题:明清时期苏州审美风尚的中心性如何确立、普遍性如何达成、等级性和差异性如何凸显? 更为重要的是,在审美风尚迁衍的过程中,人们的感性生存状态如何?"审美风尚是一个时代审美理念的'风信标',是一种'总体趣味',是'大道无形'式的某种风格习俗。它既是可触摸的,又是无处不在的。"[4]它是一定时期内人们在衣食住行、言谈思想、艺术游乐等感性层面表现出的具有普遍倾向的审美趣味与习俗,反映的是这一时期人们对"美"的普遍接受态度与期待程度。因此,审美风尚研究涉及的对象非常广泛,除了传统美学重点关注的艺术之外,亦须考察服饰、饮食、娱乐、家具、居所、礼俗等日常生活的诸多方面。但是它又与一般的日常生活研究不同,审美风尚研究试图在纷繁复杂的现象之中探究人们相对普遍的感性生存状态,以及在这些新颖的社会风貌与生活方式背后渗透着的情感欲望如何表达、审美理想如何呈现、礼文如何抑制与规范感性,如此等等。这是一个颇具挑战性的话题。

---

[1] 陈函辉:《靖江县重建儒学记》,(清)郑重修,袁元等纂《(康熙)靖江县志》卷十六,清康熙八年刻本,第71页。
[2] 周在浚等:《赖古堂名贤尺牍新钞二选藏弆集》卷八,载《四库禁毁书丛刊》集36,北京:北京出版社,1997年,第359页。
[3] 王士性撰,吕景琳点校:《广志绎》卷二,北京:中华书局,1981年,第33页。
[4] 许明:《华夏审美风尚史·总序》,载《华夏审美风尚史》第一卷,郑州:河南人民出版社,2000年,第3页。

二、明清苏州审美风尚的复杂性

明清时期尤其是明中后期的苏州，因其经济繁荣、文化昌盛，给人留下了风流蕴藉、豪华奢侈的鲜明印象，吴人善操海内之权，不断引领审美风尚的流播又逐渐加深这一印象。但是当我们将对苏州审美风尚的考察置于中国美学发展的宏观图景之下，就会发现其更为驳杂的面貌。明初苏州的经济曾受到压制，至天顺、成化年间苏州因市镇经济的繁荣而快速发展，在很多方面都能开风气之先[1]，因此，明清时期的苏州审美风尚既带有中国古典美学的精神，又有近现代美学的萌芽，十分复杂又独具特色。

中国古典美学构建的是天人合一的世界图景。因为天人一体，凡俗的肉体有了永恒的希望，值得保全和重视；野蛮荒芜的自然有了气的氤氲和人情感的浸润，成为人类温情的家园；人世的行为依照天道运转的规律加以规范，从而形成了具有强烈秩序感和形式感的"礼"；混杂着功利欲望的驳杂的人性依靠天道的提升，获得了净化，从而形成了"圣"。总之，这是一个身有神、物有灵、事有序、性有圣的理想和谐世界。但是，这个古典理想世界背后是由天、人密切结合所维系的。明清时期的苏州正处于天、人关系较为剧烈变动的历史转型时期。明前期，由于朱明王朝的政治和经济打压，苏州一度显现出简朴易治的气象，但仍具有鲜明的古典社会形态。嘉靖中后期，苏州经济快速发展。一方面，市镇的蓬勃发展打破了原本淳朴和谐的状态，"市民生活的喧嚣热闹打破了农家日出而作、日落而息的平淡与宁静，这一切都使原先十分简单质朴的生活方式和社会关系发生了巨大变化，人们的起居和作息时间不再完全按照自然的和农事的节律，生活节奏普遍加快"[2]，天对于人的影响逐渐减弱。另一方面，人与人之间紧密联系的血缘关系也遭受到冲击。明清时期的苏州仍然存在以宗族聚居的方式组成的村落，如清代蔡氏在西山缥缈峰聚族而居，康熙十二年（1673）状元、长洲人韩菼到访此地，称其"友渔樵，乐林圃，俗尚淳朴，

---

[1] 牛建强：《明代江南地区的早期社会变迁》，《东北师大学报》（哲学社会科学版），1996年第3期。
[2] 陈江：《明代中后期的江南社会与社会生活》，上海：上海社会科学院出版社，2006年，第35页。

有上古风"[1]。但是细细探究就会发现，在同宗而居的大背景下，家庭规模的小型化趋势也已经表露得非常明显。这时期还出现了"联宗"的情况。陆容《菽园杂记》曾记载："今世富家有起自微贱者，往往依附名族，诬人以及其子孙，而不知逆理忘亲，其犯不啻甚矣。吴中此风尤甚。"[2]"联宗"貌似加强了人与人之间的联系，但是正如陈江所说，相比于徽州的宗族那样的传统意义上的实体性的血缘组织，"江南八府的宗族在组织形态和结构上多出现很大变化，更接近于功能性的社会组织，其间的血缘观念与血缘纽带实际上处于渐趋弱化的过程中"[3]。由此可见，天与人、人与人之间的关系都在变化着。

总体而言，明清之际苏州的天与人的关系逐渐弱化，依靠血缘维系的人与人之间的关系也逐渐淡漠，古典美学所建构的天人一体的世界图景必然会崩坏。处风气之先的苏州的审美风尚正因此才具有复杂的性质。一方面，它仍然具有古典美学的特质，这从各地地方志对苏州明初时风俗淳朴的追忆中就可看出。另一方面，正因天人一体观念的渐趋崩毁，苏州显现出复杂多变的社会审美风尚。传统美学追求的形神合一、君子人格、自然意境等审美追求已经面临瓦解，表现出新的形态。而属于现代美学的崇高、主体性等观念尚处于萌芽状态，并未有意识地表现出来。古典性与现代性交织在一起，构成了明清苏州审美风尚的最典型特征。

三、本书研究思路与研究目标

古典性与现代性的交织构成了本书对明清苏州审美风尚特点的最基本描述，本书的目标即建基于此。前文已述，本书对明清苏州审美风尚的研究并不局限于对苏州引领审美潮流盛况的描述，而是力图研究此文化现象生成的原因，梳理审美风尚流播迁衍的脉络，将苏州审美风尚置于中国古典美学后期演变的宏观视野下加以考查。将苏州作为个案，透视以天、人

---

[1] 王维德等撰，侯鹏点校：《林屋民风（外三种）》，上海：上海古籍出版社，2018年，第367页。
[2] 陆容撰，李健莉校点：《菽园杂记》卷七，载《明代笔记小说大观》，上海：上海古籍出版社，2005年，第438页。
[3] 陈江：《明代中后期的江南社会与社会生活》，上海：上海社会科学院出版社，2006年，第70页。

关系构建下的身有神、物有灵、事有序、性有圣的古典世界的维系、裂变、衰落则构成了本书的基本思路与内容。因此，本书将从四个章节展开。

第一章，审美人格的时代建构。明清时期，士商融合，使得儒家传统的君子人格追求发生了重要的变化：对超凡入圣、道德完美的儒家审美人格的崇尚仍然存在，但此时期士人对商利、雅俗之计量的态度明显发生了转变；个体价值、自我生命意识、私欲等具有现代性特色的观念融入传统的审美人格中，形成了此时人们对于审美人格的新期待，影响着人们的日常生活与审美表达。

第二章，自然审美的历史重塑。意境反映了中国古代文化对于自然山水的独特审美趋向，它在自然中体现了宇宙之真，其理想状态是氤氲空灵。就其本质而言，意境表达的是宇宙情怀，它始终与现实情感保持距离。空灵之境在明清苏州艺术中仍然普遍地存在着，但也出现了空寂荒寒之境，自然已失去了生机，回归其物性，山水诗的意象选择可以很好地体现这一点。吴门画派的山水画开始以园林风景与庭院、庄园等为表现内容，自然成为生活中的自然，变得世俗化、生活化。整体来说，明清时期的自然审美呈现出一种逆意境化的缺失，重塑着中国自然审美的风尚。

第三章，礼文之美的重新观照。《左传》说："夫礼，天之经也，地之义也，民之行也。"所谓礼，是指社会生活、人间秩序具有了天道的必然性，从而体现出强烈的形式感和秩序感。礼以道的名义约束着社会生活，具有神圣性。但是在明清苏州，人们在衣、食、住、行等方面普遍出现了越礼逾制的情况，人们观照礼仪的立场发生了重要的变化，利即义，现实的功利性成了礼仪的依据，其神圣性面临着瓦解。

第四章，感性欲望的多元再现。明清时期，苏州经济在整个中国处于比较高的水平，商品经济的发展助长着人们的感性欲望，对情感、情欲的正视，对饮食消费的疯狂追求，对旅游消费的普遍接受，等等，这种种方面都表达了与传统身体美学不一样的审美风尚。但是，在儒家思想的框架下，感性也并不是毫无节制的。神性身体的追求和道德理性对身体的异化仍然普遍存在，它们与新的身体美学追求共同构成了明清苏州审美风尚的重要之维。

我们试图从身体、人格、自然与礼仪四个方面，结合审美思想、艺术作品、日常生活等资料，在天、人相合所构建的世界图景中，全面展示明清时期苏州的审美风尚，揭示苏州审美在明清时期是如何在古典的瓦解与现代的发生这组矛盾的纠缠下进行历史演变的，描绘苏州是如何在美学上走向现代之路的，以期为当下的苏州发展找到历史的依据，进而为江南美学的研究提供一个可靠的案例。

同时，明中期以来，整个中国美学都面临着现代性的问题。由于其特殊的政治、经济和文化状况，受它们影响的苏州审美风尚更为敏锐地反映了中国美学的古典性与现代性历史演进的问题，并在很大程度上影响了江南地区乃至全国的审美风尚。因此，研究苏州审美风尚，也能够为中国美学的现代性问题提供一个可靠的案例，借此来深入考察中国现代美学的内在生成机制。如此，苏州审美风尚的研究也在中国美学史中找到了其应有的地位。

第一章 审美人格的时代建构

中国先哲对于人性的复杂性有充分的认识，孔子不言性与天道，孟子相信人性本善，荀子认为人性本恶。无论是性善论还是性恶论，都不否认人性是需要教化的。也就是说，他们都充分认识到了现实的人性原本是低平的、复杂的，混杂着对世俗功利的追求，同时又认为它是可以得到净化的。净化后的人性在超越了世俗的羁绊后，与天道相通，如儒家所言之"圣"："大圣者，知通乎大道，应变而不穷，辨乎万物之情性者也。"[1]明德合圣是整个人格表现出的至高境界，也是中国古代崇尚的理想的人性之美。这种美超拔于凡尘俗世，如荀子所言，"圣人也者，本仁义，当是非，齐言行，不失毫厘，无它道焉，已乎行之矣"[2]，它是闪现在义利较量、进退权衡、生死抉择之时经天道提升和净化的人性之光。天道在提升和净化人性的同时对其进行约束。在中国古典美学后期的发展中，天道一变为天理，对人性的净化和封闭也更显刚硬、严苛。明清苏州士论与民誉共同塑造的审美理想，一方面，仍然承续了中国古典美学的传统，欣赏重义轻利、不羡权贵、铁骨铮铮，且具有崇高美感的人物品格；另一方面，由于此时期经济的发展、血缘宗族观念的淡化，天道对人性的收束功能淡化，从而显示出更为驳杂的面相。

---

[1] 王先谦：《荀子集解》，载《诸子集成》（二），北京：中华书局，2006年，第355页。
[2] 王先谦：《荀子集解》，载《诸子集成》（二），北京：中华书局，2006年，第90页。

第一节 义与利的权衡

明清时期，经过休养生息之后，苏州经济快速发展，市镇规模不断扩大，物资交流日益频繁[1]，一度成为各色人等的聚集地。传统对于圣贤人格的审美追求也因此遭受巨大的冲击，从嘉靖至隆庆时任苏州知府的蔡国熙的遭遇正可窥见这种冲突的痕迹。

蔡国熙为广平府永年人（今属河北邯郸市），嘉靖三十八年（1559）中进士。幼年时就写下"超凡入圣"作为自己的座右铭，平生慕道学，常与志同道合之人讲究"身心之学"。步入仕途后立志"为造化达生几（机）、为生民立命脉"，考核政绩时"其烝烝治行，号称天下第一"而得皇帝赐宴之荣。他一生为官清廉，辞官后仅靠借贷度日，王世贞敬重他的为人，"引表其居曰敦廉里"。蔡国熙可谓是敦行儒学、以天下苍生为己任、具有圣贤人格的人。他甫一赴苏州上任便颁布了"禁约二十七章"，对频繁聚会游宴、着奇装异服、声妓招摇倚市、民间奢僭、多造奢巧织品、奇伎怪器等都进行了禁止。并"食不适口，服无华饰，躬自抑损"[2]，亲做表率，希冀移风易俗。在苏州任知府的第二年，他又下禁令：

> 照得虎丘山寺往昔游人喧杂，流荡淫佚，今虽禁止，恐后复开，合立石以垂永久。今后除士大夫览胜寻幽超然情境之外者，住持僧即行延入外，其有荡子挟妓携童，妇女冶容艳妆来游此山者，许诸人拿送到官，审实，妇人财物即行给赏。若住持及总保甲人等纵容不举，及日后将此石毁坏者，本府一体追究。[3]

在蔡国熙看来，士大夫寻幽访山是符合传统的审美行为，而妓女、娈

---

[1] 洪焕椿编：《明清苏州农村经济资料》，南京：江苏古籍出版社，1988年，第259—282页。
[2] 刘凤：《刘子威集》，载《四库全书存目丛书》集120，济南：齐鲁书社，1997年，第33页。
[3] 王国平、唐力行主编：《明清以来苏州社会史碑刻集》，苏州：苏州大学出版社，1998年，第565页。

童浓妆重抹游山玩水体现的则是放荡之情，必须加以约束。这可以看作蔡国熙所秉持的圣贤人格和修身之术与此时苏州民风的冲撞，但是这些禁令并未产生重大的影响，收效甚微。从成书于蔡国熙上任苏州后约三十年的《松窗梦语》中可见一斑：

> 至于民间风俗，大都江南侈于江北，而江南之侈尤莫过于三吴。自昔吴俗习奢华、乐奇异，人情皆观赴焉。吴制服而华，以为非是弗文也；吴制器而美，以为非是弗珍也。四方重吴服，而吴益工于服；四方贵吴器，而吴益工于器。是吴俗之侈者愈侈，而四方之观赴于吴者，又安能挽而之俭也。[1]

虽然蔡国熙大力禁奢，试图使风俗返淳，但是吴地奢侈之风愈演愈烈，后竟成为全国的审美时尚中心，恐是他始料未及的。蔡国熙在利用官职对民风进行弹压的同时，还注意对士人进行引导。彼时阳明心学已经得到了很多士人的认可，浙西、江西等地都掀起了建立书院、聚众讲学的风潮，但是还未波及苏州。蔡国熙上任后兴教化，建立书院。《中吴书院记》载其"方下车之始首崇德教，听断稍暇辄进多士诏以身心之学"[2]。常常聚集诸生"讲身心之学"，吴中人士竟然"洒然异之"，可见圣贤学问在此地并没有太大的吸引力。

如果说禁奢令、讲学运动并未引起吴中人士强烈的情感反弹，那么"穷治徐阶三子案"则打破了这种局面。隆庆五年（1571）高拱入主内阁为首辅，任蔡国熙为湖广按察司副使苏松常镇兵备，审理徐家多行不法案。虽然高拱后期态度软化，写信给蔡国熙要求他判决之时采取较为宽宥的政策，但是蔡国熙不为所动，决意严办。吴地士绅对此事的态度十分明朗，大多认为蔡国熙处事不公，一说是蔡为高拱的打手，被借以打压徐阶："徐为高新郑所恨，授旨吴之兵使蔡国熙，至戍其长子，氓其两次子，籍其田六万"[3]。一说蔡此举是为泄私愤。据载，蔡国熙初为苏州知府时"华亭徐阶方柄政，其子璠遣奴诣府白事，奴无礼甚，怒朴之。及国熙谒

---

[1] 张瀚撰，盛冬铃点校：《松窗梦语》，载《元明史料笔记丛刊》，北京：中华书局，1985年，第79页。
[2] 瞿景淳：《瞿文懿公集》卷七，载《四库全书存目丛书》集109，济南：齐鲁书社，1997年，第559页。
[3] 沈德符撰，杨万里校点：《万历野获编》卷八，载《明代笔记小说大观》，上海：上海古籍出版社，2005年，第2122页。

盐使者，舟过松江，群奴率数十艇环舟而噪，松江守出解乃已"[1]。不过无论是借权打压对手说，还是借机泄私愤说，都不太能和笃行理学、以"超凡入圣"为自己座右铭、日求反诸己、意气磊落的蔡国熙联系起来。那么蔡国熙何以如此坚决严办徐阶三子呢？上文所列的事例倒透露了一些信息。徐府之奴骄横跋扈，竟然敢和地方官起冲突，究其原因，是徐阶权柄之盛。据载：

> 然而可议者，如华亭相在位，多蓄织妇，岁计所积，与市为贾，公仪休之所不为也。往闻一内使言，华亭在位时，松江赋皆入里第，吏以空牒入都，取金于相邸，相公召工倾金，以七铢为一两，司农不能辨也。[2]

徐阶作为柱国大臣，也一向信奉阳明心学，却嗜利如此，实在算不得传统意义上的君子，其子、其奴为敛财不惜手段、鱼肉乡里，也是上承下效所致。正如陈冠华所言，与徐府的斗争"从蔡国熙的思想路线可以判断，这是他身为'儒牧'基于'天理'而对不正当的恶俗所展开的应然斗争，与他当初遽下种种禁令以还醇风俗之类的行动，本质上是一致的"[3]。或者说，蔡国熙之所以反应如此激烈，源于他整顿吏治的意图，更源于他对于传统道德的坚守。虽然蔡国熙自认为以理学来治世是可行的，但是从吴地吴人的反应来看，他提出的种种论调仍然过高。他在处理徐阶三子案时，以圣贤之心求帝王之治，所依傍的是旧的道德准则。但是他的表现并未得到吴中士绅的认可，反而被言官弹劾为"假道学以欺世"[4]。蔡国熙的尴尬境遇折射的正是传统道德观念的不合时宜，"当历史跨入16世纪后半叶的门槛时，许多人感觉进入了一个全新的世界……在应接不暇的变化中，旧的道德观念变得遥远陌生了；伴之而来的是更多的人口、金钱和竞争"[5]。明德合圣的审美人格并未受到普遍的尊崇，究其

---

[1] 夏诒钰等纂修：《永年县志》卷二十六，台北：成文出版社，1969年，第604页。
[2] 于慎行撰，吕景琳点校：《谷山笔麈》，载《元明史料笔记丛刊》，北京：中华书局，1984年，第39页。
[3] 陈冠华：《隆庆时期江南地方官蔡国熙之际遇与"穷治徐阶三子案"探究：以明中叶江南士大夫物欲观念之变迁与冲突为中心的分析》，《明代研究》，2014年第23期。
[4] 《明实录·明神宗实录》卷十，台湾研究院语言研究所，1962年，第345页。
[5] 卜正民：《纵乐的困惑：明代的商业与文化》，方骏等译，北京：生活·读书·新知三联书店，2004年，第168页。

原因，此时的苏州已远非明初甚至远古时期简朴易治，单纯的道德约束已经无法有效面对当下的境况。

首先，士商一体化成为普遍的现象。苏州嘉靖年间经济十分活跃，生活于弘治与嘉靖年间的唐寅曾写下《阊门即事》来描绘苏州当时商业的繁华："世间乐土是吴中，中有阊门更擅雄。翠袖三千楼上下，黄金百万水西东。五更市卖何曾绝，四远方言总不同。若使画师描作画，画师应道画难工。"商业活动如此丰富，从事商业的人必然也有很多。据载，太湖洞庭山"以商贾为生，土狭民稠，人生十七八即挟资出商，楚卫齐鲁，靡远不到"，其地"四民之业，商居强半"。"四民"，是指士、农、工、商，各有其特色，所谓"农与农言力，士与士言行，工与工言巧，商与商言数"，不可混同。其中，商人地位是最低等的。但是在明清时期的苏州，这种情况发生了改变。士商混同成为较为普遍的现象："吴人以织作为业，即士大夫家，多以纺绩求利，其俗勤啬好殖，以故富庶。"[1]另外，此时期弃儒就贾的情况也较为普遍。王阳明嘉靖四年（1525）曾为昆山人方麟写过《节庵方公墓表》，在此文中描绘了一位弃儒从商、磊落可异之人：

> 苏之昆山有节庵方翁麟者，始为士业举子，已而弃去，从其妻家朱氏居。朱故业商，其友曰："子乃去士而从商乎？"翁笑曰："子乌知士之不为商，而商之不为士乎？"其妻家劝之从事，遂为郡从事。其友曰："子又去士而从从事乎？"翁笑曰："子又乌知士之不为从事，而从事之不为士乎？"居久之，叹曰："吾愤世之碌碌者，刀锥利禄，而屑为此以矫俗振颓，乃今果不能为益也。"又复弃去。会岁歉，尽出其所有以赈饥乏。朝廷义其所为，荣之冠服，后复遥授建宁州吏目。翁视之萧然若无与，与其配朱竭力农耕植其家，以士业授二子鹏、凤，皆举进士，历官方面。翁既老，日与其乡士为诗酒会。乡人多能道其平生，皆磊落可异。[2]

从此文可以看出，方麟可谓是一位"从善如流"之人。始为士，后从商，之后又为幕僚，虽因善举得朝廷嘉奖，却毫无骄矜之态，一转而又为农。

---

[1] 于慎行撰，吕景琳点校：《谷山笔麈》，载《元明史料笔记丛刊》，北京：中华书局，1984年，第39页。

[2] 王守仁撰，吴光等编校：《王阳明全集》，上海：上海古籍出版社，1992年，第940页和第941页。

面对友人的质疑,只是"笑曰"回应,可见他本身并未因身份的转变而有心理上的困惑。这也从侧面反映出,当时弃儒从商是可以接受的事情。明代的分湖世家袁家至袁琏弃儒从商:

> 先是,其父存时,与家奴讼,家已破,乃慨然曰:"士而贫常也。万一以衣食乱其心志,不几绝读书种乎?"遂弃家为贾。贾仍不废学,积久之,家复饶。买田分湖上,筑室种树,课子弟力耕,农隙课之读书;其不耕者仍遣服贾,贾还复读,不数年而贾者、耕者接踵入泮矣。[1]

其次,在义利问题上,并不遵守君子耻于言利的传统。此时的士大夫作为社会的精英人士,并不以身份自持,而是积极主动地参与商业活动。曾经因敬慕蔡国熙的简朴而给其树碑"敦廉里"的文坛名宿王世贞却热衷于放债求利:

> 王元美(世贞)祖曰质庵公,官至侍郎。父曰思质公,官至都察院右都御史,兼兵部右侍郎。元美席有先业,其家亦巨万。新蔡张助甫者,元美友也。一日客元美家,时岁将终矣,诸质舍算子钱者,类造帐目呈览。主子钱者,异簿白元美曰:"已算明。"元美问曰:"几何?"曰:"今岁不往年若也,三十万耳。"元美颔而收之。[2]

王世贞出身于太仓的官宦世家,其身居官位却从事商业活动在明清苏州绝非个例。古代士人大多遵从孔子教导的"君子谋道不谋食""君子忧道不忧贫",人格的崇高之美显现于对财物、利益的舍弃甚至忽视之上,也难怪黄省曾要感叹"吴中缙绅士夫多以殖货为急""其术倍克于齐民"[3]了。面对这种现实,以圣贤为念的理学家们竟然表示了宽容和谅解:

> 古者四民异业而同道,其尽心焉,一也。士以修治,农以具养,工以利器,商以通货,各就其资之所近,力之所及者而业焉,以求尽其心。其归要在于有益于生人之道,则一而已。士农以其

---

[1] 吴江汾湖经济开发区、吴江市档案局:《分湖三志》,扬州:广陵书社,2008年,第149页。

[2] 范守己:《曲洧新闻》卷二,转引自谢国桢《明代社会经济史料选编》(中册),福州:福建人民出版社,1980年,第202页和第203页。

[3] 黄省曾:《吴风录》,载王稼句编纂、点校《苏州文献丛钞初编》,苏州:古吴轩出版社,2005年,第320页。

尽心于修治具养者，而利器通货，犹其士与农也；工商以其尽心于利器通货者，而修治具养，犹其工与商也。故曰：四民异业而同道。[1]

在王阳明看来，士农工商只存在才能的差别，并无身份的高低贵贱，后世强行分出"四民"的等级正是因为利欲蒙蔽了本心。"声色货利之交"其实也是天道的流行，只要能够一意以天理为主导，克制人欲，即便是终日做着计算利益得失的事情也可以成圣。也就是说，在理学家看来，求利、谈利并不可耻，重要的是如何求、如何谈。这本就是此时期审美文化意识的一种新变。

再次，因风气浸染，苏州此时期的教化已呈现出新的特点。儒家向来重教化。宋明理学家虽然认为在天人一体的状况下红尘俗世中的人也能够"不勉而中"，但是这只是一种理想的状态。更多的情况是，天道高居人世之上，对人的行为进行约束，对人的心性进行净化，只有在日复一日对道德的严格践履之下才能够渐趋圣人之境。在这个过程中，教化正人心、端风俗的作用是十分重要的。其中，科举考试纳入儒家经典无疑是当权者对士人进行潜移默化教导的有效手段。科举考试考的是儒家经典，想要选拔的是以圣人之道自任的社会精英，然而此时世风已变：

嘉、隆以前，士大夫敦尚名节，游宦来归，客或询其橐囊，必唾斥之。今天下自大吏至于百僚，商较有无，公然形之齿颊。受铨天曹，得膴地则更相庆，得瘠地则更相吊。宦成之日，或垂橐而返，则群相姗笑，以为无能。[2]

嘉靖、隆庆之前士大夫仍然坚守传统的道德，以名节相尚，并不在意钱财多少，而今却置名节于不顾，孜孜以求财为念，甚至以此来作为判断一个人能力大小的标准。生于弘治三年（1490），殁于嘉靖十九年（1540）的吴县人黄省曾对这种情况深有感触：

古之仕也以民，今之仕也以身，古之仕也以国以天下，今之仕也以其家。仕与古均，而意与古缪，挥霍溢耀，作骄发狂益甚于古人，而贪襮墨抱，虎临而狼寢者，何其纷纷也。是以今之天下茅瓮而居者，其父之詈言于其子，师之正规于其徒，妻之矗额

---

[1] 王守仁撰，吴光等编校：《王阳明全集》，上海：上海古籍出版社，1992年，第941页。
[2] 顺德县志办公室：《陈岩野集》卷一，1987年，第24页。

于其夫，曰："何不仕以华其宫也。"糠粃而食者，其父之詈言于其子，师之正规于其徒，妻之謦额于其夫，曰："何不仕而膏粱其口也。"空匮而历日者，其父之詈言于其子，师之正规于其徒，妻之謦额于其夫，曰："何不仕而积夫千金以侈，老而利夫子孙为也。"是故五尺童子，方辨仓颉，而即皆以此为之心，所以分官以往，各以其官而渔猎于亿兆。环九州，布四海，去来乎守令，万千乎南面，各求饱其溪壑之欲而已。轻之者为贸易，加之者为屠沽，极之者乃盗贼而已矣……故其释褐之初以至于请骸之日，无非为一富一贵之计，而夙兴夜寐于簿牒之繁，亦不过假此以为图利之阶耳。[1]

黄省曾作为王门弟子，信奉其师王阳明所言"君子之仕也以行道，不以道而仕者"，自然十分痛惜当前做官只为自己利益着想的状况。他对士人如何被周围环境浸染从而视逐利为正当行为进行了详细的描写。父亲对孩子的期许、妻子对丈夫的念叨甚至老师对弟子的规劝都只围绕着一个字：利。孩子从小就被教导书中自有黄金屋，入仕可以住华屋、享美食、利子孙。在这样环境的熏陶下，想要树立"达则兼济天下，穷则独善其身"的观念是相当困难的。《吴风录》记载了在求利观念的驱使下士风败坏的局面：

自苏师旦以韩氏书史受诸将贿，至今吴人好游托权要起家。永乐时附于权臣纪纲者有陈湖陆氏、张氏，正德间附于阉人刘瑾者有汤氏。家无担石者，入仕二三年，即成巨富，由是莫不以仕为贾，而求入学庠者，肯捐百金图之，以大利在后也。陆冢宰黩货万余，以宸濠党谪戍；陆太守营新宅甲吴中，今归他人。天道虽不爽，而贪者尤甚。然持廉而不营产者，则目为痴。[2]

黄省曾将吴地士风败坏的源头追溯到依附南宋权臣韩侂胄的苏师旦身上，并历数自永乐、正德年间以来陆氏、张氏、汤氏等因攀附权贵而起家的豪门大族。他们不顾廉耻，依附权臣，甚至阉人，可谓风骨全无。更为

---

[1] 黄省曾：《仕意篇》上，载《明文海》卷九十二，北京：中华书局，1987年，第902页和第903页。

[2] 黄省曾：《吴风录》，载王稼句编纂、点校《苏州文献丛钞初编》，苏州：古吴轩出版社，2005年，第319页。

可怕的是，整个社会的审美评判标准已然发生了偏移，清廉之人竟然会被笑为"痴"。

此风如此，难怪蔡国熙刚一到任就建书院，积极邀请王门弟子王畿、王襞来吴讲学，足见其想借此整顿士风、收拢人心的急切之情。只不过社会逐利的风潮并不会因蔡国熙而改变。据学者研究发现，江南地区早期社会变化的过程"始于天顺、成化之际，约15世纪50年代，而所能看到的全国其他大部分地区开始发生逐渐变化的时间大体在嘉靖中叶，约16世纪30年代以后"[1]。江南开全国风气之先，苏州又处于江南经济文化的中心，所以嘉靖年间蔡国熙凭一己之力以传统道德约束新生风尚才显得如此无力。《吴风录》载："自席谦善棋，石荆山善琴，吕彦直善双钩，张珙善刊镌，至今吴中多棋客、琴师、双钩，然逐利而为，无古人自得之妙。"[2]原本承载雅兴的琴棋书画都成为逐利的工具，整个社会弥漫着逐利之风。

士大夫在义与利之间选择后者。当逐利成为整个地区的风尚时，传统的天道义理收束、净化人性的功能进一步弱化，人性的高度失去了天道的提升，变得混杂不堪。而正是在这个阶段，可在苏州见到更为复杂多样的世风诸相。比如，我们仍可以看到坚守传统道德、以清廉为尚的官员马逯：

> 字伯行，吴江简村人。洪武中，征人才，授合水县丞，转昌邑。为政廉平，人不敢干以私，麄衣粝饭，淡如也。其妻乘间言："居官而贫如是！"伯行怒曰："尔欲使我为善耶？欲使我为非耶？"妻不敢复言。[3]

马逯敦行的正是传统的君子之道，"淡如"一词颇有"颜子居陋巷，一箪食，一瓢饮，而不改其志"的高风亮节。也正是心中充斥着长久以来根植于心的道德信念，使他面对妻子的怨怼而有十足的底气发怒。其妻的"不敢复言"可以看作凡俗人性向传统道德的低头和臣服，而这背后生活的辛酸则被一并遮盖了。如果说马逯是在日常生活中依靠道德而超脱的，那么同为《吴中人物志》"荐举"篇所录的明初湖广布政司尤义的事例则更

---

[1] 牛建强：《明代江南地区的早期社会变迁》，《东北师大学报》（哲学社会科学版），1996年第3期。
[2] 黄省曾：《吴风录》，载王稼句编纂、点校《苏州文献丛钞初编》，苏州：古吴轩出版社，2005年，第318页。
[3] 张昶著，陈其弟校：《吴中人物志》卷四，苏州：古吴轩出版社，2013年，第33页。

能体现特定境遇下具有高尚道德的人格之美，兹录于下：

> 尤义字从道，本钦姓，初名裔，尤盖外族也。元末辟为枢密掾（橡），洪武中，荐为湖广布政司经历，居官清慎见称。早擅文翰，与陈基相友善。基当乱离之际，以白金百两托义。时平，橐而还之，基感其谊，将中分焉，义坚却，竟归于基，人多德之。有遗荣藏于家。[1]

此篇对人物的出身、为官经历及子嗣进行说明，是书写的常例，此处不再赘言。除此之外，这段文字花了大量篇幅描述了尤义将杨基在乱离之际托付于他的白金百两尽数奉还的故事。在兵荒马乱之中，尤义能不负所托保全白金，时局平定之后又能全数奉还，可谓"受人之托，忠人之事"，颇有君子之风。更为难得的是，尤义还坚决拒绝杨基因感激而试将此笔钱财平分的提议。面对钱财的坚定，正反映出其品德之高尚，故"人多德之"。《吴中人物志》刊行于明隆庆四年（1570），正值世风之变愈加明显的时期。张昶博综前史，仔细筛选，"荐举"篇明代只选六人，其中，又以马遂和尤义事书写最为详尽，其用心可见一斑。

无论是马遂还是尤义都是明初已然逝去的君子，其品格固然值得崇慕，但是人们面对的还是现实的人生。当整个社会陷入逐利的疯狂之中时，各种不堪的现象都显现了出来，如华亭名士何良俊的后世遭遇就颇让人感慨。他一生虽仕途不顺却自负才名，生活奢侈，死后家道衰落，到第六代时只有一个孙子。此子无德无能，卖身为奴，后来竟然打起了祖坟陪葬品的主意。于是以为先人迁坟为由，挖坟掘墓，从何良俊及其夫人墓中得到金凤冠、玉如意、金钿、银镯等物件，甚至因为看到其棺甚好，便把尸体抛出，带走卖掉。可怜何良俊豪奢一生，最后竟落得如此田地。如此触目惊心之事，在吴地并不鲜见：

> 吴人发冢，非异人，即其子孙也。贫无所计，则发其先祖父母之尸而焚之，而鬻其地，利其藏中之物。得利者之厚者，有金玉之带，珠凤之冠，千金之木，珍异之宝，盖先世之贵者也。吴中之人，视为故然，未有以为不义而众诛之者。[2]

吴人后世子孙挖掘祖坟以供生计的行径和何良俊的六世孙如出一辙，此

---

[1] 张昶著，陈其弟校：《吴中人物志》卷四，苏州：古吴轩出版社，2013年，第33页。
[2] 唐甄著，吴泽民编校：《潜书：附诗文录》，北京：中华书局，1963年，第171页。

地竟然"视为故然",可见世风已经沦落到何种地步！利益驱使后辈掘前辈之坟,也使同辈之间相互残杀。陆容《菽园杂记》中的一则记录如下：

> 昆山五保张某,兄弟业疡医。凡求疗者,必之弟而不之兄。由是弟日饶,兄日凋落。兄妒之,欲俟其出,将甘心焉。一日,买舟入城,兄预匿舟中,行至新洋江,忽起,捽其弟。舟人惧,急榜舟就岸,得逸去。[1]

从这段文字可以看出,传统的兄友弟恭已荡然无存。只因兄长的医术不如弟弟,竟然就痛下杀手,实在令人心惊。还有很多打着道义的幌子行不轨之事的人。明人叶权所著《贤博编》载:"吴下新有打行,大抵皆侠少,就中有力者更左右之,因相率为奸,重报复,怀不平。"[2]看起来颇有汉唐侠风,但是其行事全无汉唐侠士的重诺轻死,而是更为奸猾鄙吝。其书收录了一则打手的事迹：

> 僧业医,颇有资,而出纳甚吝,诸少年恶之。饰一妓为女子,使一人为之父,若农庄人,棹小船载鱼肉酒果,俟无人,投寺中,乞僧为女诊脉,历说病源,故为痴态。列酒食饮僧,因与女坐,劝之,僧喜甚,无疑也。俄白僧,有少药金在船中,当持来相谢。故又久不返。僧微醺,则已挑女子而和之矣。比返,女泣以语其父。父大叫哭:"吾以出家人无他意,女已许其村人,奈何强奸之？"僧师徒再三解不已。喧闹间,则有数贵人从楼船中携童仆登寺。父哭拜前诉,贵人为盛怒,缚僧拽登舟。僧私问是何士夫,则某官某官也。僧大惧,叩头乞命,同行者为劝解,罄其衣钵与女父遮羞。指授毕,各驾船去,僧竟不知其被欺也。[3]

打手就因为看不惯僧人行医得钱多而花钱吝啬,就设计敲诈。这个计策设计得颇为精巧：让妓女扮作良家女子就医,让一人装扮成农人做其父亲。特地选择没人的时候驾船来寺中。父亲谎称钱在船上要回去取,独留女儿一人。妓女引诱僧人,等父亲回来时就谎称僧人强奸了自己。正劝解争执间,又有不知从哪里来的官员出现,听说此事顿时大怒,要将僧人绑

---

[1] 陆容撰,李健莉校点:《菽园杂记》卷八,载《明代笔记小说大观》,上海：上海古籍出版社,2005年,第450页。
[2] 叶权著,凌毅点校:《贤博编》,载《元明史料笔记丛刊》,北京：中华书局,1987年,第7页。
[3] 叶权著,凌毅点校:《贤博编》,载《元明史料笔记丛刊》,北京：中华书局,1987年,第7页。

了去。最后在大家的劝解下，赔钱了事，僧人自始至终都被蒙在鼓里不知真相。这种诓骗财物的手法在宋代被称为"美人局"，在明代被称为"扎火囤"，在清代被称为"仙人跳"。

流风所及，世人也多有不满，将之形诸于文学作品之中。沈璟的《博笑记》中的《巫孝廉》写的是市井无赖以自己妻子做诱饵抢取他人财物；《贼救人》写的是结义兄弟因争财而相杀；《卖嫂》写的是大哥行商在外，其兄弟俩商量卖嫂，因分赃不均时竟然说出"兄弟如手足，钱财是性命，非无手足情，性命难相赠"之语。这些都可以看到沈德符、叶权等人所记录的真实事件的影子。如果世间充斥的只有功利、诡诈、混乱、动荡，那就如同人间地狱，让人感觉窒息了。人们不再把希望寄托于满口仁义的假道学，也不会把希望寄托于市井无赖。因此，在沈璟的传奇中，我们看到的是昏聩无能的官吏，是偷鸡不成蚀把米的狎邪小人；在冯梦龙的《醒世恒言》中，我们更多看到的是普通人的重情重义，如《施润泽滩阙遇友》描写的苏州织户施复拾金不昧的事情。施复在卖布回家的路上捡到六两多银子，最初的表现是"心中一喜"，连忙将银子揣在兜里，想拿回家做本钱。一路走一路畅想因这银两家里日子愈加好过的美好场景。后来想到如果是一个和他一样靠苦挣过日子的人丢了银子，说不定会家破人亡，于是又折回去原地等待，最后将银子还给朱恩。后来施复去洞庭湖买桑叶，偶遇朱恩，朱恩报恩留宿，给他桑叶，使其免于舟覆溺死之祸。施复与朱恩并非时时以天道仁义自省的士子，而只是普通人。施复拾到银子一瞬间的心情和行为也是一个普通人的正常表现。他能归还银子，是源于以己体人的朴素的同情心。《警世恒言》中常常贯穿着因果报应的思想，天道不是以冰冷高悬的面目出现，更可看作普通人行善事想得到的安慰。

天道无法收束、净化人性，渐渐成为覆盖于其上的幌子，被已无风骨的士大夫当成敛财逐利的工具。当这层幌子被揭开，显露的就是更为真实、混乱的人性。但是也正是在这看似混乱却真实的人性中，一种新型的审美人格逐渐建立。不可否认，此时期仍然有有志之士坚守着古典的传统美德，他们是审美人格的继承者，在物欲横流的世界中愈发显得清高但也迂腐。而那些既非名臣也非廉吏、在利欲堆里打滚的凡尘俗世里的普通人不齿于言利却能够经受住利益的考验，其作为普通人身上所闪耀的人性光辉让人感觉真实亲切而又心生敬仰。

第二节　仕与隐的互通

我国古代的士人常有入世之心，以家国天下为己任，正所谓"达则兼济天下"，一旦入仕虽意味着宏图可展、红尘富贵，但还要面对宦海风波、人情逢迎。隐逸则意味着有出世的倾向，其背后是清贫苦寒的生活、耿介自洁的个性和对自由逍遥的追求。貌似截然对立的仕与隐恰可成士人一生中的一体两面。这种仕、隐融合的趋向在明清时期的苏州表现得尤为突出，在结社、山人兴起等审美风尚的流播中，有关仕、隐的观念悄然变化，透露出新的信息。

一、以仕为苦

吴地隐逸之风习绵延深厚。《明史》"隐逸"部共列十二人，所录吴地隐逸之士占总人数的三分之一，其中，张介福、沈周均属吴地；倪瓒散尽家财，扁舟箬笠往来于震泽、三泖之间；陈继儒隐居昆山之阳，草堂数间，与三吴名士相交。细察此风的形成，虽有诸多原因，却共同指向了"以仕为苦"。

两朝鼎革之际，不愿入仕者尤多。如明初的王宾不娶不仕，甚至自黥其面、肘股间，毁形以自全；清初盛泽的史玉长博学，工诗文，精书法，却"淡于仕进，隐居教授"[1]。朝代更迭，仕隐关乎名节。文震孟盛赞王宾，称"吴中称隐居独行之士必以王先生为首"[2]，盖因王宾绝仕态度之坚决。但在王宾自己看来，恐"自全"的成分更多些。元末明初，吴地因张士诚的原因，颇受明太祖朱元璋的猜忌提防。以此时期吴地入仕之人的

---

[1] 仲廷机、支仙原辑，沈春荣、沈昌华、申乃刚点校：《盛湖志》卷九，载盛泽镇人民政府、吴江市档案局编《盛湖志（4种）》，扬州：广陵书社，2011年，第173页。
[2] 文震孟：《姑苏名贤小记》，台北：明文书局，1991年，第16页。

经历来看,"自全"而隐才是良策。如"吴中四杰"的高启,官至户部右侍郎,仅因"龙蟠虎踞"四字,被疑赞颂张士诚而遭连坐腰斩;杨基,累官至山西按察使,后为谗言所中,夺官罚服劳役而死;张羽,官至太常丞,坐事流放,未半道召还,投龙江而死;徐贲,官至河南左布政使,仅因军队过境,犒劳失时而下狱死。四人竟无一人善终。入仕竟有性命之忧,此苦不可谓不大,因此明初很多士人选择以隐求全,就连《明史》也言:"明太祖兴礼儒士,聘文学,搜求岩穴,侧席幽人,后置不为君用之罚,然韬迹自远者亦不乏人。"[1]虽然都动用了"不为君用之罚",但是避世远祸、以仕为苦仍是此时期诸多士人的选择。

明中叶情况有所好转,杜琼在《西庄雅集图记》中记载了这种状况:"长洲沈君孟渊居东娄之东,地名相城之西庄。其地襟带五湖,控接原隰,有亭馆花竹之胜,水云烟月之娱。孟渊攻书饬行,郡之庞生硕儒多与之相接,凡佳景良辰,则招邀于其地,觞酒赋诗,嘲风咏月,以适其适……既而群公相继而兴仕于永乐朝,孟渊亦受察举待诏公车,复得与诸公胥会焉。"[2]原来隐于野的文人雅士相继走上了仕途,难怪《明史》可以大言"迨中叶承平,声教沦浃,巍科显爵,顿天网以罗英俊,民之秀者无不观国光而宾王廷矣。其抱瑰材,蕴积学,槁形泉石,绝意当世者,靡得而称焉。"[3]至此世风大变,文人从仕的热情高涨,但是此时期苏州的隐逸之风并未衰减。一方面,由于明王朝对江南士人的打压,江南科举之路甚狭,士子多受其苦。文徵明在《三学上陆冢宰书》中痛陈:

> 略以吾苏一郡八州县言之,大约千有五百人。合三年所贡,不及二十;乡试所举,不及三十。以千五百人之众,历三年之久,合科贡两途,而所拔才五十人。夫以往时人材鲜少,隘额举之而有余,顾宽其额。祖宗之意,诚不欲以此塞进贤之路也。及今人材众多,宽额举之而不足,而又隘焉,几何而不至于沉滞也?故有食廪三十年不得充贡、增附二十年不得升补者。[4]

科举之路堵塞,很多文人士子不得不隐。另一方面,虽然士人面对的

---

[1] 张廷玉等:《明史》,北京:中华书局,1974年,第7623页。
[2] 钱毂:《吴都文萃续集》卷二,载《景印文渊阁四库全书》集324,台北:台湾商务印书馆,1983年,第47页。
[3] 张廷玉等:《明史》,北京:中华书局,1974年,第7623页。
[4] 文徵明著,周道振辑校:《文徵明集》,上海:上海古籍出版社,1987年,第584和585页。

不再是有性命之虞的"以仕为苦",但仍要面对圣意难揣、权术倾轧的宦海风波。以吴县陈祚的经历为例,陈祚为永乐年间进士,因言迁都事宜不合圣意,被贬黜为均州太和山佃户十年。后宣德二年(1427)在地方长官的考核及吏部的考核中,陈祚均取得第一,因此被升任为御史。他在巡案福建期间弹劾很多高官大吏,禁止和买,奏请开浚白塔河,深得民意。因规劝宣宗勤学,触怒皇帝被下狱,"逮其家人十余口,隔别禁系者五年,其父竟瘐死"[1]。英宗继位后,陈祚才得以复官。陈祚再巡按湖广,因奏辽王朱贵烚有隐罪,又被下狱,后来被赦。当时王振专权,执法甚峻,有官员因小罪而致死的,陈祚上书皇帝反映情况,得到了皇帝的赞同。不久他就改调南京,迁福建按察使佥事。陈公可谓铁骨铮铮!终其一生,直言捍道,不畏皇威,不畏权贵,不畏奸佞。这种刚毅的姿态在千百年后仍能令人折服,闪现出人格的光辉。但是就陈祚而言,他需要承受被贬谪为佃户十年的屈辱、两次下狱的折磨、同僚的排挤及权贵的打压,家人也因此受到波及。可以说,任何一次遭遇都足以磋磨心志,而陈公百折不挠、百炼成刚。

有陈祚这等的刚骨方能在宦海沉浮中守住高洁的人格。钱谦益在《渡淮闻何三季穆之讣》中对士人羁身仕途、难以自脱而又被权力规训得毫无自尊和志气的状况进行了生动的描写:"宦海多喧豗,世运值阳九。戛戛上竿鱼,蒙蒙丧家狗。"[2]这既是一身仕明、清两朝的钱谦益的自我书写,也可从中看出众多士人在仕途与人格追求两方抉择上的无助和彷徨。因此,很多士人自动选择归隐,以避仕途之苦。如被《明史》列入"隐逸"部的沈周就终身未仕。沈周文采风流,名动一时,当时的郡守意欲举荐他为贤良,沈周为自己卜了一卦,得遁卦九五爻。爻辞为:嘉遁,贞吉。意谓坚定自己的志向,功成身退,坚守正道,就能获得吉祥。沈周就此决意隐遁。[3]沈周此举看似是颇具戏剧化的抉择,其背后正是对入仕之苦的清醒警惕。明代著名的处士朱祥曾于正统十一年(1446)协助江苏巡抚修建宝带桥,功成之际,推却了抚衙欲授其官职的好意,隐归故里,在同里镇陆家埭筑造"耕乐堂",得到了时人的认可与尊重。"耕乐堂"昭示的是朱祥功成身退、避仕求隐的人格追求,更承续着中国传统的隐逸之风。在吴

---

[1] 张廷玉等:《明史》,北京:中华书局,1974年,第4401页。
[2] 钱谦益著,钱曾笺注:《牧斋初学集》,上海:上海古籍出版社,1985年,第102页。
[3] 张廷玉等:《明史》,北京:中华书局,1974年,第7630页。

地，此风绵延不绝。

正德年间，除沈周外，吴中高士首推史鉴。史鉴是沈周的亲家公，《西村集》载：

> 史鉴字明古，邑黄溪人。学士仲彬之曾孙也。鉴年十二三，天才敏妙，语即惊人，守祖训不愿仕进，隐居著书，吉凶之礼动遵古法，论事慷慨，人莫能屈。钱谷水利无不周知。世居穆溪，擅园林之胜。客来访者，陈彝鼎图书，古色照耀不减顾瑛玉山草堂。喜交游，持信义游其门者不绝。性尤直谅，有过必面规之。成化中王恕巡抚江南闻其名，延礼之咨以政务，鉴接席抗论，未尝及私，恕深器重焉。吴文定公宽、李太仆应祯、沈布衣周皆交契倡和甚富。晚岁举修宪庙实录不行，弘治丙辰卒。[1]

从上述的记载来看，史鉴图书满室，是博学之人；通晓钱谷水利，是有实学之人；与巡抚言政务，是心系天下之人。这样一个少年颖悟、博学有才干又以天下为己任的人却最终选择隐居，原因有三：一是谨遵"祖训"，延续其家族的隐逸传统；二是对自己"性尤直谅"有清醒认识；三是吴地的隐逸氛围给了他坚持本心的有力支撑。他能以布衣身份与吴宽、李应祯等名臣显贵来往，与名流雅士沈周结亲，也能与黎里尹宽、平望曹孚、练塘凌震，并为成、弘间四大布衣，诗酒相交。

吴地的隐逸风习给士人提供了宽松的社会环境，使他们在仕途与自我人格坚守的选择中无须过分撕裂，甚至在面对仕途之苦时能够采取更为主动的拒绝姿态：

> 自世宗朝执政者好拔其党据津要以相翼庇，而轻于弃名士大夫，士大夫亦丑之，莫肯为用，而吴中为最盛，前先生者，有王参议庭、陆给事粲、袁佥事褧，皆里居与先生善，而先生所取友如王太学宠、彭征士年，张先辈凤翼兄弟，多往来文先生家，与文先生之子博士彭、司谕嘉，日相从评骘文事，考较金石三仓鸿都之学与丹青理，茗碗炉香，偹然竟日，兴到弄笔，缣素尺幅，一点染若重宝。[2]

---

[1] 史鉴：《西村集》，清乾隆十一年史开基刻本。
[2] 姜绍书：《无声诗史》卷二，载于安澜编《画史丛书》第三册，上海：上海人民美术出版社，1963年，第35页。

此处所谓"先生"是指陆师道，嘉靖十七年（1538）进士。据《姑苏名贤小记》记载，"首臣必欲罗致门下，公弗屑。以母老乞归，时年未三十也"[1]。陈师道对充满党争的仕途避之不及，竟然未满三十而弃仕途于不顾。"弗屑"一词也足见他不愿陷入党派之争的清风高洁之姿。士人因厌恶官场，不肯为其所用的习气，经王庭、陆粲、袁裘、王宠、彭年、张凤翼兄弟、文彭、文嘉等人的推动，在吴中蔚然成风。上述几人在文震孟的《姑苏名贤小记》中均有记载，如王庭，沙湖先生王敬臣之父，"以进士起家，有经世志。时事一不当意即挂冠归"[2]。

陆粲，嘉靖五年（1526）进士，"念中朝诸权要相中无已时，且母老，遂上书乞致仕。即日归，归凡十八年，不通朝臣一字"[3]。和他们经历相似的还有王毂祥，嘉靖八年（1529）进士，因与尚书汪铉冲突，卸任归乡养母。数次推却举荐，笑言"岂有青年解绶，白首弹冠者乎？竟终老田间，卒年六十七"[4]。在"即日归""不通朝臣一字""终老田间"的描述中，我们可以看出他们的果决态度。

吴中士人"莫肯为用"的风习自然有对擅权弄术者把持政坛、宏图不可一展的忧虑。除却这种宏大的叙事，我们注意到明清时期士人的"以仕为苦"越来越明显地与个人真切的身体感受相联系。如杨循吉，他和陈师道的经历相似，成化二十年（1484）进士，三十一岁即致仕归家。但是不同的是，杨循吉"最不喜者，人间酬应，因谢病归"[5]。他自己也说："君以我乐山林耶？我非忘世爱陇亩。衙门晨入酉始出，力不能支空叹愀。"他不是天然地有出世之念，辞官是因为承受不住政务缠身的入仕之苦。杨循吉致仕归家后作了一首《水仙子》词："归来重整旧生涯，潇洒柴桑居士家。草庵儿不用高和大，会清标岂在繁华。纸糊窗，柏木榻，挂一幅单条画，供一枝得意花。自烧香，童子煎茶。"充满着解脱后的轻松、惬意感。如果说陈祚所经历的"入仕之苦"能够展示士人刚肠劲骨的崇高风范，那么杨循吉笔下的"以仕为苦"则源自切身的生命体验，令人感到平凡而真实。而这种自我描述在明中后期至清代愈发明显，试举几例：

[1] 文震孟：《姑苏名贤小记》，台北：明文书局，1991年，第97页。
[2] 文震孟：《姑苏名贤小记》，台北：明文书局，1991年，第119页。
[3] 文震孟：《姑苏名贤小记》，台北：明文书局，1991年，第91页。
[4] 文震孟：《姑苏名贤小记》，台北：明文书局，1991年，第96页。
[5] 文震孟：《姑苏名贤小记》，台北：明文书局，1991年，第59页。

王宠，出身商贾之家，虽为布衣，却有文行。屡试不第，遂绝意仕途。当时他隐居于石湖草堂，"冈回径转，藤竹交阴。每入其室，笔砚静好，酒美茶香。主人出而揖客，则长身玉立，姿态秀朗，又能为雅言，竟日挥麈都无猥俗，恍如阆风玄圃间也。时或偃息于岩石之下，含醺赋诗，倚树而歌，邈然有千载之思。"[1]这样一个风光霁月之人，在其好友汤珍推荐他出山时袒露自己的疑虑："山水之好，倍于侪辈，徜徉湖上乐而忘返。"如果入城为官，虽欲衣冠揖让，更从诸君之列，恐踉跄粗率，重为执礼者讥笑矣。"[2]

周爱访，同里镇人，年少以才德享誉乡里。县丞刘公芳想举荐他做官，但是被他推辞了。在《与刘县尹辞选举书》中，周爱访坦言："所以生平言志量才，即或以文章博科第，亦必乞得闲散，断不堪兵农钱谷之司。乃以病腐儒生谬言经济，不特下负羊质之诮，抑且上累知人之明。必待他日试之不效而感恩反为衔怨之阶，孰若今日使之得遂丰草长林之性之为适哉！"周爱访颇有自知之明，他不愿入仕的理由是自己并不适合掌管钱粮，做这样的官，误己又误人。周爱访于崇祯十六年（1643）考中进士，只不过没有授官。最终他以未仕的士人身份被清王朝征召至京都，进入翰林院，得遂其愿。而明代丁卯年间的举人陆云祥于顺治年间为钟离教谕，后来虽升为山东掖县县令，但是因为不善钱谷俗事，一年后就辞官回家了。

明清士人愿意坦诚做官的俗事缠身、政务劳身者，以袁宏道尤为突出。他在甫一接到将任吴中知县的消息时，就给他文社的朋友写信通告："弟已令吴中矣。吴中得若令也，五湖有长，洞庭有君，酒有主人，茶有知己，生公说法石有长老，但恐五百里粮长，来唐突人耳。吏道缚人，未知向后景状如何，先此报知。"[3]不难看出，袁宏道对任吴中县令一事颇为欢欣，他对苏州也很期待，只不过还有一丝隐忧，怕吏道缚人。等他到苏州上任之后就真切地感受到了吏道缚人之苦。袁宏道不停地向人抱怨做官之苦，和他的好朋友细数一日之内政务的烦琐："弟作令备极丑态，不可名状。大约遇上官则奴，候过客则妓，治钱谷则仓老人，谕百姓则保山婆。

---

[1] 文震孟：《姑苏名贤小记》，台北：明文书局，1991年，第87页和第88页。
[2] 王宠：《雅宜山人集》，明嘉靖十六年董宜阳刻本。
[3] 袁宏道著，钱伯城笺校：《袁宏道集笺校》，上海：上海古籍出版社，2018年，第217页。

一日之间，百暖百寒，乍阴乍阳，人间恶趣，令一身尝尽矣。苦哉，毒哉！"[1]可以说袁宏道将王宠、周爱访、陆云祥等人的隐忧、遭遇一一置之笔下，将做官之苦细细描摹。他又和两个叔叔大吐苦水："金阊自繁华，令自苦耳。何也？画船箫鼓，歌童舞女，此自豪客之事，非令事也。奇花异草，危石孤岑，此自幽人之观，非令观也。酒坛诗社，朱门紫陌，振衣莫厘之峰，濯足虎丘之石，此自游客之乐，非令乐也。令所对者，鹑衣百结之粮长，簧口利舌之刁民，及虮虱满身之囚徒耳。"[2]在袁宏道看来，吴中愈繁华，做官就愈苦楚，最终挂冠而去。从袁宏道之言，可以想见，明清苏州隐逸之风的盛行和其地的繁华美好应有着千丝万缕的联系。

二、仕与隐的互通

明清士人对仕途之苦已有较为透彻的体会，但是他们之所以能够果决地选择隐逸，是因为入仕途未必意味着通达，为隐士未必意味着瘠困。此时期无论是士人还是民誉对于仕隐的看法都发生了改变。文徵明在为亦仕亦隐的苏州人顾春潜作传时阐述了其隐逸观："或谓昔之隐者，必林栖野处，灭迹城市。而春潜既仕有官，且尝宣力于时，而随缘里井，未始异于人人，而以为潜，得微有戾乎？虽然，此其迹也。苟以其迹，则渊明固常为建始参军，为彭泽令矣。而千载之下，不废为处士，其志有在也。"[3]传统的观念认为，隐者应该处山野、远人迹，但是文徵明认为，陶渊明是著名的隐士，仍然为建始参军、彭泽令。隐与不隐，重要的在于其志向，而非其行迹。所以，即便做官，和大家都一样，也是一种隐。仕隐完全可以在一个人的身上得到统一。仕隐互通的观念得到了士人的普遍认同，并在他们的行迹中得以体现。例如，沈周是明代著名的隐士，《明史》记叙其隐居生活："所居有水竹亭馆之胜，图书鼎彝充牣错列，四方名士过从无虚日，风流文彩照映一时。"[4]沈周虽然从未应举科考，但是与四方名士频繁结交，已非传统的隐士行径。他还和当朝显贵互有交往。《明史》在记述

---

[1] 袁宏道著，钱伯城笺校：《袁宏道集笺校》，上海：上海古籍出版社，2018年，第224页。
[2] 袁宏道著，钱伯城笺校：《袁宏道集笺校》，上海：上海古籍出版社，2018年，第227页。
[3] 文徵明：《文徵明集》，上海：上海古籍出版社，1987年，第654页。
[4] 张廷玉等：《明史》，北京：中华书局，1974年，第7630页。

沈周的隐逸高洁时提到一件事：

> 有郡守征画工绘屋壁。里人疾周者，入其姓名，遂被摄。或劝周谒贵游以免，周曰："往役，义也，谒贵游，不更辱乎！"卒供役而还。已而太守入觐，铨曹问曰："沈先生无恙乎？"守不知所对，漫应曰："无恙。"见内阁，李东阳曰："沈先生有牍乎？"守益愕，复漫应曰："有而未至。"守出，仓皇谒侍郎吴宽，问："沈先生何人？"宽备言其状。询左右，乃画壁生也。比还，谒周舍，再拜引咎，索饭，饭之而去。[1]

名动天下的大才子竟然被抓去服役，沈周却不愿因此干谒权贵以得免。《明史》意在展示沈周在权贵面前不卑不亢的隐士姿态。但从此事的记述恰可以看出郡守历经此事惊心动魄的过程。铨曹、内阁都如此关注一个被他充作劳役之人，也难怪他会如此仓皇。沈周虽足不入京城，但是与本地在京任职的官员如吴宽等人交好，和主政内阁的当朝显贵李东阳关系也十分密切。从李东阳的《书杨侍郎所藏沈启南画卷》《题沈启南画二绝》《沈启南墨鹅》《题沈启南所藏林和靖真迹追和坡韵》《题沈启南所藏郭忠恕雪霁江行图真迹》中，均可见沈、李二人交集的痕迹。沈周还请李东阳为自己的诗集作序，李东阳在《书沈石田诗稿后》写道："右石田沈君启南诗稿若干卷……初，文定以写本帙示余，欲有所叙。尝观拟古诸歌，辄爱其醇雅有则。忽忽三十余年间，石田年益高诗日益富，至若干篇，总之为若干首，顷始刻于苏州，而文定已捐馆舍。翰林吴编修南夫来自苏，则以石田之意速予。"[2]李东阳虽未见沈周其人，但早闻其名，愿意与他结交，为其作序。《明史》所记此事亦载入文震孟的《姑苏名贤小记》，可见苏州人并未视沈周与权贵交好为耻。确实，《姑苏名贤小记》中记载的多人的隐逸事迹，已不再津津乐道于隐士的远离世俗，反而更欣赏仕隐互通之人，如弘治九年（1496）进士朱希周，状元及第，六品二十年不迁，意澹如也。后致仕归乡，隐居阳山近30年。

> 中外荐者百疏，竟不起。公之为恭敬，虽女妇孺子毋敢慢。取予一介不苟，门生故吏及监司部使者馈遗悉不受也。其配亡，

---

[1] 张廷玉等：《明史》，北京：中华书局，1974年，第7630页和第7631页。
[2] 钱毂：《吴都文粹续集》卷五十六，载《景印文渊阁四库全书》集325，台北：台湾商务印书馆，1983年，第677页。

茕然独居，旁无媵侍，所给使仅一老苍头，三十年不变。兀坐终日，几席无倾倚，盛暑衣冠必整。所居吴趋里纷华相属，而公萧然一室。庐舍卑敝，服御俭朴，人不知为公卿也。里中儿稍为不善，辄曰："吾何以见朱公？"其黠者曰："秘之！幸毋使公知而已。"盖不出户而隐然为薄俗风励。

    论曰：……夫大臣居乡非独清谨贵也。有所系于乡之重轻乃贵。朱公屏居一室，能使阴为不善者念公而惭，斯何以得此于乡之人也？彼其中诚有以大信于人心也。[1]

朱希周以状元身份入仕，当了二十年的六品小官，他却不在意，隐居近三十年，生活清苦，不肯轻易接受别人的馈赠。文震孟在历数朱希周的个人高洁品德之后，在"论曰"中袒露自己的隐逸观念：隐逸只洁身自好不可称之为贵，能够砥砺风俗，影响世人的才是真正的高士。因此，在他的笔下，大量描述了致仕归家的人在隐居之后对乡里有所贡献的事迹。如陈粲虽然在致仕归乡的十八年中，"不通朝臣一字"，表现出和当朝政治的有意隔绝，但是"里中有不平及刑法冤滥事辄慷慨论，须髯尽张"[2]。王鏊居家期间，在《吴中赋税书与巡抚李司空》《与李司空论均徭赋》中向苏州巡抚李充嗣痛陈吴中赋税之弊；受苏州知府林世远之聘，进行了六十卷《姑苏志》的重修。史鉴也在与知府交流的过程中为百姓计，一言不及私，从而得到了时人的尊重。入仕之人可以有隐逸之志，在野隐逸之士可以心系天下事。明清苏州这种仕隐互通的观念催生了很多独特的社会风尚。

1. 雅集、结社风尚

雅集是风雅文人汇集一堂谈论诗文艺术的活动，在有关明清苏州士人隐逸生活的记述中很常见，如前文提到的史鉴"与亲友吴铁峰数人扁舟往来，月为雅集以觞咏相娱乐"、袁袠"既盛年林居，筑列岫楼于横塘，俯临湖山之胜，袪箧读书，群经子史，无不该览"。[3]文徵明有《列岫楼夏宴图》，上有王谷祥、陆安道等人的跋和文嘉、文彭等人的印。其中，陆道安的跋描绘了这次雅集：

---

[1] 文震孟：《姑苏名贤小记》，台北：明文书局，1991年，第72—74页。
[2] 文震孟：《姑苏名贤小记》，台北：明文书局，1991年，第91页。
[3] 文震孟：《姑苏名贤小记》，台北：明文书局，1991年，第94页。

名园水上同襟集,高阁梧阴白苎凉。兴入梧栎消暑气,坐临栏槛接山光。春深竹叶陶然醉,风送汀花杜若香。珍重列公投辖意,碧云梅树夜连床。

诸名公相聚列岫楼题咏,足见当时人文之盛。若雅集的人员、地点或时间固定一些,那么则可以称为"结社"。明代,结社已然成为一种风习,社事地点可考的"文人结社"有645家,苏州府就有76家,在全国首屈一指。[1]"结社这一件事,在明末已成风气,文有文社,诗有诗社,普遍了江、浙、福建、广东、江西、山东、河北各省,风行了百数十年,大江南北,结社的风气,犹如春潮怒上,应运勃兴。那时候不但读书人们要立社,就是士女们也要结起诗酒文社,提倡风雅,从事吟咏。"[2]。如清乾隆年间吴县女子张允滋、张芬、陆瑛、李嫩、席蕙文、朱宗淑、江珠、沈纕、尤澹仙、沈持玉结清溪吟社,人称"吴中十子",论者将其与"西泠十子"相媲美。《同里志》也记载清陈自焕妻子梅芬曾作《观莲招庞山湖赏荷并观竞渡》一诗:"一片清波斗镜光,飞凫轻泛往来忙。旌旗欲掩红蕖色,兰麝分和雪藕香。画舫笙歌游子醉,棠舟罗绮美人妆。却怜此日湘江畔,可有行人奠一觞。"[3]此诗即梅芬应社友所邀赏荷观龙舟赛所作,可视为女子结社的明证。

明清时期不但结社数量众多,种类也很多,既有高启、杨基等人组建的北郭诗社这类"赋诗类结社",还有类似同里王植、王棣、庞景芳、陈沂配、马云襄、王前、范鸿业组成的七子会课社这类"研文类结社",以及"讲学类结社""宗教类结社""怡老类结社"等。[4]从考察士人审美人格的角度而言,不得不提弘治年间吴宽、王鏊、陈璘、李杰、吴洪组成的"五同会"。"五同会"虽不在苏州举办,却是五个出身于苏州府、在京任职的人所结之社。吴宽,长洲人,官至吏部左侍郎(正三品);王鏊,东山人,官至吏部右侍郎(正三品);陈璘,吴县人,官至左都御史(正二

---

[1] 李时人:《明代"文人结社"刍议》,《上海师范大学学报》(哲学社会科学版),2015年第1期。

[2] 谢国桢:《明清之际党社运动考》,沈阳:辽宁教育出版社,1998年,第7页。

[3] 周之桢纂,沈春荣、沈昌华、申乃刚点校:《同里志》卷二十四,载同里镇人民政府、吴江市档案局编《同里志(两种)》,扬州:广陵书社,2011年,第308页。

[4] 李时人:《明代"文人结社"刍议》,《上海师范大学学报》(哲学社会科学版),2015年第1期。

品）；李杰，常熟人，官至礼部左侍郎（正三品）；吴洪，吴江人，官至太仆寺少卿（正四品）。他们同属吴地，年龄相近，官阶相近，同朝为官，志趣相投，取同时、同乡、同朝、同志、同道之意，结为"五同会"。吴宽感慨："夫既生同其时矣，或居有南北之隔；居同其乡矣，或仕有内外之分。使又居同其乡，仕同其朝，不益难得也哉！虽然三者既同，或不同志，而同道犹夫古今南北内外而已，亦何难得之有。"[1]几人同乡、同时、同朝已属难得，更重要的是他们志同道合。五人"以正道相责望，以疑义相辨析。兴之所至，即形于咏歌；事之所感，每发于议论。"[2]在最后一次聚会之时，吴洪请绍兴人丁君彩为他们绘了一幅《五同会图卷》，由吴宽作序，王鏊题诗于画。五人也各自摹图藏于家中。虽然后来五人没能相聚，但是他们结社共倡正道的慷慨之志以图像的形式得以留存。王鏊致仕归乡后在一次雅集中赋诗："题诗昨日送残春，桃李阴阴入夏新。风动渐惊红落莫，雨余犹爱碧嶙峋。敢期事业同夔卨，且可壶觞引白申。独有江湖忧未歇，北来消息苦难真。"（《诸友饮怡老园分韵得春字》）在风雅会集之时仍不忘国事，绝非一副两耳不闻窗外事、一心求静的姿态。王鏊等人把秉持正道、声气相求、互相激荡之风带回家乡，对吴地士人人格的形成影响深远。

明代中后期吴地的应社名气很大。天启四年（1624）张溥、张采、杨彝、顾梦麟等人在常熟创建应社，起初是为应举研讨作文之法。后来匡社、南社加入，应社组织不断扩大，有南北之分：

> 天启中，吴中诸名士结文社曰应社。大江以南主应社者：太仓张采受先、张溥天如，吴门杨廷枢维斗，金坛周镳仲驭、周钟介生；大江以北主应社者：宣城沈寿民眉生，泾县万应隆道吉，池州刘城伯宗。而太仓自二张外，在社中者又有八人，为应社十子。吴门自维斗外，在社中者又有十二人，为应社十三子。又常熟杨彝子常、太仓顾梦麟麟士治《诗》；维斗及嘉善钱旃彦林治《书》；介生兄弟治《春秋》；受先及吴门王启荣惠常治《礼记》；天如及长洲朱隗云子治《易》，为"五经应社"。[3]

---

[1] 吴宽：《五同会序》，载《家藏集》，上海：上海古籍出版社，1991年，第391页。
[2] 吴宽：《五同会序》，载《家藏集》，上海：上海古籍出版社，1991年，第391页。
[3] 王应奎撰，王彬、严英俊点校：《柳南随笔 续笔》，北京：中华书局，1983年，第51页。

应社建立的初衷虽然是以读书为事，但在立社之初即约定"毋或不孝弟，犯乃黜。穷且守，守道古处。在官有名节，毋或坠，坠共谏，不听乃黜。洁清以将，日慎一日。"[1]从社约来看，入社之人在切磋学问之际还需互相砥砺德行。无论是仕还是隐，都不要做一个两耳不闻窗外事的书呆子。这一宗旨既受明代文化大环境的熏染，也可见王鏊等人所传承、塑造的士风影响痕迹，以及苏州隐逸风习在此时期的变化。后来经张溥的调停，应社与几社、一社统合为复社。复社在崇祯二年（1629）举行尹山大会、崇祯三年（1630）举行金陵大会、崇祯六年（1633）和崇祯十五年（1642）均在虎丘举行大会，声势浩大。陆世仪在《复社纪略》中记载了崇祯六年复社虎丘大会的盛况：

> 癸酉春，溥约社长为虎邱大会。先期传单四出，至日，山左江右晋楚闽浙以舟车至者数千余人。大雄宝殿不能容，生公台，千人石，鳞次布席皆满，往来丝织，游于市者争以复社会命名，刻之碑额，观者甚众，无不诧叹：以为三百年来，从未一有此也![2]

集会之胜足见复社影响之大。复社网罗天下英才，其影响早已超出了吴地。很多人以依附复社为荣，复社成员也"交游日广，声气通朝右。所品题甲乙，颇能为荣辱"[3]。其结社的宗旨也非切磋学问、洁身自好，而是直接标榜"昌明泾阳之学，振起东林之绪"，成为在野的政治力量。复社能够影响科举考试的录取、地方官员的任命，因此被讥讽为"野之立社，即朝之树党也"。社中之人既并非都有陈祚那般高风亮节的操守，也并未都如"五同会"一般以正道相责望，而是"饰廉隅，腾口说，聚徒众，炫声名，分门立户，伐异党同"。作为复社主盟的张溥、张采均为苏州府人，苏州亦成为士风演变的集中地，"试观娄东、吴门互建赤帜，时四方操觚者，无不蛇行匍匐，执弟子礼惟谨"[4]。吴地士人的钢骨、超逸、以天下为己

---

[1] 张采：《杨子常四书稿序》，载《知畏堂集》卷二，《四库禁毁书丛刊》集81，北京：北京出版社，1997年，第556页。
[2] 陆世仪：《复社纪略》卷二，载中国历史研究社编《东林始末》，上海书店，1982年，第207页。
[3] 张廷玉等：《明史》，北京：中华书局，1974年，第7404页。
[4] 周亮工：《跋黄心甫自叙年谱前》，载《赖古堂集》卷二十二，上海：上海古籍出版社，1979年，第828页。

任逐渐混杂于政治倾轧、利益纠葛，苏州也被裹挟进矫饰好名、意气相激的明季士风之中了。

虽然如何看待复社还值得商榷，但是结社对士人品格形成的影响不容抹杀。"迄明季而士尚气节，故复社之兴，沈应瑞、吴允夏等实始其事，虽未免标榜之习，而异时之清风亮节，未必不自平日切磋也。"[1]这也算持平之论。明朝覆灭之后，以结社聚志同道合之人的风习未减，如明末诸生朱鹤龄，入清后隐居不仕，与顾炎武、黄宗羲、李颙并称为"海内四大布衣"，曾参加明遗民所组织的惊隐诗社；明末清初同里人戴笠"与鹿城顾石户、葛龙仙，苕中张考甫、凌渝庵，娄东陆道威以道义气节相切磋"[2]；盛湖仲时铉"字儒璋，郡诸生。鼎革后，更号节庵。绝意进取，惟与周灿、计大章、朱明德、王孙谋等结诗社，榜其庐曰'可以栖迟'。"[3]

盛泽计璸，乾隆二十五年（1760）中副榜，授山东滨州州判，"归里后杜门不出，惟与严树、汤钟、陈尊源辈结诗社于读书乐园，泊如也"[4]。通过结社，士人在纷乱的世间挺立高洁的人格，声气相求，相互慰藉，也算是一桩幸事。

2. 山人之风的兴起

据《明史》记载，明代吴地隐士只有三位，分别是元末明初的张介福、正统至正德年间的沈周、隆庆至崇祯年间的陈继儒。他们三人可以看作明代前、中、晚期三个阶段隐士的代表性人物。从这三人身上也可看出吴地隐逸风习的变化。张介福更具备我国传统的隐逸之风，没有和官员交集的事迹记录，生活清苦，无仕进之意坚决。沈周虽终生未仕，但从其卜卦的行为看，绝仕之意并未如张介福坚决；虽然与权贵交往，但不卑不亢，生活优渥舒展。陈继儒二十九岁隐居昆山，焚弃儒衣冠，绝意仕途，但是他终其一生，交游广泛，名动四海，生活潇洒自在。《四库全书总目》称晚明风习"山人竞述眉公，矫言幽尚"，陈继儒的确可以被看作明代山人

---

[1] 纪磊、沈眉寿辑：《震泽镇志》卷二，载谭其骧、史念海、傅振伦等主编《中国地方志集成·乡镇志专辑》第13册，南京：江苏古籍出版社，1992年，第369页。
[2] 周之桢纂，沈春荣、沈昌华、申乃刚点校：《同里志》卷十五，载同里镇人民政府、吴江市档案局编：《同里志（两种）》，扬州：广陵书社，2011年，第186页。
[3] 仲廷机、支仙辑，沈春荣、沈昌华、申乃刚点校：《盛湖志》卷九，载盛泽镇人民政府、吴江市档案局编：《盛湖志（4种）》上册，扬州：广陵书社，2011年，第172页。
[4] 仲廷机、支仙辑，沈春荣、沈昌华、申乃刚点校：《盛湖志》卷九，载盛泽镇人民政府、吴江市档案局编《盛湖志（4种）》上册，扬州：广陵书社，2011年，第163页和第164页。

群体的代表性人物,而山人之风的兴起亦可看作明中晚期流播的一股浩大的审美风尚。

明中期文人雅士自号山人的颇多,如杨循吉号南峰山人,袁褒号胥台山人,王穉登号玉遮山人,文彭号群玉山人,文伯仁号五峰山人,王宠号宜雅山人,黄省曾号五岳山人,其兄黄鲁曾号中南山人,其子黄姬水号工雅山人,陈淳号白阳山人,谢时臣号虎丘山人。山人原本为无位之人,其隐逸的含义十分明显。如沈德符所言,"山人之名本重,如李邺侯仅得此称,不意数十年来,出游无籍辈,以诗卷遍贽达官,亦谓之山人,始于嘉靖之初年,盛于今上之近岁"[1]。意即从嘉靖初开始,山人之风兴起,呈现出和传统山人不同的精神面貌,开源之人为吴扩:

> 四十年前山人出外,仅一吴扩,其所交不过数十人,然易为援拯,足自温饱。其后临清继之,名最重。吴县继之,鄞县又继之,名重,又所获亦皆不赀。今尽大地间皆山人,不必皆能诗,而应之者力多不继,则亦不能尽如意,羯羠不均……士大夫罢官,武弁不得志,太学诸生不获荐,亦自附于山人,以暂实其橐,而吴中尤甚。[2]

吴扩是明代昆山人,工诗,人称相府山人,以布衣身份与严嵩交游甚密,山人的名节由此大坏。吴扩虽使得山人的品格卑下,但所交不过数十人,影响范围尚小。从王世贞的这条记述可以看出,嘉靖年间山人风习所发生的变化:首先,山人具有的隐逸气息淡薄。山人不想隐居山中,而是游江湖、入幕府,故时人有"昔之山人,山中之人;今之山人,山外之人"的讽刺之语。其次,山人主动结交权贵以稻粱谋、获权益,品格日益卑下。沈德符所言的李泌入世能展雄才大略,功成能退居山林,品格高贵,而明中期的山人们结交权贵的目的则更多样化,获利成为他们毫不掩饰的目的之一。山人能够较为普遍地接受做权贵幕僚,并不以此为耻。如昆山人郑若庸,号虚舟山人,原本隐居支硎山,后入赵康王朱原煜的幕府,用了二十年的时间仿照《艺文类聚》的体例编成《类隽》。最后,山人接迹如市,不管有没有文采、能不能作诗,都试图自号山人,以此获利。

---

[1] 沈德符撰,杨万里校点:《万历野获编》卷二十三,载《明代笔记小说大观》,上海:上海古籍出版社,2005年,第2512页。
[2] 王世贞:《觚不觚录》,载《丛书集成初编》,上海:商务印书馆,1937年,第16页。

如果说明代中期的这股山人之风由吴扩开其源,那么陈继儒就担当了扬其波的角色。所谓"山人竞述眉公",陈继儒为明代中期山人树立了一个榜样,山人风习演变的痕迹在其身上亦可找到。前文已述,陈继儒二十九岁之时就焚弃儒冠,表现出绝仕之意。他在《小窗幽记·集灵篇》中透露自己的理想:"累月独处,一室萧条,取云霞为侣伴,引青松为心知。或稚子老翁,闲中来过,浊酒一壶,蹲鸱一盂,相共开笑口,所谈浮生闲话,绝不及市朝。客去关门,了无报谢,如是毕余生足矣。"[1]陈继儒为自己塑造了一副闲人高士的模样,但是实际他并非累月独处,而是"性喜奖掖士类,履常满户外,片言酬应,莫不当意去"[2]。恐怕陈继儒隐居之室并非萧条,而是热闹非凡了。与他人交谈的也不只是山水清赏、天道禅机,而多涉时政。他自己也说:"居轩冕之中,要有山林的气味;处林泉之下,常怀廊庙的经纶。"[3]《柳南续笔》记载了一桩陈继儒介入时政的信息:

> 崇祯初,华亭钱龙锡以相召,过辞陈眉公。眉公从容言曰:"拔一毛而利天下。"龙锡莫知所谓。入都,则总督袁崇焕以诛岛帅毛文龙为请,龙锡悟曰:"此眉公教我者耶?"报袁,令速诛之。未几,边事益坏,上大以诛毛为悔,袁论磔,而钱以槛车征,几不免。或曰:"士大夫谒眉公者,必强令赠言,不得则不欢,眉公一再让,后则缓颊,不暇计当否矣!"[4]

钱龙锡即将入主内阁之际来陈继儒处讨教,陈只给了一句不知所谓的"拔一毛而利天下",后钱龙锡暗自揣度,用于斩杀毛文龙之事上,改变了明朝的政局,钱龙锡也因此差点丧命。从这条记述看,陈继儒非但没做成贤德的山中宰相,反而有几分误国误民的味道。有人辩解说,这是士大夫仰慕陈继儒,一定要向他讨教,陈不得不敷衍所致。如此看来,陈继儒以山人自封,满足的是士人"履常满户外",纵谈天下事,但是与士人对谈充

---

[1] 陈继儒等著,罗立刚校注:《小窗幽记(外二种)》,上海:上海古籍出版社,2000年,第52页。
[2] 张廷玉等:《明史》,北京:中华书局,1974年,第7631页。
[3] 陈继儒等著,罗立刚校注:《小窗幽记(外二种)》,上海:上海古籍出版社,2000年,第42页。
[4] 王应奎撰,王彬、严英俊点校:《柳南随笔 续笔》,北京:中华书局,1983年,第159页和第160页。

斥着敷衍，对于政局无所裨益。但是如果以李泌这样的山中宰相为依准来看，陈继儒无论是在气度上还是才干上恐怕都是有待提升的。就连他一再描绘的理想中的清净如"竹篱茅舍，石屋花轩；松柏群吟，藤萝翳景；流水绕户，飞泉挂檐；烟霞欲栖，林壑将暝。中处野叟山翁四五，予以闲身作此中主人。坐沉红烛，看遍青山，消我情肠，任他冷眼。"[1]，也值得怀疑，"矫言幽尚"可谓一言中的。流风所及，士人接迹如市，品格愈发卑下，以至于冯梦龙《山人歌》讽刺："笑杀山人，终日忙忙着处跟。头戴无些正，全靠虚帮衬。口里滴溜清，心肠墨锭；八句歪诗，尝搭公文进。今日胥门接某大人，明日阊门送某大人。"发展至此，山人业已和山无关、和隐逸无关、和清高无关，成为谋名求利的工具、被普通人嘲讽的群体了。

三、多姿多彩的隐逸

我国古代传统的隐逸观以避世洁身为主要倾向，如《新唐书》所言，"古之隐者，大抵有三概：上焉者，身藏而德不晦，故自放草野，而名往从之，虽万乘之贵，犹寻轨而委聘也；其次，挈治世具弗得伸，或持峭行不可屈于俗，虽有所应，其于爵禄也，泛然受，悠然辞，使人君常有所慕企，怊然如不足，其可贵也；末焉者，资槁薄，乐山林，内审其才，终不可当世取舍，故逃丘园而不返，使人常高其风而不敢加訾焉"[2]。最上等隐者身藏德而不晦；次等隐者可隐可仕志气不堕，淡然自如；最下等隐者天资有限，本性爱山林，绝意避世。至明代，最上等隐者只能遥想其风姿，次等隐者已不多见，文人士大夫中能有如最下等隐者则足以令人欣慰，值得大书特书，如《姑苏名贤小记》中对顾隐君的记载。顾隐君世居苏州临顿里，其祖"有地数弓，种竹木成林，结椽三楹，署曰春潜，隐其中二十余年"[3]，号春潜公。春潜公生子德育，字克成，自号少潜，尤好读书，家贫无所得书，则手自抄录。少潜公乃是隐君之父。传衍数代，此时春潜小圃已属他人，只剩下三间老屋。文震孟详细描述了顾隐君此时的

---

[1] 陈继儒等著，罗立刚校注：《小窗幽记（外二种）》，上海：上海古籍出版社，2000年，第51页和第52页。
[2] 欧阳修、宋祁：《新唐书》，北京：中华书局，1975年，第5593页和第5594页。
[3] 文震孟：《姑苏名贤小记》，台北：明文书局，1991年，第117页。

隐逸生活：

> 破榻竹几，净无纤尘，蒲团茗碗相对静好。亭中古松一株，杂花数本，苔痕满阶，景色幽茂。所居虽阛阓，荆扉昼掩，寂然空山。披其室见其人，如深壑幽岩忽遇静衲，令人神骨泠然，遂欲遗世，不知门外风尘之喧也。焚香扫地，翛然自得。间作小诗及画，不必甚工，自娱而已。布衣虽敝，必洁，巾舄楚楚。居恒未尝妄过一人。或风日清淡则偕先君子小步萧寺中，其所识僧徒必皆明窗拭几以花香作佛事者。午而往，尽申而还，虽至密友如先君不辄肯一饭也。有游闲靖者，七十四年而卒。[1]

顾隐君祖上尚有功名，其父不事生产，只好读书以致家道衰落。顾隐君承继其祖、父遗风，守着残存的春潜小圃过清苦生活。在文震孟看来，这样的顾隐君才算得上是真隐士，虽住闹市但他的春潜小圃幽静远俗，日常只与高士、僧徒来往，不会为俗务烦心。因此，文震孟舍弃了败落、残存、孤僻，给春潜小圃和顾隐君附加了一层诗意的色彩。文震孟不仅仅是在写顾隐君、写春潜小圃，更是在写在红尘俗世中的精神高地，写他的审美理想。他试图在顾隐君般的隐士身上寻找传统文人的影子，这恰恰说明现实中这种隐士很少了。明清时期苏州士人的隐逸观念的确发生了很大的改变。吴县名士都穆《听雨纪谈》中说：

> 隐一也。昔之人谓有天隐、有地隐、有人隐、有名隐，又有所谓充隐、通隐、仕隐，其说各异。天隐者，无往而不适，如严子陵之类是也。地隐者，避地而隐，如伯夷太公之类是也。人隐者，踪迹混俗，不异众人，如东方朔之类是也。名隐者，不求名而隐，如刘遗民之类是也。他如晋皇甫希之人称充隐。梁何点人称通隐。唐唐畅为江西从事，不亲公务，人称仕隐。然予观白乐天诗云："大隐在朝市，小隐在丘樊。不如作中隐，隐在留司间。"则隐又有三者之不同矣。[2]

一个"隐"竟然能分出诸如天隐、地隐、人隐等如此多的种类，有充隐、通隐、仕隐等如此多的内容。明人对于隐能做出如此细致的划分，正是由于他们对隐有相当丰富的感受。不可否认，明清士人仍然欣赏苔痕满

---

[1] 文震孟：《姑苏名贤小记》，台北：明文书局，1991年，第117页和第118页。
[2] 都穆：《听雨纪谈》，载《丛书集成初编》，上海：商务印书馆，1939年，第16页。

阶、寂然空山式之隐，但是也亲身经历、体验到了更为多元的样态。

苏州山多水好，风景秀丽，很多人选择隐居于山林湖滨。如杨循吉号南峰山人，结庐支硎山，日折松枝为筹课书。[1]晋支遁曾隐居此地，因为支遁又称支硎，此地故获此名，成为士人隐遁的好去处。陆叔平亦隐居支硎山。晚明时期赵宦光偕妻子陆卿子隐于寒山。因爱庞山的风景，洪武年间的任仲真在归乡途中筑"栖逸草堂"归隐。万历年间与顾炎武、黄宗羲、李颙并称"海内四大布衣"的朱鹤龄也在清兵入关之后在庞山建"江湾草庵"隐居。乾隆年间任兆麟与其妻张滋兰隐居太湖西山岛上的林屋山。也有人并不舍近求远隐于山林，如杜琼"家有小圃不满一亩，植竹莳杂花，筑瞻绿亭居其间。醇和安定，道韵袭人。"[2]，刘珏"罢官即第后凿小池闭门幽赏，时人罕窥其面"[3]。隐士不一定要远避世俗，重在心闲。因此，明清士人在选择隐居之地时既有山林之好，也有市隐之爱，形态多样。

明清士人选择隐居之地更自由，隐居后情志寄托之物也多种多样，比如，隐于书。沈周"所居有水竹亭馆之胜，图书鼎彝充牣错列"[4]；史鉴"客来访者，陈彝鼎图书，古色照耀不减顾瑛玉山草堂"[5]。据记载，钱榖"少孤贫失学……游文待诏门下，日取架上书读之，以其余功，点染水墨，得沈氏之法。晚葺故庐，读书其中，闻有异书，虽病必强起，匍匐借观，手自抄写，几于充栋，穷日夜校勘，至老不衰"[6]，康乾年间常熟人王应奎科举不顺，退隐乡间，"堆书及肩，而埋头其中"[7]。明清苏州文化繁盛，书给隐士提供了精神寄托，正所谓"闭门即是深山，读书随处净土"[8]。陈继儒说："人生有书可读，有暇得读，有资能读，又涵养之如不识字人，是谓善读书者。享世间清福，未有过于此也。"[9]由此可见

[1] 文震孟：《姑苏名贤小记》，台北：明文书局，1991年，第59页。
[2] 文震孟：《姑苏名贤小记》，台北：明文书局，1991年，第39页。
[3] 文震孟：《姑苏名贤小记》，台北：明文书局，1991年，第40页。
[4] 张廷玉等：《明史》，北京：中华书局，1974年，第7630页。
[5] 史鉴：《西村集》，清乾隆十一年史开基刻本。
[6] 钱谦益：《列朝诗集小传》，上海：上海古籍出版社，1983年，第486页和第487页。
[7] 王应奎撰，王彬、严英俊点校：《柳南随笔 续笔》，北京：中华书局，1983年，第1页。
[8] 陈继儒等著，罗立刚校注：《小窗幽记（外二种）》，上海：上海古籍出版社，2000年，第56页。
[9] 陈继儒等著，罗立刚校注：《小窗幽记（外二种）》，上海：上海古籍出版社，2000年，第15页。

书在山人隐士生活中的重要性。

因为士人爱读书，藏书之风也就应运而生。据孙庆增《藏书纪要》统计，明代藏书家有47人，其中，苏州府籍的就有36人。吴晗的《江浙藏书家史略》收录明代藏书家180多人，苏州府的就有120多人。藏书风气之盛可见一斑。清代段玉裁曾言："始吴中文献甲东南，好书之士，难以枚数。若钱求赤（孙保）、钱遵王（曾）、陆勅先、叶林宗（奕）、叶石君（树廉）、赵凡夫（宧光）、毛子晋及其子斧季，皆雄于明季。"[1]段玉裁所列均是明末清初苏州府著名的藏书家，他们都筑有藏书楼。例如，钱孙保有"怀古堂""竹深堂""未学庵"，钱曾有"述古堂""也是园""莪匪楼"，等等。其实苏州府藏书风习绵延已久，最早可以追溯到春秋时期孔子的弟子言偃。明代私人藏书风气大盛，如王鏊有藏书楼"颜乐堂"；杨循吉建"雁荡村舍"，筑专楼"卧读斋"；唐寅有藏书楼"学圃堂"；黄省曾有"前山书屋"，其子黄姬水有"柄霞馆""赤城山房""高素斋"；陈瓒有藏书室"济美堂"等。明末清初"苏州成为中国的私家藏书中心地"[2]。钱谦益的绛云楼是明末清初最负盛名的江南私家藏书楼；自称悬桥小隐的黄丕烈是清中期乾嘉年间四大藏书家之一，其"百宋一廛"声震寰宇；常熟瞿氏铁琴铜剑楼是晚清四大藏书楼之一。苏州的藏书文化有独有的特征，其中主要的特征之一就是世家传承。据统计，苏州有言氏、叶氏、文氏、赵氏、钱氏、毛氏、徐氏、席氏、黄氏、汪氏、张氏、陈氏、瞿氏、翁氏、顾氏、潘氏16个藏书世家，"苏州藏书家们大多世传家学，代增藏书，宗族、家族藏书越聚越多。族姓、家庭内部的文化传统、家学渊源，使藏书纵向传递；族姓外部的异姓间联姻、师承、结友等关系，使藏书横向联络，纵横交错的传书网，环环紧扣"[3]。纵横交错的读书、借书、藏书活动加强了士人之间的联系，减弱了隐逸本应具有的超脱性和个体性，这也是明清时期苏州隐逸风习改变的一个重要因素。

除了隐于书之外，士人还能隐于诗、画、书法等多种文艺创作样式之中，如清嘉庆年间的钱泳所言，"大约明之士大夫，不以直声廷杖，则以

---

[1] 段玉裁撰：《经韵楼集》卷八，清嘉庆十九年刻本。
[2] 曹培根：《苏州传统藏书文化研究》，扬州：广陵书社，2017年，第3页。
[3] 曹培根：《苏州传统藏书文化研究》，扬州：广陵书社，2017年，第3页。

书画名家，此亦一时习气也"[1]。例如，沈周是吴门画派的创始人，工诗善画。沈周之师杜琼人称"东原先生"，这位终身不仕的高士诗词书画无所不精。闻名于世的"吴中四子"文徵明、祝允明、唐寅、徐祯卿都是诗文书画皆精。文徵明长子文彭工书画、善诗文，次子文嘉能诗、工书、善画山水，其弟子陈淳诗词书画皆精，经学古文皆通；王穀祥善做古文辞，擅书画篆刻；陆师道工诗及古文辞，小楷古隶皆精；谢时臣能诗、工书、擅画；吴门"袁氏六俊"中的袁褧卜居桃花坞，筑室灌园，石磬斋"无他嗜好，惟耽学不倦，精鉴赏，工翰藻，吴中称为博雅君子"[2]；清代顾佑龙"为人高雅绝俗，所居斗室中，左悬琴，右架书，几席间无一毫尘土气。客至，焚香煮茗，相对清谈。好吟诗，与人唱和，辄焚其稿。工画，兴会所到，随笔挥洒，皆有天趣，吴中称为绝技"[3]。明清苏州身兼数艺，文采风流之人不胜枚举。文震孟于《姑苏名贤小记》中所记的诸位贤士很多都是多才多艺之人，如王宾"有异才。于阴阳律历、山海形势、礼乐兵家书无不该洽"[4]；邢量"自经史释老方技无不兼通"[5]，张廷玉就将邢量视为"隐于卜"的高士；洞庭西山人张源，隐于山谷间，著有《茶录》，可谓是隐于茶的君子；而明末清初的卫泳竟然声称"隐于色"：

> 古未闻以色隐者，然宜隐孰有如色哉？一遇冶容，令人名利心俱淡，视世之奔蜗角蝇头者，殆胸中无癖，怅怅靡托者也。真英雄豪杰，能把臂入林，借一个红粉佳人作知己，将白日消磨……须知色有桃源，绝胜寻真绝欲，以视买山而隐者何如？[6]

卫泳也承认，"古未闻以色隐者"。因为隐于诗、书、画、茶尚有雅趣，有几分隐士的遁世高韬；隐于色一不小心就陷入欲望的泥潭，遭人诟病。色向来是君子的大忌，而卫泳说，隐于色可令人忘却名利，和买山而

---

[1] 钱泳撰，张伟校点：《履园丛话》，北京：中华书局，1979年，第263页。
[2] 袁鹓卿：《吴门袁氏家谱》，民国八年（1919）石印本。
[3] 周之桢纂，沈春荣、沈昌华、申乃刚点校：《同里志》卷十六，载同里镇人民政府、吴江市档案局编《同里志（两种）》，扬州：广陵书社，2011年，第190页和第191页。
[4] 文震孟：《姑苏名贤小记》，台北：明文书局，1991年，第15页。
[5] 文震孟：《姑苏名贤小记》，台北：明文书局，1991年，第29页。
[6] 卫泳：《悦容编》，载虫天子编《香艳丛书》（一），北京：人民文学出版社，1992年，第75页和第76页。

隐者没有本质的区别。色隐之说虽有几分惊世骇俗，但是卫泳提到的"癖"正指出了隐逸的问题。"殆胸中无癖，怅怅靡托者也"，隐士是避世的，逃离了世俗红尘的羁绊，仍需有寄托，买山而隐何尝不是寄托于山？避世并不能和人世间彻底断开联系，"癖"成为隐逸之士和凡俗大众既有联系又有区别的一个主要标志。一方面，与物的联系较为紧密，这一点在明清苏州隐逸风习的流播中展现得较为明显，所以可以看到，"嘉靖末年，海内宴安，士大夫厚富者以治园亭、教歌舞之隙，间及古玩，如吴中王文恪之孙，溧阳史尚宝之子，皆世藏珍秘，不假外索"[1]。甚至有因好古收藏而致家道衰落乃至破产的。[2] 另一方面，与人的联系也更为紧密。文人隐士因所癖好之物相同而聚集在一起。王世贞在《文先生传》中记载了文徵明、祝允明、唐寅、徐祯卿的交游："吴中文士秀异祝允明、唐寅、徐祯卿日来游，允明精八法，寅善丹青，祯卿诗奕奕有建安风。其人咸趻弛自喜，于曹偶亡所让，独严惮先生，不敢以狎进。先生与之异轨而齐尚，日欢然间也。"[3] 祝允明精通的是书法，唐寅擅长的是绘画，徐祯卿诗写得很好，他们几个人才气纵横，为人不羁，却和文徵明相处得很好。所谓"异轨而齐尚"，是指他们遵循的原则不同，但是他们的爱好相同。出于对所癖之物的共同欣赏，他们既能相聚，又能"欢然"，以致有人感慨"世运升平，物力丰裕，故文人学士得以跌荡于词场酒海间，亦一时盛事也"[4]，足见艺术令人"群"的力量之大。隐逸本有的出世、清苦味道进一步减淡。《明史》对陈继儒的记载也透露出这样的信息：

> 工诗善文，短翰小词，皆极风致，兼能绘事。又博文强识，经史诸子、术伎稗官与二氏家言，靡不较核。或刺取琐言僻事，诠次成书，远近竞相购写。征请诗文者无虚日。性喜奖掖士类，履常满户外，片言酬应，莫不当意去。暇则与黄冠老衲穷峰泖之胜，吟啸忘返，足迹罕入城市。[5]

---

[1] 沈德符撰，杨万里校点：《万历野获编》卷二十六，载《明代笔记小说大观》，上海：上海古籍出版社，2005年，第2586页。
[2] 张萱撰：《西园见闻录（二）》，台北：明文书局，1991年，第61页。
[3] 王世贞著，陈书录、丽波、刘勇刚选注：《王世贞文选》，苏州：苏州大学出版社，2001年，第100页。
[4] 赵翼著，王树民校证：《廿二史札记校证》（第2版），北京：中华书局，2013年，第816页。
[5] 张廷玉等：《明史》，北京：中华书局，1974年，第7631页。

陈继儒在《小窗幽记》中常常透露出索居静观、与云石为伍的审美理想。但是《明史》对他的记述是户常满、无虚日的繁忙状态，与黄老流连山水竟成为闲暇时的事情。陈继儒虽被《明史》列入"隐逸"部，但是其行为已非传统意义上的隐士。再以嘉靖年间的"广五子"之一——昆山人俞允文为例来看，俞允文身体病弱，"病辄不出应客。家人数米而饮，旦夕不办，治饭即且治糜耳，终不复能有所干谒。凡仲蔚所为行，桑枢瓮牖，咀藜裋褐，不厌死而已，而其自托古文辞特甚。"[1]俞允文家境苦寒，不谒权贵，更接近传统意义上的隐士状态，但是他与王世贞交好。王世贞在《俞仲蔚先生集序》中记载：

>乃俞先生故措绅子，少亦尝事博士经数奇而后弃之。筋力柔懒，善头风病耕不能为鹿门德公，佣不能为皋桥伯鸾，游不能为禽息、向子平，而累累焉寄一廛于十室之邑，居恒自谓：吾不徇人，亦不避人；吾不厌世，亦不侮世；吾不以名就名，亦不以匿名钓名，如是而已。夫俞先生以善病，故其足不能出百里外。虽然纵不能游五岳，不贤于游五侯乎哉？且夫隐至俞先生亦足矣！何至必欲并迹而灭之，然后称上隐。[2]

俞允文对自己的隐居状态并未以高格相标，其隐并非出于崇高的动机，而是对自己不能耕、佣、游的清醒认识。简单来说，俞允文采取了一种顺其自然的态度，不避世俗，亦求名声。王世贞对这种观念大加赞赏，认为不一定非要远遁灭迹才算上隐。此种观念颇能反映明清时期苏州士人的隐逸风习。

明清苏州经济繁盛、文艺昌盛，其隐逸风习中的逃俗离世、清苦自守的气息淡化，并逐渐影响了整个时代。这一点在黄宗羲所编《明文海》中收录的《书山林经济籍后》序言中可窥一斑："夫山林之士，离人群而寄傲；经济之猷，铭大业以垂青。彼则依凭日月之光，分圭儋爵；此则揽撷烟霞之表，翔鹤潜虬，虽出处之殊途，而性情之一致。故乘轩者经洞壑以怡神，揽辔者晚林泉而顿足也。志之流派有八：曰典，曰疏，曰注，曰籍，曰记，曰书，曰笺，曰簿，总之曰志而已。夫挽颓风而维末俗者，救

---

[1] 王世贞著，陈书录、丽波、刘勇刚选注：《王世贞文选》，苏州：苏州大学出版社，2001年，第14页。
[2] 王世贞：《弇州续稿》卷四十四，明万历刻本。

宁宇宙之经纶；怀独行而履狂狷者，展错山林之经济，此籍之所称以定名也。"此为惇德堂刊二十四卷本《山林经济籍》所载屠本畯所写的总序。隐居山林之人离群避世，和经济本毫不相关，屠本畯竟然将山林与经济合为一体。二十四卷本分为山部、林部、经部、济部、籍部，现将目录展示如下：

山部

卷一《叙籍原起》《隐逸首策》《群书品藻》《书画金汤》《护书》

卷二《山林友议第一》《处约第二》

卷三《隐览第三》

林部

卷四《食时五观第四》《文字饮第五》《闲人忙事第六》《月川月类纂第七》

卷五《韦弦佩第八》

卷六《广放生论第九》

卷七《卦玩第十》《读书观第十一》

经部

卷八《燕史固书第十二》《曲部觞述第十三》

卷九《曲部觞述第十三》

卷十《牡丹荣辱志第十四》

济部

卷十一《瓶史索隐第十五》

卷十二《香肇第十六》

卷十三《茗笈第十七》

卷十四《野菜咏第十八·上》

卷十五《野菜咏第十八·中》

卷十六《野菜咏第十八·下》

籍部

卷十七《五子谐策第十九·金》

卷十八《五子谐策第十九·木》

卷十九《五子谐策第十九·水》

卷二十《五子谐策第十九·火》

卷二十一《五子谐策第十九·土》

卷二十二《园阁谈言第二十·上》

卷二十三《园阁谈言第二十·中》

卷二十四《园阁谈言第二十·下》

《山林经济籍》专为隐士而作，山林之中还须讲经济，隐士除了吃野菜养生外，还有书画瓶花陶心、书史策论陶志。这种生活清苦味道一点不存，倒真是令人羡慕了。

第三节　生与死的抉择

我国传统文化相信普通的人亦能碰触辉煌的天道，与之合一。朱熹说"虽下愚不能无道心"（《中庸章句序》），但是下愚之人心混杂着利益权衡，充斥着自我保全的冲动。它并不本然地等同于道心。由人心向道心显现的过程既是内在超越的过程，也是痛苦的过程。它不仅需要在义与利、进与退之间权衡，也需要在生与死之间抉择。在经过天道的提升、理性的约束之后，从利益、欲望的泥潭中超拔而出的人性更显圣洁之光。明清士人人格在两朝鼎革之际得到淬炼，同时也显现出多样的面貌，值得注意。

一、立节以求道

明末政局一片混乱，内有李自成起义，外有皇太极虎视眈眈。后李自成军攻破北京，三月崇祯帝吊死煤山，五月福王朱由崧在南京成立弘光政权，仅在位八个月。弘光元年（1645）清军攻破南京，宣告了弘光政权的结束。仅仅一年多的时间，政权更迭频繁。如果说这段时间百姓陷入战火兵乱之间，那么士人同时还要面临道义上的考验。节义是我国传统的道德观念，经宋明理学的强化已经深入人心，但是就如黄宗羲亲身体验的一样，"尝观今之士大夫，口口名节，及至变乱之际，尽丧其平生"[1]。在两朝鼎革之际，节义不再是书本上的道德律例，而是生死之间的抉择。也正因此，这种选择才尤能凸显人格之伟大，那些舍生取义之人才能令后人追慕不已。

明清易代之际，苏州士人用他们的行为践行传统的道德观念，为此付

---

[1] 黄宗羲：《桐城方烈妇墓志铭》，载《黄宗羲全集》第十册，杭州：浙江古籍出版社，2005年，第462页。

出了巨大的代价。例如，复社领袖杨廷枢在清军南下苏州之际，联络义军抗清。后来其门生戴之儁积极联络松江总兵官吴胜兆与黄斌卿抗清复明，消息泄露后遭追捕，波及杨廷枢。杨廷枢被捕之后饿五日未死，十指俱伤，遍体鳞伤。在押解至分湖的途中，杨廷枢死志已决，做自叙一篇，兹录如下：

> 苏州有明朝遗士杨廷枢，幼读圣贤之书，长怀忠孝之志。立身行己，事不愧于古人；积学高文，名常满乎宇内。为孝廉者一十五载，生世间者五十三年。作士林乡党之规模，庶几东京郭有道；负纲常名教之重任，愿为宋室文文山。惜时命之不犹，未登朝而食禄；值中原之多难，遂蒙祸以捐生。其年则丁亥之年，其月则孟夏之月。才隐遁于山阿，忽罹陷于罗网。时遭其变，命付于天。虽云突如其来，吾已知之久矣。有妻费氏，吴江人，归予二十余载。有女观慧，适张氏，亦二十余春。骂贼全真，不愧丈夫之气概；舍生就死，殊胜男子之须眉。一家视死如归，轰轰烈烈；举室成仁，无愧炳炳烺烺。生平所学，至此方为快然！千古为昭，到底终须不殁。但因报国无能，怀忠未展，终是人臣未竟之事，尚辜累朝所受之恩。魂炯炯而升天，当为厉鬼；气英英而坠地，期待来生。舟中书此，不能尽言，留此血衣，以俟异日。愿我知己，面付遗孤。如痛父母，即思忠孝。垂殁之言，以此为诀。[1]

杨廷枢虽然才华横溢、名满天下，但是终其一生也只是诸生，没有功名，未进仕途。他从小读圣贤书、怀忠孝志，节义观念已经深入心中，他主动将维系纲常名教作为自己的责任。他在隐遁期间受牵连而遭横祸，但是对于死于节义这件事情早有心理准备。更令他欣慰甚至自豪的是，其妻费氏、女观慧都能舍生取义。全家以死求仁，死得其所。杨廷枢在舟中写此血书，身受损，志愈坚。四百余字，毫无全家即将丧命的悲痛、留恋遗孤之凄楚，唯见平生志愿得遂之痛快，读来让人感佩不已。他还用血写下绝命诗："人生自古谁无死，留取丹心照汗青。 正气千秋应不散，于今重复有斯人。 浩气凌空死不难，千年血泪未曾干。 夜来星斗中天灿，一点

---

[1] 计六奇撰，任道斌、魏得良点校：《明季南略》卷四，北京：中华书局，1984年，第256页。

忠魂在此间。社稷倾颓已二年，偷生视息又何颜。 祇令浩气还天地，方信平生不苟然。"[1]在生死之间，杨廷枢用血、用胸中的浩然之气与文天祥遥相呼应，与中国传统文化所推崇的审美人格理想一脉相承。

在明政权覆灭之际，苏州不乏有人成仁取义、以死殉节，而清廷下发的剃发令更加激发了人们的激烈反抗。《嘉定屠城纪略》详细记载了这段时期嘉定的风云变幻：弘光朝廷五月初九陷落，消息传来，嘉定县大乱，县令钱默重金贿赂嘉定总兵吴志葵，请求他派兵护送其逃离。钱默于三十日出逃，六月十四日清廷派周荃安抚嘉定县民，并没有遇到什么抵抗。《嘉定屠城纪略》载，当时"邑中缙绅皆出避，百姓无主，因结彩于路，出城迎之，竞用黄纸书'大清顺民'四字揭于门"[2]。六月二十四日，清廷所授县令张维熙到任，同日吴志葵率百人扬言捉拿张维熙，张遂逃走。二十七日吴志葵又率兵复来。百姓视吴志葵为复明之师，"悬彩执香，较迎周荃时十倍"[3]。不过吴志葵搜刮一番后就投奔了淮抚田仰，弃嘉定于不顾。于是张维熙于闰六月初六重回嘉定掌权。两天后清降将李成栋率骑兵两千镇守吴淞。局面至此还是较为平稳的，直到十二日，清军下剃发令始变。据《嘉定屠城纪略》所载，当时县令出逃、缙绅皆避，由"百姓无主"四个字可以想见当时普通民众的惶惑之状，"竞用"二字又可见百姓想保命之急切。从这段记述，更可看出受过传统文化教育、应以天下为己任的缙绅的重要作用。普通民众内心也不想归顺清廷，否则吴志葵来百姓不会如此热烈地夹道欢迎。但是他们在生与死的考验中首选的是保命，如果当时有刚毅之人树立标杆振臂一呼或能改变散沙一盘的局面，从接下来嘉定局势的发展更可看出这一点。

清廷派张维熙来做新的县令，对普通民众来说并没有太大的关碍，但是剃发令直接冲击的是传统文化思想的核心观念，正所谓"身体发肤，受之父母，不敢毁伤，孝之始也"，由此引发了民众强烈的反弹。民间流传吴志葵复来领导反抗，于是人们自发组织进攻留于嘉定的李成栋部下李得胜。李得胜被驱赶后赶去吴淞向李成栋报告，李成栋向太仓求救，行至罗

---

[1] 计六奇撰，任道斌、魏得良点校：《明季南略》卷四，北京：中华书局，1984年，第257页。
[2] 朱子素：《嘉定屠城纪略》，载于浩辑《明清史料丛书八种》（一），北京：北京图书馆出版社，2005年，第332页。
[3] 朱子素：《嘉定屠城纪略》，载于浩辑《明清史料丛书八种》（一），北京：北京图书馆出版社，2005年，第332页。

店又被乡兵追杀,于是纵兵大掠、滥杀无辜。百姓将希望寄托于吴志葵,也终落得一场空。在此情况下,闰六月十七日侯峒曾偕门生黄淳耀等人商议守城,至十九日黄淳耀急迎侯峒曾入城,商定侯峒曾带领龚孙玹等人守嘉定城东门,黄淳耀、黄渊耀守西门,张锡眉、龚用图守南门,朱长祚、唐咨禹守北门,凡大事由侯峒曾、黄淳耀处理。一时民众将嘉定视为避难所,携老扶幼来归。与清军对抗期间,侯玄演曾带领勇士将李成栋击退。嘉定守军一度获胜的局面使侯峒曾信心大增,百姓欢声雷动。侯峒曾母闻信摘掉自己的首饰以犒军。但是好景不长,清军后来攻克了嘉定西北部的娄塘,从此处打开了缺口,然后用云梯强攻,嘉定守军用巨石火器杀敌二百多人,尚能支撑。七月五日,天降大雨使城墙一角崩塌,清军趁势而入。见局势无可挽回,侯峒曾称"死国事,分也",自沉于塘,其子玄演、玄洁都赴死取义。城破后,黄淳耀、黄渊耀、龚用图、张锡眉都自缢身亡。《明史》对黄淳耀之死描述得较为详细,兹录于下:

> 及南都亡,嘉定亦破。忾然太息,偕弟渊耀入僧舍,将自尽。僧曰:"公未服官,可无死。"淳耀曰:"城亡与亡,岂以出处二心。"乃索笔书曰:"弘光元年七月二十四日,进士黄淳耀自裁于城西僧舍。呜呼!进不能宣力王朝,退不能洁身自隐,读书寡益,学道无成,耿耿不寐,此心而已。"遂与渊耀相对缢死,年四十有一。[1]

从黄淳耀在西林庵写下的遗书来看,他对于死毫不惧怕,亦无悔恨。在明代的政治文化语境中,君为国死、臣为君死是理所应当的,所以可以看到他们对于"死,分也"的频繁诉说。黄淳耀和杨廷枢一样未入仕途,本来可以不为君死,保全性命,但是他义无反顾,以死立节求道。朱子素在《嘉定屠城纪略》中记述了这场时间不长但十分激烈的反抗,屈大均称"自苏州败而嘉定起,嘉定败而昆山起,义声不绝,死者四万余人。其君子能忠,其小人有义。"[2]《皇明四朝成仁录》中"苏州死事死节传"共列三人:鲁之玙、韦武韬、徐汧;列入"嘉定死义传"者有侯峒曾、侯玄演、侯玄洁、黄淳耀、黄渊耀、张锡眉、龚用图;列入"昆山死义传"的有

---

[1] 张廷玉等:《明史》,北京:中华书局,1974年,第7258页。
[2] 屈大均:《皇明四朝成仁录》卷七,载欧初、王贵忱主编《屈大均全集》(三),北京:人民文学出版社,1996年,第742页。

王佐才、朱集璜、周室瑜、陶琰、陈大任、孙志尹、陆彦冲、李逸、庄士翔、陆世铿、胡季桂、朱国辅、吴其沆、周复培。吴地经历了昆山翻城之役、嘉定三屠，虽百姓积尸成丘、血流成河，但决绝者赴死以捍道义，扬一代之风，千载之下犹令人感奋不已。

明清之际苏州民众对以死殉道之人高度评价，如嘉定士人王泰际在悼念黄淳耀的诗中赞颂其行为："完发香身虽入堆，剑气冲天不受摧。"[1] 清人姚承绪在《三忠祠》中称赞侯峒曾一门忠烈：

> 古今忠义垂日星，没而祭社为神明。上谷之先始居练，遗孤一线留程婴。数传以后及参政，卅年作宦称廉平。清风两袖贻孙子，黄门直谏尤铮铮。封章不辟要人怨，思陵恤赠褒忠贞。银台继起遘百六，鼎湖龙去轩弓倾。孤城困守殉国难，叶池风雨衔哀情。难弟文章重复社，才高意气凌公卿。云间事败讼连系，五百壮士悲田横。本朝旌典破常例，录及先代崇令名。一门完节共祠庙，相传父子及弟兄。成仁取义名不死，千秋俎豆归西城。[2]

侯氏一门原籍山西上谷，后定居嘉定。其先祖侯尧封曾任监察御史，两袖清风。其孙侯震旸不畏权势，上书弹劾当时权势熏天的明熹宗乳母客氏。到侯峒曾一代时，峒曾困守嘉定城，城破后与其子玄演、玄洁均殉节。其弟侯岐曾文采斐然，因留宿抗清名士陈子龙被牵连杀害。故姚承绪称其为"一门完节"，成仁取义，留名千古。侯峒曾死后还被民间传为已经成神："三月中，嘉定县官夜巡时，遇绯袍神人，仪仗甚盛，呵殿相逼。惧而问从者，从者曰：'此侯通政也'。翼日，大雷击毁县门。今四月廿六之变，三百年县治回禄荡然，嘉邑至今建水陆道场。"[3] 由此足见民众对舍生取义之人的尊崇。夏完淳在为侯岐曾一门求宽免之时写道："窃惟奖旧朝之死事者，开国之风；恤亡友之遗孤者，故人之谊。"[4] 由此可见，就连

---

[1] 王泰际：《拜松涯伟恭二黄墓》，载上海市嘉定区政协文史资料编辑委员会编《嘉定抗清史料集》，上海：上海古籍出版社，2010年，第262页。

[2] 姚承绪撰，姜小青校点：《三忠祠》，载《吴趋访古录》，南京：江苏古籍出版社，1999年，第157页和158页。

[3] 侯岐曾：《侯岐曾日记》，载《明清上海稀见文献五种》，北京：人民文学出版社，2006年，第536页。

[4] 夏完淳著，白坚笺校：《夏完淳集笺校》，上海：上海古籍出版社，2016年，第500页。

清廷也高度认可此等忠义之事。

综观明清苏州民众及殉道者的自我书写会发现，死殉之风的兴起绝非偶然。黄淳耀等人的死固然是城破之后的必然之势，但其主动求死，盖源于对古代圣贤崇高人格的高度认同。

在明清之际士人的自我书写中，"古圣贤""书"是频繁出现的字眼。《明史》将黄淳耀列入儒林，称其"有志圣贤之学"[1]。如叶绍袁所说，"臣子分固当死；世受国家恩，当死；读圣贤书，又当死"[2]；杨廷枢于四月二十八日被押解途中所写下血书："余自幼读书，慕文信国先生之为人；今日之事，乃其志也。四月二十四日被缚，饿五日未死、骂未杀，未知尚有几日未死！遍体受伤，十指俱损，而胸中浩然之气，正与信国燕市时无异；俯仰快然，可以无憾！觉人生读书，至此甚是得力；留此遗墨，以俟后人知之。"嘉定城破第二日黄渊耀来见黄淳耀，见其兄在写诗，说："吾兄平时学问，此际尚不自决耶？"[3]诸如此类，不胜枚举。恰如黄宗羲所言，"盖忠义者天地之元气，当无事之日，则韬为道术，发为事功，漠然不可见。及事变之来，则郁勃迫隘，流动而四出，贤士大夫欻起收之，甚之为碧血穷磷，次之为土室牛车，皆此气之所凭依也"[4]。在历代圣贤身上存在的忠义，平日无事之时并不显发，一到关键时刻即能促使民众践履仁义、树立大节。

明清苏州民众之死殉虽有古代圣贤的激励，但亦有本地风习的影响。《郡国志》中就有"吴民用剑轻死易发"风尚的概括。朱彝尊记叙李自成攻破京城之际，江南士人的反应："方贼兵之陷京师也，大学士范公景文以下，死者二十三人。事闻江南，江南草野士，交填膺扼腕，谓三百年养士之报，尽节者不宜寥寥若是，遂持论书义误国，科举可废。彝尊时尚少，亦助之愤惋不平。久而游四方，历战争故垒，访问耆老，则甲申前后，士大夫殉难者，不下数百人，大都半出科第；而新城王氏，科第最盛，尽节

---

[1] 张廷玉等：《明史》，北京：中华书局，1974年，第7258页。
[2] 叶绍袁撰，毕敏点校：《甲行日注（外三种）》卷一，长沙：岳麓书社，1986年，第12页和第13页。
[3] 屈大均：《皇明四朝成仁录》卷七，载欧初、王贵忱主编《屈大均全集》（三），北京：人民文学出版社，1996年，第748页。
[4] 黄宗羲：《纪九峰墓志铭》，载《黄宗羲全集》第十册，杭州：浙江古籍出版社，2005年，第505页和第506页。

死者亦最多。"[1]江南民众听闻李自成攻陷京城,为之死节者仅二十三人,愤愤不平,认为国家养士如此,不如废除科举。朱彝尊年少时受众人影响,也颇为愤怒。长大之后,他实地探求,最看重的仍然是死节者的人数。在得出士大夫殉难者多达百人,科第最盛者尽者最多之后颇有如释重负之感。侯岐曾在其日记中写下:"惟是起义始自敝邑,实应三百年来干戈起陈川之谶。它邑不免少后一步,而士大夫殉节之多,亦未有过于敝邑者。"[2]他固然为其兄长、侄儿身亡而痛彻心扉,但同时又为嘉定殉节之人多而自豪。

在此种风习的浸染下,明清苏州士人不讳言死,常怀忠烈之志的人很多。例如,长洲人徐汧在明末清初这段时间数怀死志。徐汧于崇祯元年(1628)中进士,崇祯二年(1629)李自成进攻京城,正任职翰林院庶吉士的他与文震孟、姚希孟同誓必死,"裂绢书《矢志诗》寄其母,有曰:'为臣贵死忠,义更无他顾'"[3]。弘光元年(1645)五月徐汧听闻清兵渡江后,与其子徐枋、徐柯说:"国其危矣,吾将死矣。"据记载:

> 六月四日,苏州陷。时汧在村舍,潜闭户自经。田奴觉之,不得死。或告之曰:"公身为大臣,义不可生。然盍归而死于家?"汧颔之。闰六月朔,传贝勒王至郡,绅士郊迎。汧谓其从孙曰:"刃可加也,膝不可屈。"十三日,剃发令下,城中汹汹。鲁之屿等战死。十六日晚浴,奴子请出巾帻,汧曰:"不可。设有缓急,君子死不可免冠。"漏将尽,手书致昆山朱集璜相诀。十七日,敌兵大至。乃乘舟至虎丘,晚归新塘桥作书,遂自沉死。屈大均曰:"史称吴俗好勇,善用剑,轻死易发,殆其然哉!"[4]

在剃发令颁布后徐汧数次寻死,最后自沉于虎丘新塘桥下。在屈大均看来,徐汧的行为正是吴地风俗的反映。侯峒曾一门忠烈,赴死也非一时

---

[1] 朱彝尊:《曝书亭集》卷七十二,载《清代诗文集汇编》116,上海:上海古籍出版社,2010年,第544页。
[2] 侯岐曾:《侯岐曾日记》,载《明清上海稀见文献五种》,北京:人民文学出版社,2006年,第549页。
[3] 屈大均:《皇明四朝成仁录》卷七,载欧初、王贵忱主编《屈大均全集》(三),北京:人民文学出版社,1996年,第741页。
[4] 屈大均:《皇明四朝成仁录》卷七,载欧初、王贵忱主编《屈大均全集》(三),北京:人民文学出版社,1996年,第741页和第742页。

意气。崇祯八年（1635）杨廷枢曾与其表兄侯峒曾及其子弟同舟宴饮，"放言请试论死义之法"。峒曾选择自沉，"旧闻水死差不苦，且清净"。岐曾表示"陷胸决脰（按：即斩首），总以成仁，不用决择"。杨廷枢击节称快。侯、杨之言竟然一一应验。嘉定城破之后侯峒曾之妹、外甥女均投水自尽。侯岐曾奉母保孤，忍辱偷生，感慨"毕竟生而死，何如死而生耶！"大学士瞿式耜被俘后，面对"不然者且为僧"的劝降毫无所动，称"僧者，降臣之别名耳"[1]，一意求死。吴地风俗与个人抉择互相激荡，在史书上留下了色彩浓重的一笔。总而言之，明清苏州民众的殉死之风并非简单的"无事袖手谈心性，临危一死报君王"。面对国破家亡，他们绝望但是仍然反抗。他们的死也并非出于一时的意气，而是世风、民风熏染的必然结果。在战火与鲜血中挺立起来的崇高人格就像时人赞许的那样——如星月一般熠熠生辉。

二、存身与求道

两朝鼎革之际，杨廷枢、侯峒曾等人用英勇赴死延续了我国传统文化中的节义精神，获得了世人的肯定，但也有人在求生欲望的驱使下入仕清朝。而入主中原的清廷亦将节义作为衡量人物品格的标尺。乾隆帝下令编纂《明季贰臣传》，诏曰："今事后平情而论，若而人者皆以胜国臣僚，乃遭际时艰，不能为其主临危受命，辄复畏死幸生，腼颜降附，岂得复谓之完人！即或稍有片长足录，其瑕疵自不能掩。若既降复叛之李建泰、金声桓，及降附后潜肆诋毁之钱谦益辈，尤反侧奸邪，更不足比于人类矣……朕思此等大节有亏之人，不能念其建有勋绩，谅于生前；亦不能因其尚有后人，原于既死。今为准情酌理，自应于国史内另立《贰臣传》一门，将诸臣仕明及仕本朝各事迹，据实直书，使不能纤微隐饰，即所谓虽孝子慈孙百世不能改者。"[2]一旦大节有亏，道德品质上就有了污点。乾隆帝点名批评钱谦益，称其不能比于人类，言辞之苛、定论之严让人不寒而栗。在这样的政治、文化语境下，如何存身以求道成为民众需要面对的一个现实问题。

---

[1] 温睿临：《南疆逸史》卷二十一，北京：中华书局，1959年，第146页。
[2] 庆桂纂：《国朝宫史续编100卷》卷八十八，清嘉庆十一年内府钞本，第25页和第26页。

在明朝覆灭之际，以死殉国固然是臣子的本分，此为忠。但是在我国传统的伦理认知中，还有孝的存在，此亦为人的一大责任。翻检明末清初遗民不能赴死的言论，就会发现他们身上存在的痛苦纠结。如侯岐曾在其兄和子侄殉难之后，虽有从死之心，但是上有老母需要奉养，下有儿孙需要庇佑，整个侯家还需要他来疏通关系加以保全。籍没、取租两件大事压在他的肩上，清廷的步步紧逼让他焦头烂额。用死来捍卫道义固然需要极大的勇气，其痛楚却来得较快。而那些活下来的人还要在世界巨变的痛苦中煎熬。与顾炎武并称为"归奇顾怪"的归庄，出身书香门第，其祖归有光，其父归昌世皆有名于世。从小接受传统礼义熏陶的他在剃发令下时也陷入了痛苦的纠结，写下《断发》诗两首。兹录其中一首：

  华人变为夷，苟活不如死，所恨身多累，欲死更中止。高堂两白头，三男今独子，我复不反顾，残年安所倚？隐忍且偷生，坐待真人起。赫赫姚荣国，发垂不过耳。誓立百代勋，一洗终身耻。[1]

和侯岐曾一样，归庄也想赴死取义，觉得苟活还不如去死。但是高堂需要奉养、血脉需要延续，这么多的牵绊让他只能暂且忍辱偷生。在明末清初，履行忠义是至高至美的人格表现。大量的民众主动赴死加强了这一道德判断，以至于有"夫名位有贵贱，忠义无贵贱也。能忠义则匹夫贵矣，不能忠义则卿相贱矣。"[2]的论断。正所谓"死节易，守节难"，选择继续活下去，就要面对如何继续履行道义的尖锐问题。明遗民的策略有以下几种：

其一，改变身份，逃禅为僧。侯岐曾在日记中记录："遭变来，道义至交远近略尽。其仅存者，俱改易姓名，如张采为山衣道人，姚宗典为虞文身，杨廷枢为庄复。"[3]面对剃发令，既要对抗又要保命，所以很多人选择"逃于禅"。明清苏州本有向佛风习，"善信宿根独钟于三吴，三吴之内刹竿相望，其名蓝巨刹，涌殿飞楼，雄踞于通都大邑、名山胜地者无论，

---

[1] 归庄：《归庄集》，北京：中华书局，1962年，第44页和第45页。
[2] 温睿临：《南疆逸史》，北京：中华书局，1959年，第5页和第6页。
[3] 侯岐曾：《侯岐曾日记》，载《明清上海稀见文献五种》，北京：人民文学出版社，2006年，第486页和第487页。

即僻壤穷乡，山村水落，以至五家之邻，什人之聚，亦必有招提兰若栖托其间"[1]。灵岩山寺、包山禅寺、圣恩禅寺、寒山寺等名寺聚集，给遗民提供了较好的隐蔽条件。甲申、乙酉之际，归庄仲兄随史可法在扬州抗清，壮烈牺牲；叔兄继登，在长兴遇害；两位嫂嫂在昆山遇难。归庄与清廷既有国仇更有家恨，坚决不肯投降。明朝覆灭后，一度"僧装亡命，号普明头陀"[2]；吴江人叶仲韶"国变后，披缁行遁"[3]；昆山顾天逵、顾天遴"乙酉之难，皆削发为僧，居西山之潭东"[4]；嘉定侯峒曾之子玄瀞"于顺治丁亥，因潜通鲁王事发觉，亡走扬州天宁寺为僧，释名圆鉴"[5]。明清之际，剃发为僧以保全节操成为很多人的选择，并由此形成了具有一定规模的"遗民僧"群体。

其二，潜身不出，绝意仕途。明朝倾覆之际，除却赴死和出家为僧外，潜身不出也是保全名节大义的一种途径。例如，唐瑀"字仙佩，一字孺含，常熟人，诸生，工歌诗。甲申、乙酉后，遂弃去，教授于沙溪、直塘之间，以终其身。"[6]；吴宗潜，初名系，字方轮，吴江人，补秀水学生，宗潜兄弟九人，明亡后率弃诸生，不就试；吴炎，吴江人"乱后弃诸生，隐居教授"；孔昭"甲申，都城陷，白衣冠哭田间者三载。明亡，贞隐不出，会诏求遗贤，巡抚列名以荐，得旨召用，谢不赴……平居教授生徒，所成就者众。及卒，门人私谥安节先生。"[7]这类群体仍能维护自己的家庭，过平凡的生活，但是又不受清廷所给出的名利诱惑，是有气节的普通人的选择。《明遗民录》记载的王泰际的形迹颇能反映这种心态：

> 明王泰际，字内三，崇祯癸未进士，嘉定人，与同邑黄陶庵为同年友。《陶庵集》中，有《答王研存书》，商略处患难为隐身不出计者，即泰际也。其书中之言曰："吾辈埋名不能，而潜身必可得，冠婚丧祭，以深衣幅巾行礼，终身称故明进士，一事不与

---

[1] 徐枋撰，黄曙辉、印晓峰点校：《居易堂集》卷七，上海：华东师范大学出版社，2009年，第177页。
[2] 归庄：《归庄集》，北京：中华书局，1962年，第539页。
[3] 孙静庵编著，赵一生标点：《明遗民录》，杭州：浙江古籍出版社，1985年，第80页。
[4] 归庄：《归庄集》，北京：中华书局，1962年，第408页。
[5] 归庄：《归庄集》，北京：中华书局，1962年，第545页。
[6] 孙静庵编著，赵一生标点：《明遗民录》，杭州：浙江古籍出版社，1985年，第19页。
[7] 孙静庵编著，赵一生标点：《明遗民录》，杭州：浙江古籍出版社，1985年，第62页。

州县相关,绝迹忍饿可也。"又谓"此大关系处,不得不以真语就正。"前世如龚君宾、谢迭山而在,其商略不过如此。夫陶庵与泰际,固非畏死者,苟可以不死,而仍不失吾之所守,亦何必以其身委之一烬。陶庵既所处在必死之地,而死得其所;泰际适当可以无死,而完其终身不改之节,一如陶庵书中之语,亦复何憾。泰际所居,在县之六都,家本昆山,迁至嘉定,三世皆隐而不曜。泰际三子皆居于城,然人罕有于城市见其面者。县屡举乡饮大宾,曰:"吾第不死而已,奈何以此困我?"食淡衣粗三十余年而卒,殓以深衣幅巾,如平日所服。邑之学者私谥曰贞宪先生。[1]

王泰际和黄淳耀是好友,两人曾商量乱世如何自处的问题。王泰际主张潜身不仕、绝迹自保。最终黄淳耀守嘉定城而殉节,王泰际活了下来。孙静庵以西汉的龚胜和北宋的谢逸比附黄、王二人。龚胜不仕王莽新朝绝食而死,谢逸不附权贵以布衣终老。孙静庵对这两种选择都很认可,觉得王泰际三世皆隐,也属完节。

其三,坚贞不屈,奋争不止。如果说人们还较为认可鼎革之际选择逃禅与潜身的行为,那么能够在乱世之中存身又得到崇高敬意的当属归庄、顾炎武此类坚决抗清之士了。归庄与顾炎武友善,顾炎武在《吴同初行状》中说:"自余所及见,里中二三十年来号为文人者,无不以浮名苟得为务,而余与同邑归生独喜为古文辞,砥行立节,落落不苟于世,人以为狂。"[2]两人以名节自立,也得到了时人的认可,被人们称为"归奇顾怪"。顺治二年(1645),清军南下,昆山县令投降。剃发令下,士民大哗。归、顾二人联合陆世钥夺回昆山,据城自守。不过数日后清军又攻破昆山,血腥屠城。归庄做《悲昆山》一首,对昆山被屠之惨烈进行了描述:"城陴一旦驰铁骑,街衢十日流膏血。白昼啾啾闻鬼哭,乌鸢蝇蚋争人肉。一二遗黎命如丝,又为伪官迫慭头半秃。悲昆山,昆山诚可悲! 死为枯骨亦已矣,那堪生而俯首事逆夷。"[3]归庄亲见百姓被屠,血流成河之惨状,发出大声呼号,不仕清廷,反清复明之意十分坚决。之后归庄被迫流亡他乡,去淮阴投奔万年少(即万寿祺),顾炎武则北上联络志士,两人

---

[1] 孙静庵编著,赵一生标点:《明遗民录》,杭州:浙江古籍出版社,1985年,第64页。
[2] 顾炎武著,华忱之点校:《顾亭林诗文集》,北京:中华书局,1983年,第113页。
[3] 归庄:《归庄集》,北京:中华书局,1962年,第37页和第38页。

秘密共谋反清复明大业。万年少死后,归庄又重新回到昆山,野服终身。顾炎武一生高举抗清大旗,虽屡屡受挫却心志不改,"万事有不平,尔何空自苦,长将一寸身,衔木到终古。我愿平东海,身沉心不改,大海无平期,我心无绝时。"[1]顾炎武一生屡次拒绝入仕清廷,并思考保君与保国、亡国与亡天下的不同,提出"国家兴亡,匹夫有责"观,受到时人和后世的尊重。

  以上三类人群虽做出的人生选择有所不同,但是其作为明清之际遗民身份的生存状态及人格品评导向存在一个共同之处:尚苦。在明清之际苏州遗民的自我书写中常流露出"苦"的味道。如徐汧之子徐枋,"以死志未遂,故身虽存心等于死"。他遵父命绝意不出,隐居"涧上草堂"。沈复描绘此处:"村在两山夹道中。园依山而无石,老树多极迂回盘郁之势。亭榭窗栏尽从朴素,竹篱茅舍,不愧隐者之居。中有皂荚亭,树大可两抱。余所历园亭,此为第一。园左有山,俗呼鸡笼山,山峰直竖,上加大石,如杭城之瑞石古洞,而不及其玲珑。"[2]沈复是以游览者的心态去看"涧上草堂"的,觉其古朴。若是以平常眼光,所见应是深山之中的家徒四壁了。徐枋说:"至于去冬以及今夏,则日食一饭一糜而已,或并糜而无之,则长日如年,枵腹以过。"[3]不但自己苦,连妻儿也一并受苦:"是冬祁寒,冰雪连旬,至典及絮被,妻孥号寒,酷同露处。有一女止三岁,冬无絮衣,患成寒疾,十年不差。一儿年十二便能书画,见者以为神童,而饥不得食,病不得药,遂殒其命……宁受惨酷而不敢稍蹥吾志也。"[4]境况愈苦愈能磨炼其意志,凸显其人格。人们对于"苦节"是普遍认可、推崇的。徐枋《怀旧篇长句一千四百字》中有"更有布衣一村叟,捐金解厄称吾友"[5]之句。正是因对"苦节"的崇敬,一个普通老百姓才甘冒风险向徐枋伸出援手。遗民甘于自苦、民誉推崇苦节,两相结合,遂成一时

---

[1] 顾炎武著,华忱之点校:《顾亭林诗文集》,北京:中华书局,1983年,第279页。
[2] 沈复等著,金性尧、金文男注:《浮生六记(外三种)》,上海:上海古籍出版社,2000年,第87页。
[3] 徐枋撰,黄曙辉、印晓峰点校:《居易堂集》卷四,上海:华东师范大学出版社,2009年,第78页。
[4] 徐枋撰,黄曙辉、印晓峰点校:《居易堂集》卷三,上海:华东师范大学出版社,2009年,第59页和第60页。
[5] 徐枋撰,黄辉、印晓峰点校:《居易堂集》卷十七,上海:华东师范大学出版社,2009年,第432页。

之风。

其实，对于"苦"的不断书写并不是从两朝鼎革之际而起的。明清时期苏州府经济繁盛、文化发达，人们一想到苏州，便认为苏州人风流娴雅。文震孟正是基于"当世目吴人为轻柔浮靡，而不知清修苦节之士可为矜式者不少"的原因，选择长洲、吴县的一些人物做传，写成《姑苏名贤小记》。从此书中可以看出他对"苦"的刻意强调：

（杨翥）宦橐清苦至无栖泊之宅。[1]

（陈祚）与人语严峻刺刺，苦而不堪，其操行其读书皆刻厉自苦，故人谓"三苦先生"。[2]

（杜琼）菜羹粝食怡怡如也。[3]

（金世龙）日食饼糜一二片，腐汤一杯而已。给事苍头都无一人，萧然如苦行僧。[4]

（袁洪愈）公生而清介朴直能甘苦节。通籍四十余年所得奉赐多寡悉与昆弟族党共。以三品里居垂二十载，容膝之居不增一橼，南亩尺寸无所拓。出入徒步或携一平头乘小舠，猝遇之，不知为上卿也。[5]

（袁洪愈之子）治中君一鹗慈而贫至，不能具饘粥以死。[6]

（邢量）字用理，居葑城之东。陋室三间，青苔满壁，折铛败席，淡如也。平生不娶，长日或不举火，闭户读书，唯啖饼饵一二而已。[7]

（俞桢）隐居杜门，朝夕不继，淡如也。[8]

还有一些人，文震孟虽然没有直接标明其苦，但实际上透露的是和上面所列诸人一样的境况和品格。例如，钱谷贫甚，虽声名日起，却不为家，文徵明为其室题名曰"悬磬"[9]；文震孟的外大父彭隆池，"虽贫，

---

[1] 文震孟：《姑苏名贤小记》，台北：明文书局，1991年，第21页。
[2] 文震孟：《姑苏名贤小记》，台北：明文书局，1991年，第24页。
[3] 文震孟：《姑苏名贤小记》，台北：明文书局，1991年，第39页。
[4] 文震孟：《姑苏名贤小记》，台北：明文书局，1991年，第107页。
[5] 文震孟：《姑苏名贤小记》，台北：明文书局，1991年，第112页。
[6] 文震孟：《姑苏名贤小记》，台北：明文书局，1991年，第112页。
[7] 文震孟：《姑苏名贤小记》，台北：明文书局，1991年，第26页。
[8] 文震孟：《姑苏名贤小记》，台北：明文书局，1991年，第14页。
[9] 文震孟：《姑苏名贤小记》，台北：明文书局，1991年，第109页。

所交皆贤豪长者，然不肯一言干乞……以贫死矣"[1]；陈方伯曾经留客共饮，"顾问中厨鲑菜几何，答无之。复问瓿中酒几何，则耻久矣。相持大笑"[2]；陆叔平隐居支硎山，"以一石支门，剥啄如弗闻"，文震孟称其为"逸气磅礴"[3]。《姑苏名贤小记》上卷所录名人贤士共五十人，居身清苦者凡二十人。文震孟说："吴中风习患其大甘，不患其大苦。"[4]钱谦益也在降清之时进言"吴地民风柔弱"，从而促使清廷强势推进剃发令。然而我们须清醒地认识到，吴地有民风柔弱的一面，也有刚烈的一面。轰轰烈烈的抗清运动、以身赴死、终身不仕都不只是特定时期的特殊现象，其背后藏有更为深远的文化脉络。

在考察了以男性为主体的明清之际遗民生存状态及其人格理想之外，还须审视女性的一维。据统计，"一部《二十四史》，中间节烈妇女最多的，莫如《明史》"[5]。程朱理学强化了三纲五常，女子须以夫为纲的观念深入人心。明清时期苏州士人一边流连青楼，以与风流蕴藉的妓女酬唱为雅，一边又对普通女子提出贞洁的要求。他们热衷于给节妇、烈妇写传。如沈周，人称循循君子，在他的笔下，有过《颜氏妇节孝卷》《石节妇》《书周节妇孝感之异》《烈女生篇》《烈女死篇》《烈妇吟》《周孝妇歌》《贞节为朱孺人题》《叶妇高节诗》等诗。以《叶妇高节诗》为例：

> 叶家夫郎邹家妇，百年同生誓同死。五十五日天夺之，一个孤鸾失其侣。腹中顾后无男女，手中托生有机杼。短檠长夜不敢哭，白日深沉闭房户。老姑谓妇岁月长，新妇告姑听我语。我身聊奉姑同居，我心已与夫同土。青天虽高所不欺，白发固远要自取。忧勤患难以静制，礼义廉耻在刚主。火来胁房我不动，委身一焚火莫苦。盗来敲门我不惊，先身一死盗何侮。病来容药不见医，有臂可斫诊不许。事虽未及虑早及，口既能言身有处。世当可重似金玉，家不可少比稷黍。临终一著犹可竦，笑谓家中诸妪姆。老身幸享六十余，数尽年穷理宜去。纷纷身后惜事乱，从此

---

[1] 文震孟：《姑苏名贤小记》，台北：明文书局，1991年，第100页和第101页。
[2] 文震孟：《姑苏名贤小记》，台北：明文书局，1991年，第103页。
[3] 文震孟：《姑苏名贤小记》，台北：明文书局，1991年，第110和第111页。
[4] 文震孟：《姑苏名贤小记》，台北：明文书局，1991年，第24页。
[5] 陈东原：《中国妇女生活史》，上海：上海书店，1984年，第179页。

治时先嘱汝。房前振限喻如山,自我入来无出武。房中处久于我殡,魂识依依得其所。生前忌接男子面,死魄毋令吊人睹。人间嫠寡堪作训,始末高明越今古。朝廷未闻乡且颂,完德更宜加藻斧。何人有力达太史,何人有力达公府。呜呼节妇今冥冥,其身可腐名弗腐。[1]

在这首诗里,沈周塑造了一个一生坚贞不屈的节妇形象。邹氏女子二十三岁的时候嫁到了叶家,仅仅过了五十五天,她丈夫就去世了。她决意守节,对劝她的婆婆说此生不出房子,不与人相见。婆婆问她如果有火灾、盗贼、患病之类的情况怎么办,她回答,如果火烧屋子就连她一起烧死,盗贼来就先自杀以免受辱,有病可以吃药但是绝不让人诊脉,否则就把手臂砍下来,态度十分坚决。如此活到了六十四岁,临终之际嘱咐后辈,生前所居屋子,死后就埋在那里,不允许别人入内吊唁,就像活着的时候没有和男子接触过一样。这样的一个女子,沈周称其为"高德"。叶妇的"高德"是以自虐的苦行获得的。沈周也知其苦,但只用"短檠长夜不敢哭,白日深沉闭房户"一句带过了节妇几十年的空闺苦守,转而写其意志之坚、言行之统一。但是大好的青春被限制在窄小的屋内,鲜活的生命被磨平为深沉,才二十多岁的人在其丈夫死后就过上了如死了一般的生活。她是以对自己生命的戕害换取了别人的赞许。

明清时期苏州烈妇、节妇被歌咏的频率很高。朱鹤龄《愚庵小集》中收录了《书张烈妇事》《跋王贞媛传后》《寿黄母六十序》《庄母沈孺人传》,共4篇;顾炎武写下了《先妣王硕人行状》1篇;归庄有《周氏一门节孝记》《归氏二烈妇传》《天长阮贞孝记》《先妣秦硕人行述》《吴孺人家传》《翁母叶太孺人寿序》《翁夫人六十寿序》《书天忧贡烈妇事》《书汤恭人传后》《书顾贞女传后》《书柴集勋顾孺人传后》《祭陆孝子钟烈妇文》《归太孺人行述》《洞庭湖三烈妇传》《陈节归孺人五十寿序》《族母陈节妇六十寿序》,共16篇;徐枋有《贞孝闻氏传》《王节妇黄硕人墓志铭》《朱师母六十寿序》《高母马太夫人七十寿序》《潘母吴太君五十寿序》《从嫂蔡太君七十寿序》《书磺溪陈烈妇杨氏行状后》《书周氏李孝妇卷后》《题七姬墓志

---

[1] 沈周著,张修龄、韩星婴点校:《沈周集》,上海:上海古籍出版社,2013年,第93页和第94页。

铭》《汪节妇黄硕人传》《王节妇黄硕人墓志铭》[1]，共11篇。每篇背后都是一个曾经鲜活的生命，呈现的是生机勃勃的女子逐渐凋零的悲剧。

在两朝鼎革之际，男性用赴死、自苦来成就贤名，挺立人格，女性也被赋予了这样的使命，甚至她们可谓自觉地给自己赋予了这样的使命。如顾炎武之母王氏听闻昆山、常熟相继在清军铁蹄之下沦陷后，绝食十五天殉国。临终前她嘱咐顾炎武毋躬事新朝："我虽妇人，身受国恩，与国俱亡，义也。汝无为异国臣子，无负世世国恩，无忘先祖遗训，则吾可以瞑于地下。"[2]这样的行为和文震孟、徐汧等名士是一样的，可见名节大义已经深入人心。归庄在给他的两位嫂嫂写的《归氏二烈妇传》中说："人处艰难之际，有不可不死，而死则全名，不死则丧节者；有可以不死，而不幸而死，亦足以明节者。可以不死而不幸而死者，二烈妇是也。当昆山倡义之时，人皆惧祸，谋出城。二烈妇虽丈夫不在，而有舅姑有叔，可相依以远害，卒不往而自陷死地。悲夫！吾见江南女子之奉巾栉营垒之中，及为所掠卖而流离道路者，恨其不能死。二烈妇虽可以不死，死亦无憾焉。呜呼！吾犹悲夫不能从者。死者有知，其有余痛也！"[3]归庄的两位嫂嫂陆氏和张氏在昆山城陷之际自尽，归庄说二人本可不死，但是死亦无憾。可以说，归庄对两位嫂嫂之死虽觉痛苦，仍十分赞赏。对那些在国破家亡之际不能全节的女子"恨其不能死"，此等语调非常严厉。在歌舞升平之日女子要闭门沉沉以守节，在国破家亡之际仿佛只有一死，用鲜血才能换来宽恕。无论哪一种，对女子来说都是戕害。

三、平居与临大节的两分

人的本性是避害趋利的，古人充分认识到这一点，将名利作为成德的关碍："凡人之性，莫不欲善其德，然而不能为善德者，利败之也。故君子羞言利名。言利名尚羞之，况居而求利者也？"[4]具有崇高人格的君子必

---

[1] 陈慧：《明遗民文人别集中的节妇烈女传记研究》，上海：华中师范大学硕士学位论文，2013年，第6—8页。
[2] 顾炎武著，张兵选注评点：《先妣王硕人行状》，载《顾炎武文选》，苏州：苏州大学出版社，2001年，第237页。
[3] 归庄：《归氏二烈妇传》，载《归庄集》，北京：中华书局，1962年，第407页。
[4] 刘向撰，向宗鲁校证：《说苑校证》，北京：中华书局，1987年，第110页。

然不断地和巨大的诱惑做斗争,从而保持道德的完善。从西汉刘向谈论君子立节的问题就可看到这一观点:

> 士君子之有勇而果于行者,不以立节行谊而以妄死非名,岂不痛哉!士有杀身以成仁,触害以立义,倚于节理而不议死地,故能身死名流于来世。非有勇断,孰能行之。
>
> 子路曰:"不能甘勤苦,不能恬贫穷,不能轻死亡,而曰我能行义,吾不信也。"昔者,申包胥立于秦庭,七日七夜,哭不绝声,遂以存楚。不能勤苦,安能行此?曾子布衣缊袍未得完,糟糠之食、藜藿之羹、未得饱,义不合则辞上卿。不恬贫穷,安能行此?比干将死而谏逾忠,伯夷、叔齐饿死于首阳而志逾彰。不轻死亡,安能行此?故夫士欲立义行道,毋论难易,而后能行之;立身著名,无顾利害,而后能成之。诗曰:"彼其之子,硕大且笃。"非良笃修激之君子,其谁能行之哉?
>
> 王子比干杀身以成其忠,伯夷、叔齐杀身以成其廉,尾生杀身以成其信,此三子者,皆天下之通士也,岂不爱其身哉?以为夫义之不立,名之不著,是士之耻也,故杀身以遂其行。因此观之,卑贱贫穷,非士之耻也;夫士之所耻者,天下举忠而士不与焉,举信而士不与焉,举廉而士不与焉,三者在乎身,名传于后世,与日月并而不息,虽无道之世,不能污焉。然则非好死而恶生也,非恶富贵而乐贫贱也,由其道,遵其理,尊贵及己,士不辞也。孔子曰:"富而可求,虽执鞭之士吾亦为之;富而不可求,从吾所好。"大圣之操也。[1]

立节之死能流芳百世,但是付诸实践需要勇气,需要从利害计较中超脱。好生恶死是人之常情,死节之士不是好死恶生、乐贫贱恶富贵。简而言之,比干、伯夷等人也是有血有肉的普通人,但是他们知道仁义之所在,所以义无反顾。孔子般的"大圣之操"不是不爱富贵、不求富贵,而是有原则地去求、去爱。这就是我国传统文化中所崇尚的审美人格——入圣不超凡。入圣不超凡,不是指人人都是圣人,也不是指任何凡俗的事情都不需要节制、提升,本然的人性经过提升才能具有圣境之美。值得注意

---

[1] 刘向撰,向宗鲁校证:《说苑校证》,北京:中华书局,1987年,第77页和第78页。

的是，刘向提到了践行仁义行为的统一性。他举申包胥、曾子、比干、伯夷、叔齐等人的例子意在说明，仁义之举并非逞一时之勇，必然是因道德观念深入心中，关键时刻才能在存身与求道之间做出正确的选择。如子路所说，"不能甘勤苦，不能恬贫穷，不能轻死亡，而曰我能行义，吾不信也"[1]。人们相信符合道德标准的行为具有连贯性、一致性，也即平居与临大节的统一。明清时期对士人的评价仍然遵循着这样的逻辑，对忠义之士的记载总是试图找到其平居与临大节的连续性。

（徐汧）"诸生时，即以名节自任。嘉善魏给事大中被逮，过吴门，汧慕其忠直，以内子簪珥质二十金赠之。周顺昌闻而叹曰："国家养士三百年，如徐生者，真岁寒松柏也！""[2]

（黄淳耀）"字蕴生，嘉定人。为诸生时，深疾科举文浮靡淫丽，乃原本《六经》，一出以典雅。名士争务声利，独淡漠自甘，不事征逐。崇祯十六年成进士。归益研经籍，缊袍粝食，萧然一室。"[3]

徐汧是一个以名节自任的人，一向崇慕忠贞正直之士。给事魏大中多次弹劾魏忠贤及其党羽，被阉党陷害逮捕入狱。押解经过吴门时徐汧将妻子的首饰典换了钱给魏大中。周顺昌称赞他如岁寒松柏，有坚贞之性。这样的一个人在两朝鼎革之际的风云动荡中几次欲赴死取义，剃发令下后自沉也就可以理解了。黄淳耀年轻的时候就不喜浮华，不争名逐利，甘于清苦，因此弘光政权成立时他并没有去积极选官，而在嘉定城破之际自杀殉国。书写平居与临大节的统一是《明史》等传记中通常采用的逻辑，但是现实情况可能要更为复杂。如沈周被列入"隐逸"部，但其家资颇丰。徐汧妻子的首饰能典当二十金，足见其家境也并不窘迫。嘉定侯家是当地望族，侯峒曾的祖父做官后占用义冢土地扩建房屋，其死后的坟地也是强抢而来。[4]这些行为都有悖于子路所言的甘勤苦、恬贫穷，但是沈周、徐汧、侯峒曾的人格受到了人们的认可。

明清时期苏州府经济发达、文化昌盛，义利观、仕隐观都出现了显著的变化。民众普遍认同了较为奢华的生活方式，并不将其作为衡量人物品

---

[1] 刘向撰，向宗鲁校证：《说苑校证》，北京：中华书局，1987年，第77页。
[2] 陈鼎编著：《东林列传》，扬州：广陵书社，2007年，第209页和第210页。
[3] 张廷玉等：《明史》，北京：中华书局，1974年，第7258页。
[4] 杨茜：《聚落与家族：明代紫隄村的权势演替与地域形塑》，《史林》，2016年第2期。

行的重要标准，平居与临大节被视为不同的两种状态。其实这一思想的变动自宋代就已经开始：

> 唐人柳宗元称："世言段太尉，大抵以为武人，一时奋不虑死以取名，非也。太尉为人姁姁，常低首拱手行步，言气卑弱，未尝以色待物，人视之，儒者也。遇不可，必达其志，决非偶然者。"宗元不妄许人，谅其然邪，非孔子所谓仁者必有勇乎？当禄山反，哮噬无前，鲁公独以乌合婴其锋，功虽不成，其志有足称者。晚节偃蹇，为奸臣所挤，见殒贼手。毅然之气，折而不沮，可谓忠矣。详观二子行事，当时亦不能尽信于君，及临大节，蹈之无二色，何耶？彼忠臣谊士，宁以未见信望于人，要返诸己得其正，而后慊于中而行之也。呜呼，虽千五百岁，其英烈言言，如严霜烈日，可畏而仰哉！[1]

柳宗元为段秀实、颜真卿辩白的是，真卿的行为是他一贯的作风。生活之中、平常之时，真卿亦是如此，这样的儒者不可能一时激愤以死邀名。但是宋人的着眼点明显已经转移到了"临大节"之上。对颜真卿的肯定在于他临大节时所表现出来的凛然正气。让我们再来看看欧阳修的那篇《相州昼锦堂记》的最后一句："至于临大事，决大议，垂绅正笏，不动声气而措天下于泰山之安，可谓社稷之臣矣。其丰功盛烈，所以铭彝鼎而被弦歌者，乃邦家之光，非闾里之荣也。"[2]平时的富贵、一时的得意都不值得夸耀，唯独"临大事、决大议"时所表现出来的风范、所创造出来的功绩才值得被后世称颂。《清波杂志》载："韩黄门持国典藩，觞客，早食则凛然谭经史节义及政事设施；晚集则命妓劝饮，尽欢而罢。虽薄尉小官，悉令登车上马而去。"[3]平居的风流潇洒和临大事的忠贞刚毅毫不违和地出现在一个人的身上，可见"平居无异于常人，临大节而不可夺"已经成为深入宋人心中的审美理念。明代百姓也认可了这种理念。在复社众成员的身上亦可见当年韩持国的风采。陈维崧在《冒辟疆寿序》回忆当初复社众人的活动："时先人与冒先生来金陵，饰车骑，通宾客，尤喜与桐

---

[1] 欧阳修、宋祁：《新唐书》卷七十八，北京：中华书局，1975年，第4861页。
[2] 欧阳修：《欧阳修居士集》，济南：山东画报出版社，2004年，第324页。
[3] 周辉撰，刘永翔校注：《清波杂志校注》，北京：中华书局，1994年，第445页。

城、嘉善诸孤儿游,游则必置酒召歌舞。"[1]一边是凛然谈国家大势,以名节互相激励;一边是携妓饮酒观看歌舞,风流潇洒。复社在虎丘集会盛况空前:

> 闻复社大集时,四方士之挈身相赴者,动以千计。山塘上下,途为之塞。迨经散会,社中眉目,往往招邀俊侣,经过赵李。或泛扁舟,张乐欢饮。则野芳浜外,斟酌桥边,酒樽花气,月色波光,相为掩映。倚栏骋望,俨然骊龙出水晶宫中,吞吐照乘之珠。而飞琼王乔,吹瑶笙,击云璈,凭虚凌云以下集也。[2]

花、酒、美女、同道聚集在一起,风流潇洒和忠贞正义缠绕在一起,使平居和临大节的命题呈现出复杂的面貌。明人嗜好谈大节,有人称文徵明负大节,是笃行君子。文徵明身处太平之世,无法用鲜血来验证他的大节,只能从其平生行迹推断:十六岁时父亲去世,不肯接受众人的救济来办丧事;生活贫困,不肯接受巡抚的馈赠;不肯依附权贵杨一清以获得名利;不肯给富贵人家,尤其是王府、宫内的人画画。这四个不肯凸显了文徵明的骨气。这样一个人却因画画遭到了某些人的非议,王世贞对此颇有不平:"今夫文先生者,即无论田畯妇孺裔夷,至'文先生'啧啧不离口,然要间以其翰墨得之。而学士大夫自诡能知文先生,则谓文先生负大节,笃行君子,其经纬足以自表见,而惜其掩于艺。夫艺诚无所重文先生,然文先生能独废艺哉?造物柄者不以星辰之贵而薄雨露,卒亦不以百谷之用而绝百卉,盖兼所重也。"[3]文人士大夫以绘画为小技,认为一个贤士不应该在这上面用功。然而《明史》的论断说绘画不妨碍文徵明的贤德,二者可以并重。"兼所重"既是明确了贤德与小技的确存在明显的区别,同时又显示出弥合二者的努力,颇有"贤者不矜细行"的味道。顾炎武为纪念其好友吴沆写的《吴同初行状》一文也面临这样的困境。吴沆、归庄和顾炎武志同道合,相交甚深。昆山城破之际坚守不出,遂遭难,可谓大节不亏,但是他又风流自喜:

> 生名其沆,字同初,嘉定县学生员。世本儒家,生尤凤惠,

---

[1] 冒广生:《冒巢民先生年谱》,清光绪宣统间如皋冒氏刻如皋冒氏丛书本。
[2] 苏州博物馆等:《丹午日记》《吴城日记》《五石脂》,南京:江苏古籍出版社,1985年,第337页和第338页。
[3] 王世贞著,陈书录等选注评选:《王世贞文选》,苏州:苏州大学出版社,2001年,第99页。

下笔数千言，试辄第一。风流自喜，其天性也。每言及君父之际及交友然诺，则断然不渝。北京之变，作大行皇帝、大行皇后二诔，见称于时。与余三人每一文出，更相写录。北兵至后，遗余书及记事一篇，又从余叔处得诗二首，皆激烈悲切，有古人之遗风。然后知闺情诸作，其寄兴之文，而生之可重者不在此也。[1]

按照传统的对于忠义之士的书写逻辑，必然要强调节义道德观念的统一性。顾炎武不得不承认承平之际吴汧的确风流自喜，擅作闺情诗，但是又从这平时的状态中敏锐地发现吴汧由"世本儒家"熏陶而出的忠贞之念，诸如只要一涉及君臣父子之大纲、交友承诺之事便会一改往日风流之态，崇祯帝后死去之时做诔文悼念，至发现吴汧的遗书及从别人处得来的两首诗，顾炎武终于可以松一口气，发出"生之可重者不在此也"的论断。但是即便可以说吴汧之可重不在闺情文章，也无法抹杀他曾经真实寄情闺情诸作的客观现实。同一个人身上能够出现平居之际的风流自赏和临大节的凛然大义，这二者截然不同又弥合无间，颇让顾炎武费了一番笔墨。而熊开元对瞿式耜事迹的评价则有所不同。瞿式耜于弘光朝廷覆亡之际又拥立唐王，顺治三年（1646）唐王被杀后又拥立桂王建立永历政权，试图以桂林为中心建立抗清基地。永历四年（1650）孔有德率清兵攻占桂林，瞿式耜和张同敞被俘。孔有德屡次劝降瞿式耜，甚至建议他出家以免祸，瞿式耜都毅然拒绝，最终被杀。据载，瞿式耜赴死之时是平静从容的。熊开元评价："吴人平素自奉甚厚，今日自管极意娱乐，明日让他取死，却亦能怡然就戮。"在顾炎武那里断裂又纠缠在一起的平居之风流与临大节之义无反顾在这个层面上竟然神奇地合一了。熊开元之论也打开了我们观察明清苏州审美人格形塑过程的一个路径。

---

[1] 顾炎武著，华忱之点校：《顾亭林诗文集》，北京：中华书局，1983年，第114页。

第二章 自然审美的历史重塑

自然的独特审美呈现是中国古代审美风尚的重要方面。人们在日常生活中如何看待自然，艺术作品如何表现自然，都是审美风尚研究必须关注的问题。自然作为审美对象，与古代中国的"道"观念紧密相关。老子将道视作宇宙万物的本源，它化生万物，无所不在，弥漫于天地之间。《淮南子·原道》具体描绘了道作用于万物的状态："夫道者，覆天载地，廓四方，柝八极；高不可际，深不可测；包裹天地，禀授无形。原流泉浡，冲而徐盈；混混滑滑，浊而徐清。故植之而塞于天地，横之而弥于四海，施之无穷而无所朝夕；舒之幎于六合，卷之不盈于一握。约而能张，幽而能明；弱而能强，柔而能刚；横四维而含阴阳，纮宇宙而章三光；甚淖而滒，甚纤而微。山以之高，渊以之深；兽以之走，鸟以之飞；日月以之明，星历以之行；麟以之游，凤以之翔。"[1]道使得自然万物在约与张之间、幽与明之间、弱与强之间、柔与刚之间达到内在的结合；它亦使得日月星辰有光，山川与深渊有了自己的独特形态，鸟兽能够飞跑，日月星辰明亮且按自己的规律运行。总之，"大道周行"的世界充满了生机。

道体现为气运行于自然之中，使其充满生机。"一元之气，融结于亘古，归气于山泽而有孕灵育秀。"[2]气充盈在天地之间，使其成为浑然的一体，山、水在其中融结而成。气的流动也使自然界中的万物由僵硬、呆滞变得氤氲、柔润，从而呈现出"灵"的特征。袁崧《宜都记》中有一段对西陵峡的描述说明了这个问题：

> 常闻峡中水疾，书记及口传，悉以临惧相戒，曾无称有山水之美也。及余来践跻此境，既至欣然，始信耳闻之不如亲见矣。其叠崿秀峰，奇构异形，固难以辞叙，林木萧森，离离蔚蔚，乃在霞气之表，仰瞩俯映，弥习弥佳，流连信宿，不觉忘返，目所履历，未尝有也。既自欣得此奇观，山水有灵，亦当惊知己于千古矣。[3]

西陵峡怪石林立、滩多水急，以前人们对它只有恐惧。东晋名臣袁崧则发现了其中的山水之灵，险恶之地也随之变为山水奇观。"灵"的发现使

---

[1] 刘安等著，许匡一译注：《淮南子全译》，贵阳：贵州人民出版社，1993年，第2页。
[2] 朱德润：《游江阴三山记》，载《存复斋文集》卷二，上海商务印书馆影印及排印涵芬楼秘笈本。
[3] 郦道元著，陈桥驿校证：《水经注校证》，北京：中华书局，2007年，第793页。

得自然界中作为物质的山水进入了人类的审美视野。而根据唐代诗人张九龄《湖口望庐山瀑布水》的"万丈红泉落，迢迢半紫氛。奔流下杂树，洒落出重云。日照虹霓似，天清风雨闻。灵山多秀色，空水共氤氲。"可以发现氤氲、空灵作为审美对象的特征，成为人们对自然最熟悉的认识。

同时，在中国古代自然审美中，自然体现的是宇宙之真，表达的是宇宙情怀。宗炳的《画山水序》具体阐释了这个内涵："圣人含道映物，贤者澄怀味像。至于山水质有而趣灵……夫圣人以神法道，而贤者通，山水以形媚道而仁者乐，不亦几乎？"[1]圣人以心灵直接感应道，山水画通过对自然山水的描绘来通达道，也就是我们所说的宇宙情怀。但我们必须意识到，这种宇宙情怀就其本质上来说，并不是现实世界的具体情感。相反，它是与现实情感保持距离的。因此，中国古代艺术中的自然往往与隐逸、出世等情怀紧密相连，文人总是在自然山水中表达对世俗生活的厌弃与逃离，以及对隐居生活的向往，其艺术也表现出"逸"的审美品格。

中国古代的自然审美风尚也体现在明清之前的苏州山水诗与山水画之中。我们可以通过一些案例做简要的说明。诗人常建的名篇《题破山寺后禅院》和诗僧皎然的诗歌《秋晚宿破山寺》都以常熟的破山寺作为描写对象。"竹径通幽处，禅房花木深。山光悦鸟性，潭影空人心。万籁此都寂，但余钟磬音。"常建的诗中禅房幽深、空山无人，山光潭影，万籁空寂。"秋风落叶满空山，古寺残灯石壁间。昔日经行人去尽，寒云夜夜自飞还。"皎然的则是秋风落叶、古寺残灯、空寂无人、寒云相伴。两首诗共同传递了诗人在山中空寺远离世俗，在空寂中领悟自然之道的审美情怀，与罗隐为苏州园林南园写的《南园题》中的"敢言逃俗态，自是乐幽栖"亦内在相通。"元四家"（倪瓒、王蒙、吴镇、黄公望）主要活动在松江、苏州、杭州等地方。常年徜徉于太湖的画家吴镇在绘画中塑造了一系列的渔父形象：《芦花寒雁图》中仰首观望的渔父，《渔父图》里凝望水面钓鱼的渔父，《洞庭渔隐图》内撑篙的渔父。避世、脱俗、隐逸是渔父形象内含的意蕴。常熟画家黄公望的山水画空旷幽深，传达的亦多是隐逸之境。由此可见，明代之前的苏州山水艺术秉承了中国古代自然审美的精神内涵。

明清苏州处于中国古代审美风尚的转折时期。一方面，苏州自然审美

---

[1] 宗炳：《画山水序》，载俞剑华编著《中国古代画论类编》，北京：人民美术出版社，1998年，第583页。

继承了明清之前的中国古典审美风尚，并表现出苏州独有的空间特色；另一方面，由于特殊的地理、历史、文化背景，此时的自然审美出现裂变。无论是日常生活还是艺术表现，人们对自然的认识与态度都发生了重要的变化，这种变化事实上在重塑着中国独具特色的自然审美意识，为中国美学的历史演进提供了很好的例证。

第一节 古典自然审美的历史延续

明清时期,苏州经济发达、文化昌盛,是江南乃至全国的中心城市。这些因素对自然审美有着重要的推进作用,不仅当地民众得以观赏丰富的山水资源,还有大量的外地商人、官宦、文人乃至普通民众来到这里,为苏州的自然风光所吸引。现实生活中的自然审美活动也促进了山水游记、山水诗词、山水画、园林文学的大量产生。这些艺术很多都继承了明清之前的中国古典审美风尚,并表现出苏州独有的空间特色,是古典自然审美在苏州的历史延续与发展。

一、山水资源与文化景观的交相呼应

苏州地处长江三角洲太湖平原,东临上海,南接浙江的嘉兴与湖州,西靠太湖,西北连着无锡,平原与水域占据主要面积,其中点缀着丘陵。据张振雄《苏州山水志》记载,苏州全市总面积8 488.42平方千米,其中,平原面积约4 660平方千米,占54.9%;含所辖太湖水域的水面面积约3 607平方千米,占42.5%;丘陵面积约221平方千米,占2.6%。[1]整个苏州湖泊与河流密布,是典型的江南水乡。全市共有大小河流2万余条,总长1 457千米,其中,县级以上河道147条,通江港浦52条。有湖泊荡漾323个,计2 807平方千米,主要分布在阳澄、淀泖、浦南地区;其中,500

---

[1] 张振雄:《苏州山水志》,扬州:广陵书社,2010年,第1页。这个数据统计是以现在的苏州为依据的,即包括苏州市区、常熟、昆山、太仓。但是明清时期的苏州所辖范围有一些不同,清朝时称苏州府,比今天的苏州市要大一些,下辖吴县、长洲县、常熟县、吴江县、昆山县、嘉定县和太仓州。清朝时苏州辖区的行政规划略为复杂,太仓曾在雍正二年(1724)设为直隶州,雍正时还设有太湖厅,常熟、昆山、吴江均分出了县,苏州府治亦分出元和县,长洲、吴县、元和三县共存一城。

亩以上湖荡129个,千亩以上湖荡87个。[1]山丘方面,苏州有大小山丘100余座,主要分布在吴中、虎丘两区及常熟、张家港两市。这些低丘系浙西天目山向东北延伸的余脉,海拔一般在100~200米间,其中,穹窿山最高,主峰海拔341.7米。主要山体沿太湖岸线呈北东向展布,构成了七子山—东洞庭山、穹窿山—渔洋山—长沙岛—西洞庭山、邓尉山—潭山—漫山岛、东渚—镇湖低丘这四组山丘岛屿群;在穹窿山、阳山和七子山间,有天平、灵岩、天池诸山组成的10余平方千米花岗岩丘陵,长江沿岸有香山等低丘,另有虞山、马鞍山(玉山)等孤丘矗立于江湖之间的平原上。[2]宽广的平原上,湖泊与河流交错其间,山丘点缀其上,如此得天独厚的山水自然资源,为苏州的自然审美提供了极好的基础。

同时,苏州的山水人文景观亦非常丰富,最典型的是苏州园林。园林是一种集山水、草木、建筑、绘画和诗词于一体的综合性艺术,其中,山水是其基础。事实上,园林是人们对山水追求在生活中的一种延续。文震亨的《长物志》说:"石令人古,水令人远,园林水石,最不可无。要须回环峭拔,安插得宜。一峰则太华千寻,一勺则江湖万里。又须修竹、老木、怪藤、丑树,交覆角立,苍崖碧涧,奔泉汛流,如入深岩绝壑之中,乃为名区胜地。"[3]园林的建造必须在山水上下大功夫,掇山理水是核心内容,通过修竹、老木、怪藤、丑树的布置,产生奔泉在山崖间流过的效果,让人恍若处于真正的山水中。一直以来,苏州对于园林的建造都情有独钟,最早的记载是东晋的辟疆园,当时号称"吴中第一"。明代苏州城内的园林多达270处,清代建造的亦有130多处,清末时城内外尚有园林170多处。清代苏州人沈朝初有《忆江南》词三十余首,其中一首写道苏州园林:"苏州好,城里半园亭。几片太湖堆翠巘,一篙新涨接沙汀,山水自清灵。"这里说苏州城里半处是园亭,虽有夸张成分,却也反映了当时的园林盛况。

明清时期的苏州经济发达。首先在城市方面,"从宋代开始,以苏州为代表的江南城市开始出现了新的变化,经济功能逐渐增强。到了明清时期,这种现象更为突出,并且随着工商业的发展,经济功能超过了政治功

---

[1] 张振雄:《苏州山水志》,扬州:广陵书社,2010年,第2页。
[2] 张振雄:《苏州山水志》,扬州:广陵书社,2010年,第1页。
[3] 文震亨著,李霞、王刚编著:《长物志》,南京:江苏凤凰文艺出版社,2015年,第116页。

能,苏州不仅成为江南地区的中心城市,也成为全国最为著名的经济城市。"[1]当时从阊门至虎丘的山塘街是苏州经济的中心,大量的商品从这里运往全国。经济的发达并不仅仅体现在城区的经济贸易繁盛上,而且辐射到周边的市镇。到明代,"最早的江南经济区(严格地说是长江三角洲经济区)事实上已经初步形成。这个经济区当时以苏、杭为中心城市(苏州是中心的中心,到近代才为上海所取代),形成都会、府县城、乡镇、村市等多级层次的市场网络,具备了区域经济基本的内在结构。其中深入河网、密如星斗的市镇,担负着沟通城乡经济的职能,是与市场结构多样化相适应的经济网络的基础。"[2]经济的发展带来了诸多的变化,首先是为民众进行审美提供最为基本的物质条件,使得大众有经济条件和闲暇时间进行审美活动;其次是从乡镇到城市文人群体与知识阶层不断扩大,自然审美不仅依赖自然条件本身,也要靠人的人文素养和文化层次的提高;最后是更多的人有条件去修建像园林这样的自然文化景观。在此条件下,整个社会层面的精神追求与文化需求才被激发起来,自然作为审美对象才真正生成了。山水资源与文化景观的交相呼应为明清的山水审美创造了充足的条件。

明清时期苏州产生了较多的山水游记、山水诗、山水画和园林文学。吴地文人们莫不将目光放在山林自然,明初吴中大臣吴宽在台阁体的挣扎中写下了"夏半横塘风日多,画船载酒压晴波"(《山行十五首·过横塘》)和"桥横光福岭,水接洞庭波"(《与李贞伯游东洞庭六首·过木渎》)的清新诗句;明代中后期的王穉登面对浒墅关,吟出了"秋水孤帆挂白云,关门杨柳落纷纷。城市若问阳山色,个个峰峦翡翠文。"(《出许市》)的韵律。哪怕是重诗教传统的沈德潜也在歌颂着吴中的风情:"烟里鸣柔橹,舟行趁早潮。湖宽云作岸,邑小市依桥。野雁藏芦叶,溪鱼上柳条。那堪霜降后,枫叶正萧萧。"(《吴江道中》)洞庭湖、缥缈峰、凤凰山、虎丘、灵岩山、天平山、虞山、邓尉山、穹窿山、石湖、宝带桥、吴江、陈湖、消夏湾等众多吴中山水风光在王鏊、吴宽、袁宏道、张岱、杜琼、祝允明、王世贞、沈德潜、叶燮、汪琬、文震孟等吴地名家的游记中

---

[1] 王卫平:《明清时期江南城市史研究:以苏州为中心》,北京:人民出版社,1999年,第55页。
[2] 王家范:《明清江南社会史散论》,上海:上海人民出版社,2019年,第1页和第2页。

展现出别样的风采。苏州中期出现的吴门画派以"元四家"为学习对象，山水画是他们成就最大的绘画种类之一。清朝王时敏、王鉴、王翚、王原祁，号称"四王"，均为苏州府人，他们的绘画既有清一代的正统，又将苏州的山水作为画作中的重要组成部分。而围绕着园林，也产生了很多的记、书、序、志、赋、铭、题跋等，我们把这些称为园林文学。今人衣学领、王稼句编著的《苏州园林：历代文钞》选录了高启、文徵明、王世贞、祝允明、江盈科、张凤翼、吴宽、沈周、王时敏、吴伟业、钱谦益、汪琬、叶燮、沈德潜、俞樾等诸多明清大家的园林文学作品数百篇，全面记载了苏州园林的来源、布置、风格、样式等各方面，展现了时人对园林的审美认识与审美态度。明清时期的士人们通过各种艺术为我们呈现了当时苏州的山水自然风光，为我们提供了了解那个时代的重要途径。

不仅是苏州城市的士人通过艺术来歌咏苏州，市镇的自然山水、景物风貌也成为当地人们的审美对象。很多市镇地方志在写地方自然时已经超越了一般的对物的实在描绘，充满了美学的意味。我们可以举两个例子：

> 吴江盛泽镇：盛湖周围二十里，水光回绕，遥接平林，兔渚花汀，更多殊境。波卷洞庭之雪浪，源探天目之云根。贾舶渔舟，疾摧飞鸟；千村万落，掩映烟峦。[1]

> 常熟塘市镇：坞丘山，在镇东北六里，高数仞，周百步。丛篁古木，蓊郁深秀。登其椒四望，则平畴、远水、渔村、蟹舍映带如画图。[2]

应该说，自然一直都存在着，但是其能否成为风景，则需要更高的条件。在这些市镇地方志中，如此对乡镇山水进行描述显然已是将自然看作审美对象。不仅如此，在这些乡镇乃至村中普遍存在着士人有意识挖掘景点的趋势，如在吴江、常熟普遍存在着八景。我们具体看吴江的情况，可见表1[3]：

---

[1] 仲廷机、支仙原辑，沈春荣、沈昌华、申乃刚点校：《盛湖志》，载盛泽镇人民政府、吴江市档案局编《盛湖志（4种）》，扬州：广陵书社，2011年，第20页。

[2] 倪赐纂，苏双翔补纂，曹培根标点：《唐市志》，载沈秋农、曹培根主编《常熟乡镇旧志集成》，扬州：广陵书社，2007年，第309页。

[3] 有关乡镇"八景""十景""十五景"等审美景观的情况，李正爱在其《明清江南乡镇文人群体研究》（上海交通大学出版社，2019年）中有很详细的研究，详见第165—199页。

表1 苏州吴江各村镇八景信息

地方	景名	具体景点
吴江同里镇	同里八景	长山岚翠、九里晴澜、林皋春雨、莲浦香风、南市晓烟、西津晚渡、野寺昏钟、水村渔笛
吴江平望镇	平湖八景	烂溪征帆、平波夜月、溪桥野店、殊胜晓钟、颐塘跃马、玄真仙迹、驿楼览胜、桑盘渔舍
吴江芦墟镇汾湖村	汾湖八景	泗洲晓钟、巡楼更韵、柳溪月色、武陵渔歌、蒲汀鸳浴、分泽龙潭、陆氏桃源、胥滩古渡
吴江盛泽镇	盛湖八景	五桥晴市、竹堂古祠、圆明晓钟、目澜夕照、西湾渔舍、东漾划船、龙庵待渡、凌巷寻芳

似乎在一个镇里列举出八个景观不算奇事，仅汾湖村就列举出了八个，有的地方甚至出现了十个，嘉定南翔镇更有十八景，这无疑是乡镇审美意识自觉的结果。在这些景观中，除了部分村舍、贸易、节庆之外，最主要的就是自然山水。在表1中，我们可以总结为山、林、溪、洲、潭、渔、港等。苏州人孙尔嘉曾对这种现象做出批评："题咏亦有八景，涉于套矣。大约山之前，则曰金庭玉烛、冰鉴碧螺、一水符环、千岩卓笏；山之后，则曰金跃波心、黛浮天表、雪队涛师、雁书鱼阵；山之冈岭，则曰云峰遐眺、石室幽寻、平畛披霞、嶙岣坐月；近则曰泉坞鸣琴、松涛鼓瑟、飞阁宾山、修廊结绿；远则曰玄墓流钟、莫厘积雪、遥天帆逝、隔水歌传；其余琐屑者，无取焉。"[1]就是说，人们在归纳景观的时候，总是陷于套路之中，围绕着山，山前、山后的景观归纳都是模式化的。当时确实存在这种情况，但是从另一个角度来说，人们对于山水的审美都是很自觉的。因此，我们可以说，自然审美意识在明清的苏州得到了很好的延续，甚至实现了从城市到乡镇的渗透与发展。

二、地域认同与苏州自然的文化呈现

明中期以后，随着苏州经济、文化所取得的辉煌成就，相当一部分苏州士人对苏州地域产生了一种前所未有的自豪感。弘治间吴人张习在给

---

[1] 孙尔嘉：《孟嘉公甲山志略》，载文震亨等撰，陈其弟点校，苏州市地方志办公室编《吴中小志续编》，扬州：广陵书社，2013年，第257页。

"吴中四杰"张羽《静居集》做的《静居集后志》中曾说:"吾吴之诗,自唐皮、陆唱和为一盛,再盛于元季。自王元俞、郑元祐、张天雨、龚子敬、陈子平、宋子虚、钱翼之、陈敬初、顾仲瑛辈,各出所长,以追匹乎古昔;继而张仲简、杜彦正、王止仲、杨孟载、高季迪、宋仲温、徐幼文、陈惟寅、丁逊学、王汝器、释道衍辈附和而起,故极天下之盛,数诗之能,必指先屈于吴也。"[1]张习对自唐以来吴中地区的诗人及其地位进行了梳理,他首先使用了"吾吴"这样的字眼,透露了对吴地及其文化的自豪,并认为天下诗人都屈于吴人。这种观点是否正确尚不讨论,这样的情感却普遍流淌在明清的吴人中。吴伟业说:"吾吴如泰山出云,不崇朝而雨天下,命世名贤,接踵林立。"[2]作为浙西词派的创始人,朱彝尊曾经说:"若夫吴以延州来季子之知乐,子言子之文学,宜其有诗,而无诗,岂非山川清淑之气,以时而发,后先固不可强邪? 汉之《五噫》,晋之《吴声十曲》,迨宋而益以《新歌三十六》,当时至为之语曰:'江南音,一唱直千金。'盖非列国之所能拟矣。汴宋南渡,莲社之集,《江湖》之编,传诵于士林。其后顾瑛、偶桓、徐庸所采,大半吴人之作。至于北郭十友、中吴四杰,以能诗雄视一世。降而徐迪功,颉颃于何、李,四皇甫藉甚七子之前,海内之言诗者,于吴独盛焉。"[3]朱彝尊梳理了自先秦以来吴地的艺术发展状况,高度肯定了发展成就。明以来,"北郭十友""吴中四杰",之后的徐祯卿、"皇甫四杰"等人,他们的诗歌成就在当时是绝无仅有的。

抛开这些略为夸张的论述,我们简单地梳理一下明清两朝苏州的艺术成就。绘画方面,明中期后,吴门画派取代前期的浙派,成为当时最重要的绘画力量,影响深远。清正统派的"四王"均为苏州人,他们的绘画理念"统治"了清朝的大部分时间。诗歌方面,从吴宽、王鏊、"皇甫四杰"、"吴中四杰"、王穉登,到后来的文坛领袖王世贞,再到清初诗坛盟主钱谦益、格调派的最主要人物沈德潜和娄东诗派的开创者吴伟业,苏州诗人的地位没有任何其他地域诗人可以媲美。同时,戏曲的繁荣亦值得关注,如吴江派、苏州派的戏曲创作,无不让吴中士人感到自豪。"士人的

---

[1] 张羽:《静居集》附录(静居集后志),载《清代诗文集汇编》116,上海:上海书店,1986年,第1页。
[2] 吴伟业:《吴梅村全集》卷三十七,上海:上海古籍出版社,1990年,第783页。
[3] 朱彝尊:《曝书亭集》卷三十八,载《清代诗文集汇编》116,上海:上海古籍出版社,2010年,第320页。

'文化自豪'从来基于认知（包括对其个人、对其与其地的联系）、出于文化自觉。"[1]吴中的文化优势让士人产生了这种优越感，形成了对苏州的地域文化认同。

对苏州的地域文化认同是与苏州的自然环境联系在一起的。苏州地处江南，风景秀美，气候宜人，历来有"人间天堂"的美誉。明清时期，苏州出现了为数众多的地方志，其中包括府志、州志、乡镇志、寺庙道观志、园林山水志、人物风俗志以及笔记性杂志等，各种类型的志书都有。地方志的大规模编纂无疑是地域自豪感的一种体现。吴人谢会在《姑苏人物小记》中记载："今苏之为郡，长江北枕，洪海东抱，西有石城虎阜之蟠郁，南有笠泽金鼎之汹涌，以至具区夫椒，朝云暮涛吞吐万状，诚英灵之气薮也。非有豪杰之士产于其间，其何以当如是之发露哉？……吾知今山川之秀，益以钟天地之气，益以聚而人材之盛，又不止乎是者。苍姬之所荒服，当不为万世文华之灵域哉。"[2]苏州山川灵秀，独特的地理位置可谓既聚集了天地之灵气，也孕育了众多的豪杰之士。

在这样的逻辑下，山水也因为文化的自豪感而变得不一样，传达着更深层次的意蕴。苏州的山水让画家们充满了热情，他们游览苏州各处山水，留下相关的画作。画笔之下，一个属于他们心目中的苏州呈现了出来。比较重要的有沈周《苏州山水全卷》《吴中山水图》、文徵明《吴中胜概图》、卞文瑜《姑苏十景图册》、张宏《苏台胜览图》等。单就虎丘的作品，比较重要的就有沈周《虎丘十二景图》、文徵明《石湖泛月图》、钱谷《虎丘前山图》、陆治《虎丘剑池图》、谢时臣《虎阜春晴图》等。《雨余春树图》是文徵明早期的一幅山水画。画作中河水将画面切割成上、下两个部分，上面是山，下面是亭子、树及交谈的人。按照石守谦的解释，画中的山水是能够引发即将远行的朋友濑石的天平、灵岩之忆，而天平与灵岩又是吴地山水的代表意象。此画是赠予即将北上的濑石的送别画，但是它并没有按照传统送别画的送别之舟与送行之人的模式，而是以"事"送别，"具体地指向文氏与濑石的共同生活经验，其中的根据并非某次的出

---

[1] 赵园：《明清之际士大夫研究》，北京：北京大学出版社，2014年，第88页。
[2] 钱毂：《吴都文萃续集》卷二，载《景印文渊阁四库全书》集324，台北：台湾商务印书馆，1983年，第50页。

游,也不是某个雅集,而为悠游于苏州山水的整体感觉"[1]。共同的苏州悠游山水经历是即将分别的友人们最重要的回忆,联系着彼此的情感。为什么能够这样呢? 石守谦认为,这是由于这一时期人们普遍存在引以为傲的苏州文化意识。"文徵明《雨余春树》的创作年代,正是处于这么一个苏州文化意识开始高涨的气氛里。苏州的山水在如此气氛之中,除了本身的秀丽之外,又添加了许多苏州士人所引以为傲的,来自深远传统的文化意涵;悠游于其中的生活经验遂也因此具有值得珍惜的高度价值,得以让文徵明来取代对知友情感的歌颂或对友朋分离的感伤,而作为送别的赠礼。"[2]《雨余春树图》中对山水的描绘展现了地域文化认同如何促进苏州自然以不同的文化面貌呈现出来,推进苏州自然审美意识的深入发展。

三、隐逸与空灵澄澈的山水意境

正如本章开始所述,在古典的自然审美风尚中,自然往往以空灵澄澈的面貌呈现出来,在其中,人与现实始终保持着一定的距离,而且有越来越远的趋势,隐逸的情怀是其中最为明显的审美情感。这是中国独具特色的审美风尚,它表达了人们对于宇宙自然的独特体验。自然带有温情,又那么纯净,是对世俗生活中的一种反抗。如此山水之境,我们可以在明清日常与艺术的方方面面中体会到,延续着古典的自然审美。

吴中文人在居所的选择上仍然秉承着对自然山水的追求。文震亨在描述理想住所时说:"居山水间者为上,村居次之,郊居又次之。吾侪纵不能栖岩止谷,追绮园之踪,而混迹廛市,要须门庭雅洁,室庐清靓,亭台具旷士之怀,斋阁有幽人之致。"[3]居所最好的选择是在山水之间,村中稍差一些,再差就是郊区了。他们渴慕以前的高人隐士居住于幽谷之中,虽然现在已不可能如此,但隐逸之志尚存。于山水乡野中居住,继承了古典自然审美的隐逸情怀。苏州园林的建造者们秉承了天人合一的基本理念,注重人与自然的和谐统一。"从老庄崇尚自然到以表现自然美为主旨的山水诗、山水画和山水园林的出现、发展,都贯穿着人与自然和谐统一的哲学

---

[1] 石守谦:《风格与世变——中国绘画十论》,北京:北京大学出版社,2018年,第271页。
[2] 石守谦:《风格与世变——中国绘画十论》,北京:北京大学出版社,2018年,第278页。
[3] 文震亨著,李霞、王刚编著:《长物志》,南京:江苏文艺出版社,2015年,第2页。

观念,这个观念深刻影响了中国园林艺术的创作。"[1]建造者在处理山石水池时,要巧用自然条件,不能牵强附会,建筑的风格要与周围的自然环境相匹配,要达到的效果就是计成所谓的"虽由人作,宛自天开",宛如山水画中的意境——"刹宇隐环窗,仿佛片图小李;岩峦堆劈石,参差半壁大痴"[2]。古刹隐约藏在窗户之后,仿佛李昭道的片幅风景画,园林中的劈石堆建的峭崖层次错落如同黄公望的山水画。山水画和山水园林传达着共同的审美意境。陈继儒描绘的"山曲小房"可谓理想的园林:"山曲小房,入园窈窕幽径,绿玉万竿,中汇涧水为曲池,环池竹树云石,其后平风透迤,古松鳞鬣,松下皆灌丛杂木,茑萝骈织,亭榭翼然。夜半鹤唳清远,恍如宿花坞间,闻哀猿啼啸,嘹呖惊霜,初不辨其为城市为山林也。"[3]

明代初期,由于与朝廷的特殊关系,院体画与从院体分化出去的以戴进为代表的浙派绘画一直占据了主要地位。他们推崇南宋的院体风格,鄙弃北宋特别是元代山水画的逸趣。元代山水画主要为士人所作,隐逸是他们普遍的追求。画家们对社会保持着相当的距离,对社会生活有超脱之感。"逸"是元代山水画的最重要的审美特征。赵孟𫖯、"元四家"基本上都旅居或者游览过苏州,对苏州的山水喜爱有加,留下了不少关于苏州山水的画作,如赵孟𫖯的《洞庭东山图》,他们与苏州画家的交往亦甚多。吴中画家,如徐贲及之后的杜琼,乃至沈周、文徵明等人,一直推崇的是元代画家。受元画家的影响,吴门画派对山水画情有独钟,并且模仿元代的画作,力图再现元代绘画的意蕴。[4]倪瓒曾有《江南春》诗词二首:

其一

汀洲夜雨生芦笋,日出瞳昽帘幕静。
惊禽蹴破杏花烟,陌上东风吹鬓影。
远江摇曙剑光冷,辘轳水咽青苔井。
落红飞燕触衣巾,沉香火微萦绿尘。

---

[1] 李书剑编著:《苏州园林》,沈阳:吉林文史出版社,2010年,第25页。
[2] 计成著,李世葵、刘金鹏评注:《园冶》,北京:中华书局,2017年,第32页。
[3] 陈继儒等著,罗立刚校注:《小窗幽记(外二种)》,上海:上海古籍出版社,2000年,第94页。
[4] 吴门画派的山水画一方面继承了传统北宋、元代的山水画风格,另一方面更多地进行了自己创造性的发挥,使得山水画带有明显的苏州色彩与时代风格。这种发挥很大程度上瓦解了传统的山水意境,这一点我们将在第三节中着重论述。

其二

春风颠,春雨急,清泪泓泓江竹湿。
落花辞枝悔何及,丝桐哀鸣乱朱碧。
嗟我胡为去乡邑,相如家徒四壁立。
柳花入水化绿萍,风波浩荡心怔营。

这两首诗描绘的是夜雨之后的江南图景。倪瓒的诗在苏州传播之后,吴门画派的文人们通过作诗与绘画对这首诗进行唱和与再现。大量的吴中文人进行了艺术再创作,其中,沈周曾作《江南春图》、文徵明作三幅《江南春雨》、唐寅作《江南春图》、仇英作《江南春卷》、钱谷作《江南春词意图册》、文嘉作《江南春图》,如此还有很多。他们渴望学习倪瓒的笔墨技法,同时"览其意而得其气韵",可见对隐逸情趣、空远境界的追求仍然延续在明清的山水画中。

在文学作品中,隐逸与空灵澄澈的山水意境亦是很多诗词歌赋的审美追求。王穉登《花山五首·其四》曰:"竹屋村边山鹊飞,花山路上行人稀。临建樵妇遥相指,射虎山人住翠微。"村落边的竹屋上,山鹊悠然飞过,花山的路上几无行人,一片寂静淡然的氛围。明人赵重道在诗中对同川乡镇风景《九里晴澜》的描绘亦是渗透着灵动澄澈的情趣:"一鉴澄湖无十里,舞鸥浴鹭烟波里,虚白涵空清澈底,谁堪比,晴光如练霞如绮。落日放船风细细,沿流溯岸寻萧寺。且向渔翁觅双鲤,呼不起,闲心一片依秋水。"[1]鸥鹭在湖面烟波上飞翔,下面的湖水清澈见底,霞光映照,微风吹着船。如此清新靓丽的景象映照的是渔翁的隐逸情怀,所谓闲心只在秋水。王鏊《洞庭两山赋》以赋的形式描绘了洞庭山的景象,我们引用其中的一部分:

> 吴越之墟有巨浸焉三万六千顷,浩浩汤汤,如沧溟、瀚渤之茫洋。中有山焉七十有二,眇眇忽忽,如蓬壶、方丈之仿佛。日月之所升沉,鱼龙之所变化。百川攸归,三州为界。所谓吞云梦八九于胸中,曾不蒂芥者也。客曰:"试为我赋之。"夫太始沕穆,一气推迁。融而为湖,结而为山,爰有群峰,散见叠出于波涛之间。或现或隐,或浮或沉,或吐或吞;或如人立,或如鸟骞;或

---

[1] 同里镇人民政府、吴江档案局:《同里志(两种)》,扬州:广陵书社,2011年,第300页。

如鼋鼍之曝，或如虎豹之蹲。忽起二峰，东西雄踞。有若巨君，弹压臣庶。又若大军之出，千乘万骑，旌幢葆盖，缭绕奔赴。东山起自莫厘，或腾或倚，若飞云旋飘，不知几千百折，至长坼，蜿蜒而西逝。西山起自缥缈，或起或伏，若惊鸿鷔凤，不知几千万落，至渡渚回翔而北折。试尝与子登高骋望，近则重冈复岭，喊呀庨豁，萦洲枉渚，蟹壇缅邈；远则烟芜渺弥，天水一碧，帆影见而忽无，飞鸟出而复没，灵岩则返照孤棱，弁山则轻烟一抹，此亦天下之至奇也。[1]

原初道之缥缈，气之融结，有了现在的山湖。水与湖形状各异，生动活泼。王鏊用绚丽的语言描绘了洞庭山水的美丽景象，或幽深，或浩瀚，或澄澈，或灵动。自然本是荒野的存在，但是由于道的下贯与气的融会，自然变得生机勃勃。

---

[1] 王鏊著，吴建华点校：《王鏊集》，上海：上海古籍出版社，2013年，第8页和第9页。

第二节　社会风尚与自然的人间化

按照古典的审美范式，自然与世俗社会是保持着距离的，所谓"未能朝宗会百川，颇擅清幽远尘俗"。但是到了明清时期，苏州的自然审美出现了另一股相反的风尚——自然与人间越走越近，出现了我们所谓的自然的人间化。这一趋势主要体现在明清两代山水旅游活动与园林的兴盛和变化两个社会风尚方面。这种风尚与前一节所论的古典自然审美的历史延续同时存在，使得明清时期的自然审美表现出更为复杂的状态。

一、旅游风尚与自然审美的世俗化

明清时期，特别是明中期以后，江南地区旅游之风盛行，苏州尤其如此。旅游活动所含范围比较广，主要有山川游览、城市观赏、庙会节庆和佛道进香。这些活动中除了山川游览是最直接的山水旅游外，城市景点、节庆庙会与佛道进香均包含了部分山水旅游。由于苏州特有的地理环境，城市与城郊分布了诸多的自然景点，如当时非常兴盛的荷花荡就在葑门外一二里地，更不用说稍远一些的虎丘、天平、灵岩、上方诸山，以及石湖、东湖、陈湖、同里湖诸水。很多的道观寺庙都在山中，节庆时很多人前去庆祝或进香，游山水是相伴随的事。甚至很多人会打着上香的名义，实际游山玩水。《吴郡岁华纪丽》中描述了当时苏州城乡妇女去杭州天竺山灵隐寺上香时"名为进香，实则藉游山水"。袁景澜称这种现象为"借佛游春"[1]。我们暂不对城市观赏、节庆庙会和佛道进香这些旅游活动做具体的区分，只考察其中涉及的自然山水旅游。明清的山水旅游活动状况处于

---

[1] 袁景澜撰，甘兰经、吴琴校点：《吴郡岁华纪丽》，南京：江苏古籍出版社，1998年，第101页。

变化之中，其总体趋势是越来越盛，直到清后期走向衰败。我们大致可以把明清山水旅游分为三个阶段：明前期、明中期、明后期至清中期。三个阶段在旅游主体、旅游方式、旅游的文化后果这些具体方面表现不同，正反映了这一时期自然审美的发展演变。

  明朝前期，朝廷采取比较严格的人员政策。一方面，政府对人口流动采取了比较严格的控制，各行各业都必须安分守己，不允许闲游；另一方面，政府要求士人必须为朝廷所用，不能隐逸。由于苏州地区具有相对繁荣的商品经济和较大面积的官田，也部分由于朱元璋和张士诚的政治斗争及苏州文人对张士诚的支持，苏州无论是经济上还是文化上都被钳制得很厉害。在经济上，朝廷对苏州征收重税，打压苏州发展。谈迁在《国榷》中写道："国初总记天下税粮，共二千九百四十三万余石，浙江二百七十五万二千余石，苏州二百八十万九千余石，松江一百二十万九千余石。浙当天下九分之一，苏赢于浙，以一府视一省，天下之最重也。"[1]苏州一府的税粮竟超过了浙江整个省。再加上元末明初苏州遭受了比较长时间的战争破坏，其社会经济尚处于修复的阶段，普通民众根本没有条件去旅游，因此旅游的主体不可能包含他们。

  受中国古代文人隐逸传统，特别是元末明初混乱期隐逸之风遗留和明初期不许士人隐逸的朝廷政策两种因素的影响，士人们处于极端矛盾的情感之中。出仕的儒家传统、隐逸的文人理想和不许隐逸的朝廷政策，这些相悖的因素使得这一时期的士人内心充满挣扎。"吴中四杰"中影响较大的高启有着兼济天下的儒家情怀，却也时刻表达自己的山水梦，"我性好游观，夙负云水债""应知他夜梦，犹在山水间"。"吴中四杰"中的杨基、张羽、徐贲也大致如此。在这种情况下，山水只是他们寄托志向、慰藉现实痛苦的一个对象。在仕途的无奈中，他们偶尔也会进行山水之游，并以此为材料写文作画。高启曾经面对苏州写下了136首的《姑苏杂咏》，在游览天平山龙门说："知非禹工凿，想是鬼斧劈。"（《龙门》）面对天池山，他感怀："缅怀融结初，天巧亦多耗。"（《陪临川公游天池十二韵》）游灵岩山，他写道："升于高，则山之佳者悠然来。入于奥，则石之奇者突然出。氛岚为之骞舒，杉桧为之拂舞。幽显巨细，争献厥状，披豁呈露，无有隐

---

[1] 谈迁著，张宗祥校点：《国榷》，北京：中华书局，1958年，第586页。

循。"(《游灵岩记》)这一阶段的旅游主体就是士人,对于他们旅游的具体情况,除了为数不多的游记有记载外,并没有更多的记录;论者在谈及此题时,也基本无法详述。总的来说,这一时期的山水是一种精神的寄托与慰藉,人不可沉溺其中,也不可能沉溺其中。

明中期,在政治上,朝廷虽然没有了明初的有意打压,但是整体政治风气并没有本质的好转。从明中期开始,凭借着深厚的文化底蕴和经济基础,苏州科举考试的成功人数不断上升。通过科举考试,很多人得以步入政坛。但是,仕途坎坷且凶险,稍有不慎就可能带来灭顶之灾。许多吴中文人进入官场后常出于各种原因被罢免甚至伤及性命。大才子唐寅顺利通过科考进入仕途,却卷入徐经科场舞弊案,坐罪入狱,被贬为浙藩小吏。从此,唐寅对科场丧失兴趣,游荡于山林江湖之间。文徵明更是尝透了科举考试的辛酸,最终在纠结中回到山林。幸运的是,此时朝廷已没有了隐逸的禁令,士人们可以放心地按个人理想去生活。很多士人面对官场的复杂与凶险,急流勇退,在山林中体悟自然之美。"江南士人的退隐之志并非沽名钓誉,也非仅仅是明哲保身的权宜之计,其中的确蕴含着深切的内心矛盾以及对于人生和社会的苦涩思考。"[1]山林之风盛行,山水旅游之风也因此在士人之中普及。"绝弃仕进的学者文人的林下生活,除主要从事学术研究和文艺活动外,便是放浪山水,或作短途旅行,或作汗漫之游。徜徉山水之间,可以尽情赏悦天地至美,领受无穷的乐趣,慰藉弃置功名富贵之外的失落心情,可以获得创作的灵感和题材,感悟自然之道、人生之理。如是等等。山水成了他们生命的一部分,其意义不下于学术和文艺。"[2]湛若水曾经将游分为三种不同的形式:形游、神游和天游。天游是一种虚无缥缈的游;神游注重的是精神满足,这也是传统旅游特别注重的一个方面;但是形游则不同,"步趋之间,如子之之楚,若干程过清远,若干程过连州,取捷径,若干程至茶陵访罗子钟,乃同子钟一泉,若干程谒衡山守蔡白石,谒兵宪潘石泉,若干程抵衡山,又若干程入衡岳精舍,登祝融峰以息焉,此之谓形游也"[3]。此时的旅游已然是形游。

---

[1] 陈江:《明代中后期的江南社会与社会生活》,上海:上海社会科学院出版社,2006年,第164页。
[2] 夏咸淳:《明代山水审美》,北京:人民出版社,2009年,第205页。
[3] 湛若水:《送谢子振卿游南岳序》,载《湛甘泉先生文集》(三),桂林:广西师范大学出版社,2014年,第881页。

与明初期的山水之游只是作为慰藉与补充相比,此时的旅游已经成了士人必不可少的一部分。山人在明中期的盛行则是一个证明。山人自古就有,但是从明中期开始尤其多。山人不一定隐居于山中,却都流连于山水。山水之游的兴盛也可以通过山水游记的数量得到证明。根据学者考证,"正德以前的游记甚少,不过十来篇而已,而且即使有个别以游记为名者,亦无游记之实……嘉靖间游记明显增多,约有百篇,但多为小品,数百字而已,这些游记与一般普通以'记'为名的散文没有太大差别"[1]。此时的文人将游山玩水的经历诉诸文字,并以自己的这般经历为荣,这在明前期是不可能的。

　　但是,在士人山水旅游兴盛的背后,如果我们细致考察,会发现自然审美风尚的更深层次的变化。首先,从旅游的地方来看,此时的旅游还是以城市内部和城郊为主,太湖、洞庭两山等相对较远的地方比较少去。沈周的《苏州山水全图》画的是浒墅关、天池、天平山、支硎山、何山、狮山、横塘、木渎、灵岩山、上方山、石湖这样一些离太湖尚远的景点。山水志中描写太湖的游记还相对较少,更不用说远途旅游。杨循吉说:"吴中之山,多在郡城西,其来远矣。今吴人之所恒游者,特其至近人迹者耳。至于幽僻奇绝之境,固莫至也。"[2]究其原因有多方面:一方面,普通游客的旅游活动还没有普及,这些地方还没有到人满为患的地步;另一方面,这些士人虽然一再强调自己的山林隐逸之志,但并不是以前所谓的隐居于山林且与世隔绝。在山林与城市之间,他们试图找到一个平衡。由此,我们也可以看到自然审美的世俗化倾向。其次,旅游交通方式和旅游携带物品这些审美活动之外的因素很少记录,一般会交代旅游的起因与游伴,游伴多为官宦或者文人,总体来说,旅游活动属于文人间的风雅聚会。最后,作为旅游的文化产物,游记或者图集推动着山水旅游活动的普及。游记本身具有塑造与凸显自己身份的作用,"撰写游记是士大夫重要的文化资本,一方面是用来塑造品味,另一方面是用来和一般游人区隔的重要指标"[3]。游记所记录的生活方式吸引着普通的民众,一定程度上能够

---

[1] 周振鹤:《从明人文集看晚明旅游风气及其与地理学的关系》,《复旦学报》(社会科学版),2005年第1期。

[2] 顾鼎臣、杨循吉著,蔡斌点校:《顾鼎臣集、杨循吉集》,上海:上海古籍出版社,2013年,第516页。

[3] 巫仁恕:《品味奢华:晚明的消费社会与士大夫》,北京:中华书局,2008年,第193页。

成为社会的一种风尚以供大家模仿。当时的普通百姓并不能够有意识地欣赏自然景色,杨循吉在描绘金山游时说:"体无定适,得其志则乐。夫山岩之胜信美矣,然而游者率一览而去,挽而止之,鲜不望望然掉臂者。彼固以为荒间岑寂,非人情之所堪也。乐是者则不然,以为事谢酬酢则既寡乎靰掌矣,而又有烟云雪月四时之景交陈而为之助,抑何往而非适哉!"[1]很多人认为自然只是荒野一片,审美意识需要引导。文人有时候也有主动的意识去引导民众。沈周在其《苏州山水全图》画卷末的提问中说道:"将谓流之他方,亦可见吴下山水之概,以识其未游者。"可见其推进山水旅游风尚的作用。

在经济上,明中期开始,苏州社会经济得到了比较好的恢复,商品经济有了长足的发展,社会风尚开始朝由俭入奢的方向演变。旅游活动开始从士大夫向普通民众延伸,其规模在整个江南领风气之先。莫震在《石湖志》中记载:"其良辰美景,好事者泛楼船携酒肴以为游乐,无间远近。说者以为与杭之西湖相类,然西湖止水游者,必舍舟于十里之外,而又买舟以游,不若石湖之四通八达,无适而不舟也。每岁清明、上巳、重阳三节,则游者倾城而出,云集蚁聚,不下万人,舟舆之相接,食货之相竞,鼓吹之相闻,欢声动地以乐太平,此则西湖之所无也。"[2]但是,普通民众与士大夫式的旅游活动还有着明显的不同:一是旅游活动往往只发生在特定的节庆日。正德年间编纂的《姑苏志》记录了苏州的风俗,春天到来,民众就会去苏州附近的上方山、虎丘等地方游玩,相当于现在的春游。其他的节日,如中秋,民众也会出来游玩。二是游览活动往往都伴随着上香,上香的同时游山水。到了明中后期,也有上香,但是上香的目的变了。"凡支硎、灵岩、虎阜、穹隆诸山,篮舆画舫,柏烛檀香,充盈川陆。远乡男妇,亦结伴雇船,船旗书'朝山进香'字。"[3]男男女女们都借烧香的名义来游览。

从明晚期到清中期,苏州山水旅游活动进入了前所未有的繁盛期,成

---

[1] 杨循吉撰,陈其弟点校:《金山杂志》,载《吴中小志丛刊》,扬州:广陵书社,2004年,第231页。

[2] 莫震撰,陈其弟点校:《石湖志》,载《吴中小志丛刊》,扬州:广陵书社,2004年,第327页。

[3] 袁景澜撰,甘兰经、吴琴校点:《吴郡岁华纪丽》,南京:江苏古籍出版社,1998年,第264页。

为一种社会风气。无人不游，无时不游。归庄曾写诗描绘虎丘的旅游情况："吴中多名山，最胜称虎丘，游人无时无，绝胜惟中秋。"吴中诸多山中，虎丘最受欢迎，游览虎丘的人随时都有，中秋时最多。清人顾禄在描绘苏州地区的旅游活动时转引《吴县志》说："吴人好游，以有游地、有游具、有游伴也。游地，则山、水、园、亭，多于他郡。游具，则旨酒嘉肴、画船箫鼓，咄嗟而办。游伴，则选伎声歌，尽态极妍，富室朱门，相引而入，花晨月夕，竞为胜会，见者移情。"[1]江盈科也有记载："画船鳞次，管弦如沸，都人士女靓妆丽服，各持酒肴，弹棋博陆。"[2]这里涉及了游地、游具、游伴等方面的问题，其实此时旅游关涉到的远不止这些，我们需要对这一时期的旅游活动进行具体的分析。

　　此时的山水旅游活动已经相当普及，社会的各个阶层都参与到山水旅游中来，上到士大夫，下到城市的雇工、城市周边的村民等。申时行的《吴山行》说："九月九日风色嘉，吴山胜事俗相夸。阊阖城中十万户，争门出廓纷如麻。"袁宏道在《虎丘记》中写道："凡月之夜，花之晨，雪之夕，游人往来，纷错如织。而中秋为尤胜。每至是日，倾城阖户，连臂而至，衣冠士女，下迨蔀屋，莫不靓妆丽服，重茵累席，置酒交衢间。从千人石上至山门，栉比如鳞，檀板丘积，樽罍云泻，远而望之，如雁落平沙，霞铺江上，雷辊电霍，无得而状。"[3]中秋之夜，整个城市里的家家户户都出来游玩。张岱在《虎丘中秋夜》描写更是具体："虎丘八月半，土著流寓、士夫眷属、女乐声伎、曲中名妓戏婆、民间少妇好女、崽子娈童及游冶恶少、清客帮闲、傒僮走空之辈，无不鳞集。"[4]新老苏州人、士大夫、家眷随从、艺人名妓、戏婆、民间女子、恶少无赖，可谓各行各业、各种身份的人都一起游览虎丘。在旅游时，所有人都"靓妆丽服"，在景区喝酒吃食、唱歌弹奏、嬉笑怒骂。《清嘉录》中有一条按语："莫旦《苏州赋》有'楼船鼓吹兮暮春嬉'之语。注：'吴俗好遨游，当春和景明，莺花烂漫之际，用楼船、箫鼓，具酒肴以游上方、石湖诸处，上巳日为最

---

[1] 顾禄著，王密林、韩育生译：《清嘉录》，南京：江苏凤凰文艺出版社，2008年，第108页。
[2] 江盈科著，黄仁生辑校：《江盈科集》，长沙：岳麓书社，2008年，第235页。
[3] 袁宏道著，钱伯城笺校：《袁宏道集笺校》，上海：上海古籍出版社，2018年，第169页。
[4] 张岱著，马兴荣点校：《陶庵梦忆·西湖梦寻》，北京：中华书局，2007年，第64页和第65页。

盛。绮川子弟，倾城而出，茶赛博戏，无贫富早集。'"[1]上巳节，喝茶、比赛、读博、唱戏，无贫富之区分，人们都早早集合在一起。由此可见，此时的山水旅游已经非常世俗化，毫无原来的隐逸之趣。对这种审美风尚，虽然有人质疑，但还是得到大多数人认可的。清人石韫玉的一首诗很好地反映了这种争议："道光岁丁亥，重午又二日。龙舟习水嬉，士女倾城出。七里白公堤，游舫如比栉。老夫兴婆娑，追欢有仇匹。社友相招携，数等竹林七。良朋庆盍簪，嘉会欣促膝。中流一舟来，旌旗映云日。两舟复争先，往来如梭疾。亦有弄潮儿，临渊心弗怵。出没波涛间，嬉笑声洋溢。道旁有一叟，对此重叹息。荆楚吊三闾，此地可不必。劳民复伤财，游戏甚无益。我闻哑其笑，公但知其一。是邦游民多，觅食苦无术。借此销金窝，亦可寓任恤。独乐众乐间，此理耐穷诘。世间采风人，试听邹峣述。"旅游兴盛，百姓嬉戏游乐，大量消费。有人提出疑问，认为既劳民伤财，嬉戏游乐又没有好处。作者对此进行了辩护，他用热情的语言书写了世俗的欢乐，同时从另一个角度指出，旅游拉动了消费，促进了生产，推动了经济的发展，对百姓有好处。

　　对传统的士大夫来说，山水旅游此时更已成为一种"癖"，即所谓的"山水癖"。袁宏道认为自己癖石泉，以致沉溺其中，"举世皆以为无益，而吾惑之，至捐性命以殉，是之谓溺"[2]。为了它们，他可以舍弃性命。潘耒也认可徐霞客旅游精神："以性灵游，以躯命游。"对于那些不能体悟山水之乐的人，袁宏道认为生活就是地狱，非常可怜："每见无寄之人，终日忙忙，如有所失，无事而忧，对景不乐，即自家亦不知是何缘故，这便是一座活地狱，更说甚么铁床铜柱刀山剑树也。可怜，可怜！"[3]但是，山水一旦成癖，其审美的实质就发生了重要的改变，世俗性的本质就体现出来了。首先，从审美动机来看，山水癖与其他诸如园林癖、书画癖、赌博癖一样，更多的是一种感官欲望的满足，而不是传统意游的精神性满足。其次，从审美的消费来看，这一时期士大夫的山水旅游消费巨大，他们出行时交通工具经常是豪华的画舫，租赁或自购亦是一笔很大的开销。袁宏道与张岱都描述了晚明葑门附近荷花荡景区的旅游情况。袁宏道《荷

[1] 顾禄撰，王密林、韩育生译：《清嘉录》，南京：江苏凤凰文艺出版社，2019年，第108页。
[2] 袁宏道著，钱伯城笺校：《袁宏道集笺校》，上海：上海古籍出版社，2018年，第1615页。
[3] 袁宏道著，钱伯城笺校：《袁宏道集笺校》，上海：上海古籍出版社，2018年，第259页。

花荡》说:"画舫云集,渔刀小艇,雇觅一空。远方游客,至有持数万钱,无所得舟,蚁旋岸上者。"[1]张岱的《葑门荷宕》载:"楼船画舫至鱼艫小艇,雇觅一空。远方游客,有持数万钱无所得舟,蚁旋岸上者。"[2]清代的文献中也有不少这样的记载:"吴门为东南一大都会,俗尚豪华,宾游络绎。宴客者多买棹虎丘,画舫笙歌,四时不绝。"[3]虎丘附近的状况尤甚:"近城乏游观之地,尝以清明、中元、十月朔三节,赛神祀孤于虎阜,舟子藉诸丽品以昂其价。遇赛会日,画船鳞集山塘,视竞渡犹胜。盖竞渡作经旬之约,赛会尽一日之欢,西舫东船,伊其相谑,直无遮大会云。"[4]士大夫在旅游时经常要携带豪华的器具、很多的侍从、奢侈的美食,甚至乐队、乐伎。张瀚《松窗梦语》记载了这种情况:"夫古称吴歌,所从来久远。至今游惰之人,乐为优俳。二三十年间,富贵家出金帛,制服饰器具,列笙歌鼓吹,招至十余人为队,搬演传奇。"[5]如此哪里还像以前的山水旅游,俨然使感性欲望得到极大满足,是一种财富与身份的炫耀。再者,从旅游的文化后果来看,大量山水游记的写作与出版又凸显了士大夫的身份与地位。明后期开始,与之前相比,出现为数众多的山水游记,并且越来越多的游记结集出版。"至万历及天启、崇祯间,游记的写作甚为普遍,计有三百数十篇,有些'记'虽不以游记为名,也有游记之实。"[6]游记似成为一种身份的凸显,是一种区分品位的重要形式。清人钱谦益说:"余尝闻吴中名士语曰:至某地某山,不可少一游。游某山,不可少一记。"[7]原本是审美体验的一种记录,现在成了身份的炫耀。部分士人对旅游的普及非常不满,认为这样使得环境变得嘈杂肮脏。名人李流芳认为,中秋的游客使得虎丘变成酒厂,杂秽可恨。清人李果亦认为,虎

[1] 袁宏道著,钱伯城笺校:《袁宏道集笺校》,上海:上海古籍出版社,2018年,第182页和第183页。
[2] 张岱著,马兴荣点校:《陶庵梦忆·西湖梦寻》,北京:中华书局,2007年,第17页。
[3] 西溪山人:《吴门画舫录》,载王稼句点校、编纂《苏州文献丛钞初编》,苏州:古吴轩出版社,2005年,第750页。
[4] 个中生:《吴门画舫续录》,载王稼句点校、编纂《苏州文献丛钞初编》,苏州:古吴轩出版社,2005年,第794页。
[5] 张瀚撰,盛冬铃点校:《松窗梦语》,载《元明史料笔记丛刊》,北京:中华书局,1985年,第139页。
[6] 周振鹤:《从明人文集看晚明旅游风气及其与地理学的关系》,《复旦学报》(社会科学版),2005年第1期。
[7] 钱谦益著,钱曾笺注:《牧斋初学集》,上海:上海古籍出版社,1985年,第927页。

丘游人杂沓,不喜至。所以,他们试图往更为偏僻的地方走。明后期起,离城区较远的太湖山水成了他们的重要去处,此处的山水游记较以往也明显增多。从这个角度来说,士大夫阶层强调自己"雅"的特征。然而,他们一方面让自己极尽奢华与享受,另一方面又要凸显自己的士人地位,其审美风尚在世俗与高雅之间格外纠结。

二、园林风尚与自然审美的雅俗融合

自然山水虽好,但毕竟无法天天游。因此,士人、商人、官宦们开始想办法将山水之好变成日常生活的一部分,于是修建私家园林,以满足自己的"林泉之癖":"槛外行云,镜中流水,洗山色之不去,送鹤声之自来。境仿瀛壶,天然图画,意尽林泉之癖,乐余园圃之间。"[1]园林是山水审美的一种想象性替代。前文我们已经说到,古典园林在人与自然的和谐统一等方面继承了中国古代自然审美的精神,这也是现代学者在谈及苏州园林时论述最多的。如果把园林放到明清苏州审美风尚的时代背景下,从文艺社会学的角度探究,我们可以发现,园林风尚事实上体现了自然审美的雅俗融合,是对古典自然审美的一种背离,体现了这个时代审美风尚中古典与近代的交织。

明清苏州园林的选址体现了理想与现实的冲突。作为山水的想象性替代,园林的理想地址应该是在远离城市且偏僻安静的地方,这样的地方符合文人雅士的理想。计成的《园冶》说:"凡结林园,无分村郭,地偏为胜,开林择剪蓬蒿;景到随机,在涧共修兰芷。"[2]山林显然是诸多地形中最理想的,"园地惟山林最胜,有高有凹,有曲有深,有峻而悬,有平而坦,自成天然之趣,不烦人事之工。"[3]山林有天然之趣,施工也比较方便,当然市井、村庄、郊野、傍宅、江干湖畔这些地方是退而求其次的,无论在哪里,都必须符合幽静隐逸的要求。文震亨《长物志》也说:"居山水间者为上,村居次之,郊居又次之。"[4]这种排序遵循的便是离山水的

---

[1] 计成著,李世葵、刘金鹏译注:《园冶》,北京:中华书局,2017年,第85页。
[2] 计成著,李世葵、刘金鹏译注:《园冶》,北京:中华书局,2017年,第32页。
[3] 计成著,李世葵、刘金鹏译注:《园冶》,北京:中华书局,2017年,第46页和47页。
[4] 文震亨著,李霞、王刚编著:《长物志》,南京:江苏凤凰文艺出版社,2015年,第2页。

远近。然而在明清时期,苏州园林的分布主要是在城市和市郊,以城市居多,即使在城郊也是离繁华地带很近的地方。明中期以后,苏州市内园林最多的地方是阊门附近,市郊最多的则是上、下塘到枫桥一带。[1]园林的分布与当时城市区域的繁荣程度紧密相连。明中期以后,苏州城市的繁荣主要在城西北,以阊门为中心。由明入清,苏州的园林分布有一个变化,"明清两代园林的空间分布最大的差异,是由西北朝东南方向发展,这和苏州城市内各个区位的经济发展息息相关"[2]。之所以这样,一是因为城西北已无地方可以建园,二是因为清以后苏州的东南向也开始繁华,葑门到觅渡桥附近的商业贸易发展起来了。

  如何理解园林理想与明清苏州园林的实际分布之间这种巨大差异呢?我们知道,园林本来是山水审美的延续,体现的是传统的隐逸观念。但是明清时期隐逸思想发生了重要的变化,出现了所谓"市隐"的社会风尚。文徵明在《顾春潜先生传》说:"或谓昔之隐者,必林栖野处,灭迹城市。而春潜既仕有官,且尝宣力于时,而随缘里井,未始异于人人,而以为潜,得微有戾乎? 虽然,此其迹也。苟以其迹,则渊明固常为建始参军,为彭泽令矣。而千载之下,不废为处士,其志有在也。渊明在晋名元亮,在宋名潜。朱子于《纲目》书曰'晋处士陶潜',与其志也,余于春潜亦云。"[3]文章说的是顾春潜这个人,描述的却是当时的一种主流风尚。以前的隐是"林栖野处,灭迹城市",首先在空间上与世俗保持距离。但是现在不一样了,隐不必在山林中,可以当官,可以居住在城市中,故园林也被称作城市山林。建造园林本质上就是让这些士人一方面能够表现自己精神与人格的自由,另一方面又能够便捷享受明中期以来发达的物质文明。在园林位置的选择上,经济社会的繁华成了首要因素。计成先说,嘈杂的市井不可以建园,但马上又说:"如园之,必向幽偏可筑,邻虽近俗,门掩无哗……足征市隐,犹胜巢居,能为闹处寻幽,胡舍近方图远;得闲即

---

[1] 学者巫仁恕对明清时期的苏州园林分布做了详细的统计,详见《优游坊厢:明清江南城市的休闲消费与空间变迁》,北京:中华书局,2017年,第155—192页。
[2] 巫仁恕:《优游坊厢:明清江南城市的休闲消费与空间变迁》,北京:中华书局,2017年,第157页。
[3] 文徵明著,周道振辑校:《文徵明集》,上海:上海古籍出版社,1987年,第654页和第655页。

诣，随兴携游。"[1]能够在城市的喧嚣繁华中寻找到幽静，何必去郊区、山林中呢？阮大铖在给《园冶》写的序中也表达了同样的想法："銮江地近，偶问一艇于寤园柳淀间，寓信宿，夷然乐之。乐其取佳丘壑，置诸篱落许；北垞南陔，可无易地，将嗤彼云装烟驾者汗漫耳！"[2]园林的便捷竟然让他嘲笑那些真正从事山水旅游的人。对他来说，城市的便捷是主要的，真实的山林则是次要的。沈周《市隐》诗曰："莫言嘉遁独终南，即此城中住亦甘。浩荡开门心自静，滑稽玩世估犹堪。"[3]世俗的城市生活与文人士大夫对雅的追求在园林中很好地结合在一起了："五亩何拘，且效温公之独乐；四时不谢，宜偕小玉以同游。日竟花朝，宵分月夕，家庭侍酒，须开锦幛之藏；客集征诗，量罚金谷之数。"[4]这种变化与其说是传统自然审美中从隐逸到市隐的转变，不如说是隐逸的世俗化使得隐逸向雅转变，此时的雅既包含了部分的隐，亦体现了明清时期的俗。

  明清苏州园林的建造体现了审美与功利的交织。园林的建造原本是为了弥补山水之憾，满足士大夫的审美趣味。陈继儒是这样描绘他的园林审美经验的："春雨初霁，园林如洗，开扉闲望，见绿畴麦浪层层，与湖头烟水相映带，一派苍翠之色，或从树梢流来，或自溪边吐出，支筇散步，觉数十年尘土肺肠，俱为洗净。"[5]园林的美景能够涤荡世俗的污秽。计成亦说："江干湖畔，深柳疏芦之际，略成小筑，足征大观也。悠悠烟水，澹澹云山；泛泛鱼舟，闲闲鸥鸟。漏层阴而藏阁，迎先月以登台。"[6]可以说，园林集合了隐逸、娴静、典雅等审美品格，是文人士大夫理想的栖居之所与精神家园。园林的建造者按照这一理想去设计施工："且人之好山水者，其会心正不在远。于是为平冈小坂陵阜陂陀，然后错之石，缭以短垣，翳以密筱，若是乎奇峰绝嶂，累累乎墙外，而人或见之也。其石脉之所奔注，伏而起，突而怒，犬牙错互，决林莽犯轩楹而不去，若似乎处大山之麓，截溪断谷，私此数石者为吾有也。方塘石洫，易以曲岸回沙，遂

---

[1] 计成著，李世葵、刘金鹏译注：《园冶》，北京：中华书局，2017年，第50页。
[2] 计成著，李世葵、刘金鹏译注：《园冶》，北京：中华书局，2017年，第3页。
[3] 沈周著，张修龄、韩星婴点校：《沈周集》，上海：上海古籍出版社，2013年，第108页。
[4] 计成著，李世葵、刘金鹏译注：《园冶》，北京：中华书局，2017年，第59页。
[5] 陈继儒等著，罗立刚校注：《小窗幽记（外二种）》，上海：上海古籍出版社，2000年，第95页。
[6] 计成著，李世葵、刘金鹏译注：《园冶》，北京：中华书局，2017年，第62页。

阒雕楹，改为青扉白屋，树取其不凋者，石取其易致者，无地无材，随取随足。"[1]园林建造师张南垣（即张涟）的这段话体现了工匠对于园林审美理想的追求。

然而在实际的园林建造过程中，园林成了身份地位的一种象征，士人、商人竞相追逐。园林的建筑风尚首先是在士人中间兴起的。何良俊说："凡家累千金，垣屋稍治，必欲营治一园。若士大夫之家其力稍赢，尤以此相胜。大略三吴城中，园苑綦置，侵市肆民居大半。"[2]士大夫之家想方设法为自己造园林，不惜侵占别人的地方。缙绅阶层也是如此："缙绅喜治第宅，亦是一蔽……及其官罢年衰，囊橐满盈，然后穷极土木，广侈华丽，以明得志。"[3]但是明中期开始，士商身份与地位复杂化，大量的商人纷纷模仿士人建造园林，凸显自己财富的优势和地位的上升。明中期的黄省曾在《吴风录》中记载："至今吴中富豪竞以湖石筑峙奇峰阴洞，至诸贵占据名岛，以凿琢而嵌空妙绝，珍花异木，错映阑圃，虽闾阎小户亦饰小小盆岛为玩，以此务为饕贪，积金以充众欲。"[4]越往后发展，普通百姓里稍微富裕的家庭也开始加入进来："嘉靖末年，士大夫家不必言，至于百姓有三间客厅费千金者，金碧辉煌，高耸过倍，往往重檐兽脊如官衙然，园囿僭拟公侯，下至勾阑之中，亦多画屋矣。"[5]这种风气一直延续到清朝，乾嘉时期的王芑孙在为苏州怡老园所写的《图记》中说："顺治、康熙间，士大夫犹承故明遗习，崇治居室。"[6]园林的建造需要花费很多的资金，其中包括买地、买材料、设计、施工等方面，开支巨大。明中期开始的大规模园林建造显然超出了一般的实用考虑，"其实是一种社会风尚下的产物，为的是夸示身份、炫耀财富与成就。而且最先引领风尚者，就

---

[1] 黄宗羲著，陈乃乾编：《黄梨洲文集》，北京：中华书局，2009年，第86页。
[2] 黄宗羲编：《明文海》卷301，北京：中华书局，1987年，第3109页。
[3] 谢肇淛撰，傅成校点：《五杂组》卷八，载《明代笔记小说大观》，上海：上海古籍出版社，2005年，第1538页。
[4] 黄省曾：《吴风录》，载王稼句点校、编纂《苏州文献丛钞初编》，苏州：古吴轩出版社，2005年，第318页。
[5] 顾起元撰，孔一校点：《客座赘语》卷五，载《明代笔记小说大观》，上海：上海古籍出版社，2005年，第1326页。
[6] 王芑孙：《颐老园图记》，载邵忠、李瑾选编《苏州历代名园记·苏州园林重修记》，北京：中国林业出版社，2004年，第67页。

是江南的缙绅士大夫，接着又可以看到富户商人的争相效仿。"[1]由此可见，审美与功利的因素在这一时期的园林建造中相互纠缠，功利的因素最终超越了审美的因素，占据主要的作用。

明清苏州园林的使用体现了隐逸与世俗的纠缠。正如前文所言，园林本是远离世俗生活、满足山水隐逸之志的一种替代。明人王心一在《归田园居记》中具体说到他的园林归田园居的景点命名就很好地体现了这种理想：

> 自楼折南皆池，池之广四五亩，种有荷花，杂以荇藻，芬葩灼灼，翠带枙枙。修廊蜿蜒，驾沧浪而渡，为芙蓉榭，为泛红轩。自泛红轩绕南而西，轩前有丛桂参差，友人蒋伯玉名之曰小山之幽。又西数武，有堂五楹，爽垲整洁，文湛持取李青莲"春风洒兰雪"之句，额之曰兰雪堂。东西桂树为屏，其后则有山如幅，纵横皆种梅花，梅之外有竹，竹邻僧舍，旦暮梵声，时从竹中来。其前则有池，取储光羲"池草涵青色"句，曰涵青。诸山环拱，有拂地之垂杨，长丈之芙蓉，杂以桃、李、牡丹、海棠、芍药，大半为予之手植。池南有峰特起，如云缀树杪，名之曰缀云峰。池左两峰并峙，如掌如帆，谓之联璧峰。峰之下有洞，曰小桃源，内有石床、石乳。南出洞口，为漱石亭，为桃花渡。其石之出没池面者，或锐如啄，或凸如背。又折北磴而上，为夹耳岗，为迎秀阁，为红梅坐，直接竹香廊，以至山余馆，渐逼予室。予性不耐，家居不免人事应酬，如苦秦法，步游入洞，如渔郎入桃源，桑麻鸡犬，别成世界，故以小桃源名之。洞之上为啸月台、紫藤坞，可扪石而登也。洞之东有池，曰清泠渊。池上有屋三挑，竹木蒙密，友人陈古白额之，曰一丘一壑。[2]

将园林命名为"归田园居"本身就是在借陶渊明的诗《归田园居》表达自己的隐逸之志。在具体的景点命名中，"小山之幽""兰雪堂""涵青""小桃源""一丘一壑"无不显示园林的主人试图在世俗的人事应酬中建构

---

[1] 巫仁恕：《优游坊厢：明清江南城市的休闲消费与空间变迁》，北京：中华书局，2017年，第188页。
[2] 王心一：《归田园居记》，载王稼句编注《苏州园林历代文钞》，上海：上海三联书店，2008年，第46页和第47页。

一个相对独立的空间。

苏州园林在明清时期主要是私家园林，然而在园林的具体使用中，作为置酒设宴、招待客人、戏曲款待、文人雅集的重要场所，园林往往承担了多种社会功能，构成园林主人社会资本的重要部分，这与山水隐逸的设定产生了矛盾。文人雅集是园林的一大功能，明初园林的荒废及政治气氛的紧张使得雅集一度沉寂，从中期开始逐渐恢复。当时的士人们普遍喜欢结社，如曲社、文社、诗社等，通过雅集活动进行文化交流，当然通过这些活动，园林主人的身份地位也得以彰显。吴宽《家藏集》说："非以当时亭馆树石之佳，亦惟主人之贤，而诸名士题咏之富也。"[1]不是园林的山水景物，而是园林主人的品质吸引了文人们竞相歌咏，园林因主人而得名，主人也因园林雅集而名声彰显。王鏊曾在正德年间于其怡老园中设宴雅会，当时吴中名士如祝允明、唐寅等都参加了此次雅集。明中后期开始，很多园林都有歌舞戏曲表演，这些表演有时是园主自己欣赏，但更多的是邀请亲朋好友一起观赏。园林的厅堂、亭榭、轩台都有可能作为表演的地点。晚明戏曲家许自昌的园林梅花墅有专门的表演地方"得闲堂"，"在墅中最丽，槛外石台可坐百人，留歌娱客之地也"[2]。陈继儒对此亦有描述："广可一亩余，虚白不受纤尘，清凉不受暑气。每有四方名胜客来集此堂，歌舞递进，觞咏间作，酒香墨彩，淋漓跌宕，红绡于锦瑟之旁。"[3]这已经不是几个文人雅士、亲朋好友观赏的事情了，因为此地方能容纳百人，四方来客都聚集在此，吟咏歌唱。有些园林干脆定时向公众开放，且这样的情况并不在少数。袁学澜在《吴下名园记》中描述了苏州各大园林开放时的热闹景象："方其盛也，春时开园设厨传，园丁索看花钱。钗钏云集，车骑哄户，袂云汗雨，街衢尘涨，人声嘈杂，拥挤不得行，人影衣香，与花争媚，夕阳在山，犹闻笑语，人散后，遗钿满地，游者拾归，致萦梦想。"[4]此时的园林嘈杂不堪，与园林的幽静形成鲜明的

---

[1] 吴宽：《题虹桥别业诗卷》，载《家藏集》卷五十，上海：上海古籍出版社，1991年，第458页。
[2] 钟惺：《梅花墅记》，载王稼句编注《苏州园林历代文钞》，上海：上海三联书店，2008年，第196页。
[3] 陈继儒：《许秘书园记》，载王稼句编注《苏州园林历代文钞》，上海：上海三联书店，2008年，第197页。
[4] 袁学澜：《吴下名园记》，载王稼句编注《苏州园林历代文钞》，上海：上海三联书店，2008年，第286页。

对比，且沾满了铜臭味，外人进入需要支付门票。园林作为私人空间对公众开放，一方面，当然与园林主人有好东西应该共享这样的想法有关，比如，王世贞就说："余以山水花木之胜，人人乐之，业已成，则当与人人共之。故尽发前后扃，不复拒游者，幅巾杖屦与客屐时相错。"[1]《园冶》也有"花落呼童，竹深留客。任看主人何必问，还要姓字不须题"[2]的说法。另一方面，这事实上也体现了园林主人世俗的倾向，开放后园林主人可以通过园林宣传自己，与周边建立良好关系，也可以通过收费来贴补园林的开支。由此可见，园林的使用体现了隐逸与世俗的纠缠。

明清苏州园林的发展体现了典雅与世俗的交融，在这个过程中，文人所追求的典雅与这一时期的世俗影响交融在一起，使得园林在审美风格上不断变化。在这一时期，苏州园林大致经历了三个阶段：明初期的素朴、之后的典雅和明后期之后的繁复。

明初整个社会风尚都比较朴素。在园林的修建上，基本上秉承的是素朴的原则。明初"北郭十子"之一的王行曾为何氏园林写记，介绍这座园林的情况。吴城间邱坊内有一座园林叫孟园，后废弃，又经僧人之手成为僧舍，元末明初期间被毁得厉害。会稽老医生何氏获得此地，重新修缮，取名"何氏园林"："翁既得是园，积土为丘，象越之曲山阿，盖其旧所居处也，因即其名而名之曲山。山之左，有砾阜，曰玲珑山，山之麓有泉林，有茶坡，有按花坞，有杏林，有药区，至于桃有蹊，竹有径，涵月有池，藏云有谷。而曲山之南，则将筑为丹室，辟为桂庭，庭外为松门，门之外曲涧绕之，石渠通焉。园之杂植庞菽，亦皆森蔚葱蒨，纷敷而芳郁，日以清胜，予总为目之，曰何氏园林。大夫士之游观者，咸谓变废区为佳境，翁亦勤矣，多诗以赋之。"[3]修缮时，何氏只在其原有的基础上加以整顿，添加必要的屋舍，对其山水花木加以整理，但随着名士们的游览观赏，何氏园林变得越来越有名气。

经过洪武时期的休整，随着经济的恢复、政治气氛的缓和和市隐之风的兴盛，越来越多的士人开始修建园林。这一时期的园林体现了早期素朴

---

[1] 王世贞：《题弇园八记后》，载王稼句编注《苏州园林历代文钞》，上海：上海三联书店，2008年，第248页。
[2] 计成著，李世葵、刘金鹏译注：《园冶》，北京：中华书局，2017年，第55页。
[3] 王行：《何氏园林记》，载王稼句编注《苏州园林历代文钞》，上海：上海三联书店，2008年，第84页。

与文人典雅的结合,"朴与雅的和谐,是朴雅、淡雅、清雅,从总体上来看,自然疏朗、朴雅入画、清逸高韵,是此间苏州文人园林的基本风貌"[1]。文人追求他们独特的审美情趣,外在的因素考虑得相对较少,无论是在家具的陈设,还是景点的设置上,都比较简单。"结庐数椽,覆以白茅,不自华饰,惟粉垩其中,宛然雪屋也"[2]是比较典型的状态。沈周对其东园的描述更是充满了生活的情趣:"芳园好在齐蓟内,不似生涯事瀼西。带月滥泉临晚灌,向阳膏土及春犁。鱼鳞密薮多佳种,井字新开足小畦。邻叟见侵频让畔,贵游来踏偶成蹊。剃荒绿遍千锄草,封殖香加百箦泥。尝见蛴螬食苦李,不嗔童子觅楂梨。绀芽红甲时时长,碧肆细枝得得齐。著雨桃花冲燕落,受风杨柳信莺啼。"[3]更多的真山真水、更少的名贵花木,一切显得和谐融洽。

但是,从明后期开始,到清中期,苏州园林的风格朝着繁复奢华的风格上变化,这也与整体的社会审美风尚相联系。这个时期,园林造景越来越多,园林陈设越来越复杂。我们以王世贞的弇山园为例稍做说明。据王世贞在《题弇山八记后》中记述,园林的修建花费了很长的时间,他本人由于工作忙没有时间具体部署,主要由管家具体操作,最终违背了自己简单修建几间屋子以备休息的初衷。"盖园成而后,问橐则已若洗。"[4]修园花费巨大,风格也变得华丽,这是管家所为。这种陈述不一定可信。事实上,他对自己的园林非常满意,用为数众多的文字篇目来记录它。其中,散文《弇山园记》八篇,诗歌《弇园杂咏》两组共七十二首,另有《弇山园记》一篇,文字之间处处显露出自己的满意。其中,《弇山园记》说他园林的好:"宜花,花高下点缀如错绣,游者过焉,芬色瀸眼鼻而不忍去。宜月,可泛可陟,月所被,石若益而古,水若益而秀,恍然若憩广寒清虚府。宜雪,登高而望,万堞千甍,与园之峰树高下凹凸皆瑶玉,目境为醒。宜雨,蒙蒙霏霏,浓淡深浅,各极其致,縠波自文,鲦鱼飞跃。宜风,碧篁白杨,琮琤成韵,使人忘倦。宜暑,灌木崇轩,不见畏日,轻凉

---

[1] 郭明友:《明代苏州园林史》,苏州:苏州大学博士学位论文,2011年,第101页。
[2] 杜琼:《雪屋记》,载邵忠、李瑾选编《苏州历代名园记·苏州园林重修记》,北京:中国林业出版社,2004年,第72页。
[3] 沈周著,张修龄、韩星婴点校:《沈周集》,上海:上海古籍出版社,2013年,第108页。
[4] 王世贞:《题弇山八记后》,载王稼句编注《苏州园林历代文钞》,上海:上海三联书店,2008年,第248页。

四袭,逗弗肯去。此吾园之胜也。"[1]花、月、雪、雨、风、暑,各种天气各有情致,可谓理想之境。弇山园的规模庞大,景点繁多:"园之中,为山者三,为岭者一,为佛阁者二,为楼者五,为堂者三,为书室者四,为轩者一,为亭者十,为修廊者一,为桥之石者二、木者六,为石梁者五,为洞者、为滩若濑者各四,为流杯者二,诸岩磴涧壑,不可以指计,竹木、卉草、香药之类,不可以勾股计。此吾园之有也。"[2]园林华丽,早已没有明初期和中期的素朴之风。

---

[1] 王世贞:《弇山园记》,载王稼句编注《苏州园林历代文钞》,上海:上海三联书店,2008年,第241页。
[2] 王世贞:《弇山园记》,载王稼句编注《苏州园林历代文钞》,上海:上海三联书店,2008年,第241页。

第三节 自然意象的艺术嬗变

在对社会风尚中自然审美意识的发展状况做出论述之后,我们将具体考察这一时期的艺术。在山水诗、山水画、山水游记等有关山水的艺术中,自然意象的使用与描述也发生了改变,改变的背后体现的是明清苏州自然审美风尚的嬗变。

一、"江南"苏州的形象演变

在我们的传统认知中,以苏州为代表的江南总是通过小桥流水、粉墙黛瓦、烟雨古巷、才子佳人这些意象呈现出来,精致、闲适、宁静、柔媚、典雅、忧伤是它的主要精神。这样的江南形象是诸多古代文学作品共同塑造的。杜荀鹤的《送人游吴》说:"君到姑苏见,人家尽枕河。古宫闲地少,水港小桥多。夜市卖菱藕,春船载绮罗。遥知未眠月,乡思在渔歌。"韦庄的《菩萨蛮·人人尽说江南好》也唱道:"人人尽说江南好,游人只合江南老。春水碧于天,画船听雨眠。垆边人似月,皓腕凝霜雪。未老莫还乡,还乡须断肠。"苏州美丽的景色中,水乡、小桥、流水、渔舟、画舫这些意象被反复传唱。在江南景色中,一些情感也积淀在这些意象之中:伤春与怀人、对家乡的思念等,这些情感往往带着哀伤的氛围。"中国文学悠久的传统中,从汉代到清代、近代,一直隐隐相传着十分重要的江南意象。爱,持久、含蓄要眇而入骨的相思,以及永续的乡愁,是江南不变的芬芳迷魅。男女之思,友朋之念,以及越到后来,以男女、友朋寄托家国君臣之思,相互重叠着、涵化着,渐成江南意象的深层含义。"[1]

但是,"江南"的苏州并不总是这副面孔。事实上,苏州的形象应该是

---

[1] 胡晓明:《江南诗学:中国文化意象之江南篇》,上海:上海书店出版社,2017年,第19页。

多元的,是随着历史的演进而发生变化的。明清时期,随着市民社会的兴盛与商品经济的发展,苏州呈现出了不一样的形象,这是一幅特别世俗化的"江南百态图"。我们将主要从文学作品中的苏州意象出发,考察它们是如何呈现苏州江南风景的。我们选取词牌"望江南"中有关苏州的作品来进行具体分析。"望江南"是自唐以来流传很广的词牌,据南宋王灼《碧鸡漫志》载:"《望江南》,《乐府杂录》云:'李卫公为亡妓谢秋娘撰《望江南》,亦名《梦江南》'。白乐天作《忆江南》三首:第一,江南好;第二、第三,江南忆。自注云:'此曲亦名《谢秋娘》,每首五句。'予考此曲,自唐至今,皆南吕宫,字句亦同,止是今曲两段,盖近世曲子无单遍者。然卫公为谢秋娘作此曲,已出两名。乐天又名以《忆江南》,又名以《谢秋娘》;近世又取乐天首句名以《江南好》,予尝叹世间有'改易错乱误人'者是也。"[1]根据材料可知,此词原为《谢秋娘》,大唐李卫公为亡妓谢秋娘所撰,又叫《望江南》或《梦江南》,白居易以《忆江南》为题,作了三首,广为流传,因此又演化成《江南好》和《忆江南》的词牌,实际上,"谢秋娘""望江南""梦江南""忆江南""江南好"都是同一个词牌。根据学者统计,"《忆江南》词调在唐五代时期多抒发感叹悲伤之情,多追忆之作,或忆事或忆景,格调婉约柔美"[2]。《望江南》对江南景物的描写及其传达的思念、哀伤情绪与一直以来的苏州意象非常契合。因此,以此写苏州的词一直不少,特别是明清时期,王世贞、柳如是、沈朝初、钱谦益等人都写过。

白居易的《忆江南》三首是使这一词牌发扬光大的关键。白居易在江南一带做官,特别是苏州和杭州,任刺史期间,留下了不少政绩。在苏州短暂的任职中,他主持开凿了从阊门到虎丘的山塘河,这条河的周边地区也成为明清时期苏州经济的中心。白居易对苏州、杭州充满了感情,离开之后写了这组词:

其一

江南好,风景旧曾谙:日出江花红胜火,春来江水绿如蓝。能不忆江南?

---

[1] 王灼:《碧鸡漫志》卷五,载《中国古典戏曲论著集成》,北京:中国戏剧出版社,1959年,第145页。
[2] 赵李娜:《〈忆江南〉词调探微》,《衡水学院学报》,2011年第6期。

其二

江南忆,最忆是杭州:山寺月中寻桂子,郡亭枕上看潮头。何日更重游?

其三

江南忆,其次忆吴宫:吴酒一杯春竹叶,吴娃双舞醉芙蓉。早晚复相逢?

这组词中,第一首宏观写自己曾经非常熟悉的风景:江岸红花、江水如蓝,红与蓝交相呼应,构建了一幅生动的江南春景图。只是江南山水中透着淡淡的忧伤,因为这已是过去,如今只剩下回忆。第二首写的是杭州,我们不具体描述。第三首写的是苏州。所谓吴宫,是灵岩山上吴王夫差为西施建造的馆娃宫,这里代指苏州。姑苏的美酒让人沉迷,吴下的女子让人忘返,但作者只能期待着与苏州的重逢。在白居易的笔下,苏州的山水风物明丽美好,即使写苏州的美酒与女子,也是简洁纯净的,女子的舞姿犹如风中沉醉的荷花,没有过多世俗的沉浸,飘逸洒脱。整体来看,苏州在诗人的笔下呈现的是明丽而生动的景象,其中又带有些许的遗憾与哀伤。

明清时期,以苏州为描写对象的《忆江南》延续了之前的审美风格,如王世贞的《忆江南·歌起处》曰:"歌起处,斜日半江红。柔绿篙添梅子雨,淡黄衫耐藕丝风。家在五湖东。"江水、竹篙、梅雨、五湖这些常见的意象铺展开来,色彩明丽。另外,不少《忆江南》开始描写苏州本地的风物,此时的苏州与之前相比发生了重要的变化,朝着世俗化的方向演变。清人吴绡的《江南忆》四首写道:

其一

江南忆,风暖换春衣。如画楼台花夹路,香街人醉玉骢肥。年少踏青归。

其二

江南忆,女伴采莲期。水似玻璃人似玉,薄妆偏趁晚凉时。兰桨日迟迟。

其三

江南忆,秋气夜方清。鲈鲙鲜肥莼菜滑,千人石上月亭亭。到处按歌声。

其四

江南忆，地暖早梅香。长夜不禁朝起早，一枝如玉鬓云旁。呵手试试妆。

在这里有传统江南的那些意象：女子、采莲、梅花、梳妆等，但是出现了一些不一样的东西，比如，少年在道路上走，街是香街，马是肥马，秋天冷清，却写"鲈鲙鲜肥莼菜滑"这些与整体冷秋氛围极不符合的美味。传统诗词中的那个色彩淡雅、氛围冷清的苏州似乎发生了改变，日常生活的衣食住行更多地进入词中，一个不一样的苏州被建构了出来。最典型的是清人沈朝初的《忆江南》和吴伟业的《望江南》，写了苏州的自然山水、节庆风俗。为便于分析，我们把词录入如下：

苏州好，到处庆新年。北寺笙歌声似沸，玄都士女拥如烟。衣服尽鲜妍。

苏州好，茶社最青幽。阳羡时壶烹绿雪，松江眉饼炙鸡油，花草满街头。

苏州好，腊尽火盆红。玉屑饧糖成锭脆，紫花香豆著皮松。媚灶最精工。

苏州好，豆荚趁新蚕，花底摘来和笋嫩，僧房煮后伴茶鲜，熏炙似神仙。

苏州好，载酒卷艄船。几上博山香篆细，筵前冰碗五侯鲜，稳坐到山前。

苏州好，酒肆半朱楼。迟日芳樽开槛畔，明月灯火照街头。雅坐列珍羞。

苏州好，荇水种鸡头，莹润每疑珠十斛，柔香偏爱乳盈瓯，细剥小庭幽。

苏州好，廿四赏荷花。黄石彩桥停画鹢，水精冰窖劈西瓜，痛饮对流霞。

苏州好，生日庆纯阳。玉洞神仙天上度，青楼脂粉庙中香。花市绕回廊。

苏州好，串月有长桥。桥面重重湖面阔，月亮片片桂轮高，此夜爱吹箫。

苏州好，光福紫杨梅。色比火珠还径寸，味同甘露降瑶台，小嚼沁桃腮。

苏州好，沙上枇杷黄。笼罩青丝堆蜜蜡，皮含紫核结丁香，甘液胜琼浆。

苏州好，城北菜花黄。齐女门边脂粉腻，桃花坞口酒卮香，比户弄笙簧。

苏州好，香笋出阳山。纤手剥来浑似玉，银刀劈处气如兰，鲜嫩砌瓷盘。

苏州好，二月到支硎。大士焚香开宝座，小姑联袂斗芳辀。放鹤半山亭。

苏州好，夏日食冰鲜，石首带黄荷叶裹，鲥鱼似雪柳条穿，到处接鲜船。

苏州好，鱼味爱三春，刀鲜去鳞光错落，河豚焙乳腹膨脖，新韭带姜烹。

（沈朝初《忆江南》）

江南好，聚石更穿池。水槛玲珑帘幕隐，杉斋精丽缭垣低。木榻纸窗西。

江南好，翠翰木兰舟。穿袖衩衣持楫女，短箫急鼓采菱讴。逆桨打潮头。

江南好，博古旧家风。宣庙乳炉三代上，元人手卷四家中，厂盒斗鸡钟。

江南好，兰蕙伏盆芽。茉莉缕藏新茗碗，木瓜香透小窗纱。换水胆瓶花。

江南好，五色锦鳞肥。反舌巧偷红嘴慧，画眉羞傍白头栖。翡翠逐金衣。

江南好，蒲博擅纵横。红鹤八番金叶子，玄卢五木玉楸枰。掷采坐人倾。

江南好，茶馆客分棚。走马布帘开瓦肆，博羊饤鼓卖山亭。傀儡弄参军。

江南好，皓月石场歌。一曲轻圆同伴少，十反粗细听人多。弦索应云锣。

江南好，黄雀紫车螯。鸡臛下豉浇苦酒，鱼羹加芼捣丹椒。

小吃砌宣窑。

江南好，樱笋荐春羞。梅豆渐黄探鹤顶，芡盘初软剥鸡头。橘柚洞庭秋。

江南好，机杼夺天工。孔翠装花云锦烂，冰蚕吐凤雾销空。新样小团龙。

江南好，狮子法王宫。白足禅僧争坐位，黑衣宰相话遭逢。拂子塞虚空。

江南好，闹扫斗新妆。鸦色三盘安钿翠，云鬟一尺压蛾黄。花让牡丹王。

江南好，艳饰绮罗仙。百祠细裙金线柳，半装高靥玉台莲。故故立风前。

江南好，绣帅出针神。雾鬓湘君波窈窕，云幢大士月空明。刻画类天成。

江南好，巧技棘为猴。髹漆湘漆香垫几，戗金螺钿酒承舟。钑镂匠心搜。

江南好，狎客阿侬乔。赵鬼捱揄工调笑，郭尖傀巧善诙嘲。幡绰小儿曹。

江南好，旧曲话湘兰。薛素弹丸豪士戏，王微书卷道人看。一树柳摧残。

（吴伟业《望江南》）

在沈朝初的《忆江南》中，诗人对苏州的关注跟之前完全不一样，这些诗写了新年、送灶、轧神仙、香会等节日习俗，茶馆、船宴、酒肆等消费场所，蚕豆、芡实、杨梅、枇杷、香笋、鲥鱼等食品，以及赏荷、游石湖、看菜花等旅游休闲活动。可以说，苏州在这里从天堂回到了人间，江南好在哪里呢？吃、喝、玩、乐而已。此时的苏州不是幽静的，而是热闹拥挤的，所谓"北寺笙歌声似沸，玄都士女拥如烟"，也没有了以前的忧愁与烦绪，品茶、喝酒、游街、赏湖、猎食，一派热闹的景象。吴伟业的《望江南》描写的对象与沈朝初描写的有共同之物，如茶馆、美食，但是后者的视野更广阔，详细描述了园林、茶馆、青楼、戏曲、家具、刺绣、服饰、妆容、信仰、纺织、饮食等当时社会生活的方方面面，一个世俗的苏州以最生动的形象展现了出来。所有的精致、闲适、宁静、柔媚、典雅、忧伤似乎都消失了，只剩下繁华、奢侈、时尚、喧嚣，甚至有些堕落、混乱。"白足禅僧争坐位，黑衣宰相话遭逢。"虔诚的信仰都变成了尔虞我诈，纠缠在世俗的纷争当中。

纵观上述，作为"江南"的苏州在文学中经历了从诗意的苏州到诗意与世俗共存的苏州的演变，其中，山水苏州逐渐被市井苏州取代。如此形象的嬗变，预示着中国古典自然美学的逐渐瓦解，表现了明清时期苏州自然审美风尚复杂的一面。从这个角度讲，我们当前对苏州形象的定位更多的是一种诗意的想象，是当代文化的一种建构。

二、自然意象的感官化

自然山水本是通过"极视听之娱"，以达到"游目骋怀"的境界。在传统的山水审美中，视、听自然重要，"仰观宇宙之大，俯察品类之盛"，但它们只是感官享受，并不是审美的终点。沈德潜说："松竹亭立，池水瀹沦，冥心静坐，闻清磬一二声，冥然身世俱丧。"[1]在澄怀中体味宇宙之道。"俯仰是视点的无限扩大，它要求人们不要斤斤于物象和沉溺于个人身世之叹中，不要为自己所处的狭小空间所拘限，让精神腾挪开去，以达到'大人游宇宙'的境地。"[2]包含在"流观"中的自然审美意识是一种和对宇宙的永恒、无限的追求、赞美相关的意识，可以说是一种宇宙化的审美意识。

但是明清时期自然审美发生了一些变化，其中一个很重要的特点是，在众多文学作品中，用身体的词汇，特别是女性的身体词汇，来描写苏州自然山水的魅力。似乎山水的魅力要通过身体感官才能准确地表达出来，这就是我们所谓的自然意象的感官化，但这也就意味着山水自然审美在很多时候只停留在感官层面。这种现象最典型出现在袁宏道的笔下，在大量的山水游记和山水诗中，他都使用了形容女性的词汇来描绘自然山水，我们举其中一些与苏州相关的例子：

> 东南山川，秀媚不可言，如少女时花，婉弱可爱。楚中非无名山大川，然终是大汉、将军、盐商妇耳。[3]（《吴敦之》）

---

[1] 沈德潜：《游牛头坞记》，载张振雄《苏州山水志》，扬州：广陵书社，2010年，第301页。
[2] 朱良志：《中国艺术的生命精神》，合肥：安徽教育出版社，2006年，第317页和第318页。
[3] 袁宏道著，钱伯城笺校：《袁宏道集笺校》，上海：上海古籍出版社，2018年，第541页。

登琴台，见太湖诸山，如百千螺髻，出没银涛中，亦区内绝景。山上旧有响屧廊，盈谷皆松，而廊下松最盛，每冲飙至，声若飞涛。余笑谓僧曰："此美人环佩钗钏声，若受具戒乎？宜避去。"僧瞪目不知所谓。石上有西施履迹，余命小奚以袖拂之，奚皆徘徊色动。碧鬈细钩，宛然石髻中，虽复铁石作肝，能不魂销心死？色之于人甚矣哉！[1]（《灵岩》）

虎丘如冶女艳妆，掩映帘箔；上方如披褐道士，丰神特秀。两者孰优劣哉？亦各从所好也矣。[2]（《上方》）

白浪浸天冷，青山引黛长。朝童迷水怪，夜女出江黄。种橘皆成市，凿山半作堂。路疑烦指点，洞口觅渔郎。[3]（《泊洞庭湖》）

江南的山水在他看来就像是秀媚的少女，温婉柔和，太湖诸山犹如百千发髻，灵岩山上的松涛声是美人环佩钗钏声，虎丘山犹如浓艳打扮的少女，上方山则如神采非凡的道士，洞庭湖边的青山犹如女子的黛眉。凡此种种，袁宏道用了大量的女性身体来描绘苏州的山水自然。从修辞的角度来说，这采用了普通的拟人手法。但是为什么会这样呢？要解释这一点，我们需要联系袁宏道对待生活的态度。对他来说，满足欲望，追求快活，是生活中最重要的事情，至于读书、为官都必须在这个基础上才有意义。在其著名的"五快活"中，第一条就是："目极世间之色，耳极世间之声，身极世间之鲜，口极世间之谈。"享受世间一切的声色之欢是首要的。据袁宏道自己的说法，他有山水之癖，但在其"五快活"中并没有专门的山水，第四个快活中，所谓"千金买一舟，舟中各置鼓吹一部，妓妾数人，游闲数人，浮家泛宅，不知老之将至"，写的是旅游，但是这种旅游完全也是欲望化的，豪船、声乐、妓妾、友朋，这跟澄怀味道毫无关联，只是将世俗的享乐搬到了旅游之中。所以，他对感官欲望的追求影响到了他对整个世界的感知与体验，使山水也带有了身体感官的特征。于是，原本是相互对立的隐逸山水与世俗感官欲望，在这里奇妙地被结合在了一起。陶望龄在为其好朋友袁宏

[1] 袁宏道著，钱伯城笺校：《袁宏道集笺校》，上海：上海古籍出版社，2018年，第177页。
[2] 袁宏道著，钱伯城笺校：《袁宏道集笺校》，上海：上海古籍出版社，2018年，第172页。
[3] 袁宏道著，钱伯城笺校：《袁宏道集笺校》，上海：上海古籍出版社，2018年，第126页。

道写的诗中可谓明确地描绘了这种状况："作吏于馆娃脂粉之城，为客于浣纱娥眉之里。宿几夜娇歌艳舞之山，走三回浓抹淡妆之水。色非色界酒肆与淫坊，情无情间魂惺而心死。鸳鸯寺传法秉教禅师，歌姬院瓦罐爻槌乞子。"[1] 为官于姑苏，山水是娇歌艳舞、浓妆淡抹的山水，可谓对袁氏理解深刻。

后期袁宗道意识到纵欲不好，有意识地尝试以山水来替女色。在去世的前一年，他游苏门山白泉，写下了"吾于声色非能忘情者，当其与泉相值，吾嗜好忽尽，人间妖韶，不能易吾一盼也"[2]。试图以山水替女色，当沉浸于山水时，欲望就消失了。这种想法本身就很有问题，因为这只是以一种欲望替代另一种欲望。有论者认为，此时的袁宏道认为"观赏山水属于一种高层次的审美活动，不同于浅层次的耳目感官的享受"[3]。这种看法似乎有待商榷，在这个时期的文章中，仍存在着"百泉盖水之尤物也"[4]。可以说，山水与欲望仍然纠缠在一起，欲望对山水的体验与表达仍产生着重要的影响。

当然，我们可以认为袁宏道是一种极端化的人物，世间像他这样的人毕竟不多。但是作为一种审美风尚，自然意象的感官化表达在明清有关苏州的山水诗、山水游记中确实是普遍存在的，我们选录一些例子：

去年船过太湖时，远望横山一黛眉。今日杖藜登陟处，峰峦万叠路逶迤。[5]（徐达左《登横山》）

截流遮却数峰青，隔渚遥遥带晚晴。可是秋来湖水净，黛眉低扫镜中横。[6]（谢晋《横山远眺》）

其明日，放舟西湾之足，曰小洞庭。观奇石，所谓龙头者，双睛绀碧。[7]（王世贞《泛太湖游洞庭两山记》）

征酒慰劳罢，相与酌乌砂泉，访小龙嘴。初入，未之奇也。稍援引而鼠通之，洞穴如蜂蛎，如岛如覆敦，如铜锜壁甋，石气

---

[1] 陶望龄：《又戏效来篇九言三言》，载李会富编校《陶望龄全集》，上海：上海古籍出版社，2019年，第68页。
[2] 袁宏道著，钱伯城笺校：《袁宏道集笺校》，上海：上海古籍出版社，2018年，第1615页。
[3] 夏咸淳：《晚明士风与文学》，北京：中国社会科学出版社，1994年，第102页。
[4] 袁宏道著，钱伯城笺校：《袁宏道集笺校》，上海：上海古籍出版社，2018年，第1615页。
[5] 王维德等撰，侯鹏点校：《林屋民风》，上海：上海古籍出版社，2018年，第39页。
[6] 王维德等撰，侯鹏点校：《林屋民风》，上海：上海古籍出版社，2018年，第39页。
[7] 张振雄：《苏州山水志》，扬州：广陵书社，2010年，第261页。

云乳，秀媚晶荧。[1]（王思任《游洞庭两山记》）

小宛东砌下辟门以往，则凡夫所凿为沼、为台、为榭，以翼墓者也。沼环山足，前亘以堤，杂树夹之，菱藻莼荇芙蕖间生，敷芬叠翠，沉浮池际。山足丽沼，唇吐齿啮，嵌岖互夺不一，其势迤逦北引，短虹骑焉。[2]（胡胤嘉《游寒山天池寺记》）

顾文康公墓在潭山之麓，七十二峰阁即丙舍也。阁旁多长松巨石，复有峭壁，雄踞阁背。山面湖，一望而七十二峰之胜皆在目矣，黛眉螺髻，缥缈烟波间，吾不能为形容矣。[3]（徐枋《邓尉记·七十二峰阁》）

在徐达左和谢晋的诗中，横山都被描绘成女子之眉，王世贞笔下的洞庭山石头像深蓝色的眼睛，王思任描述钟乳石则如秀丽妩媚的女子，胡胤嘉将寒山天池寺中凹凸不平的石头描绘成唇吐齿啮，徐枋则认为邓尉山七十二峰犹如女子的眉毛和盘卷的发髻。在时人笔下，女子的眉、目、唇、齿、发，这些体现了女性魅力的身体部分都被作为山水的隐喻而呈现出来。应该说，将山水比作女性，一直都有，但是如此频繁出现，并着重强调山水感性之美的，无疑领时代之潮。在这种现象中，我们看到了世俗欲望的兴起对传统自然审美的影响，高远澄澈的自然成为世俗欲望的表征，预示着古典自然审美风尚的裂变。

三、山水画意象的嬗变

山水画在中国古代绘画中享有非常高的地位，元人汤垕说："世俗论画必曰画有十三科，山水打头，界画打底。"[4]唐志契亦在其《绘事微言》中说："画中惟山水最高。虽人物花鸟草虫，未始不可称绝，然终不及山水之气味风流潇洒。"[5]山水画的地位可见一斑。山水画自隋唐独立，经历五代、两宋、元的发展，宗派林立，风格各有所尚，但"逸"这一精神内

---

[1] 张振雄：《苏州山水志》，扬州：广陵书社，2010年，第263页。
[2] 张振雄：《苏州山水志》，扬州：广陵书社，2010年，第302页。
[3] 张振雄：《苏州山水志》，扬州：广陵书社，2010年，第314页。
[4] 汤垕：《画论》，载黄宾虹、邓实编《美术丛书》（三集第七辑），杭州：浙江人民美术出版社，2013年，第10页。
[5] 唐志契著，王伯敏点校：《绘事微言》，北京：人民美术出版社，1985年，第1页。

涵始终存在于绘画之中，本质上说，它产生于中国文化中的隐逸精神。唐志契说："山水之妙，苍古易知，奇峭易知，圆浑易知，韵动易知。唯逸之一字，最难分解。盖逸有清逸，有雅逸，有俊逸，有隐逸，有沉逸。逸纵不同，从未有逸而浊，逸而俗，逸而模棱卑鄙者。"[1]逸可能有不同的表现形式，清逸、雅逸、俊逸、隐逸、沉逸等，但是逸始终与浑浊、俗气、圆滑、卑鄙不相融，表现出的是与世俗不融、独与天地精神相往来的审美品格。在山水画的发展中，形成了一些比较经常使用的意象，如山（大山、山丘、石碓）、水（湖水、江河、小溪、山泉、瀑布）、植物（树木、杂草、芦苇）、隐士（高人、渔翁）、陋室（亭子、草屋）、天气（白雪、云雾、细雨）、小桥、石路等，这些特有的山水意象在不同时期、不同地域画家笔下具体呈现不同的样态，但通过对这些意象的运用与布局，传达出中国古代山水画的独有意蕴，这里都没有尘世的喧嚣，有的是孤寂与冷清。

明清时期，苏州山水画取得了非常高的成就。明中期，以沈周、文徵明、唐寅和仇英为代表的吴门画派在"元四家"的影响下开拓创新，对山水画进行了"苏州化"的革新，使得山水画的精神在有明一代发生了重要改变："逸"在世俗的影响下，朝着文雅的方向发展。清代，以王时敏、王鉴和王原祁为领袖的娄东画派，以及以王翚为代表的虞山画派，在"仿古"旗帜的号召下，试图承续古代山水画的美学传统，却被官方收拢，朝着雅正的方向发展。总之，与之前相比，明清苏州山水画审美风尚发生了明显的变化。我们试图通过对吴门画派、"四王"山水画中的意象及其使用的分析，来具体探究这种变化。

在吴门画派的山水画意象中，有两个方面比较明显。一是吴中山水大量出现在作品中，山水画的意象明显带有苏州地域性特色。地域实境是山水画的一个重要传统，不同地域的画家面对其所处的自然山水时，都会以"真"的态度面对它们，将其特有的地形面貌呈现出来。在绘画美学中，荆浩的"图真"、张璪的"师造化"、郭熙的"真山水"都是这种思想的反映。高居翰说："实际上，山水画可说是根源于对特定地方实景的描绘的，而且是在经过了几世纪以后，才在五代和宋代的大师手中，一变而为体现宇宙宏观的主题。然而，即便是这些大师所作的画，也不全然偏离山水的

---

[1] 唐志契著，王伯敏点校：《绘事微言》，北京：人民美术出版社，1985年，第8页。

地理特性,相反地,他们是根据自己所在地域的特有地形,经营出各成一家的表现形式,后来,这些自成一家的表现形式成了区分不同地域派别的指标。"[1]中国南北方差异明显,东西部地形亦不相同,在这种情况下,逐渐形成了以地域为基础的几种流派:"一、描绘太行一带风光的荆关画派;二、描绘中原一带山川风物的李成齐鲁画派;三、描绘终南、太华一带山川景致的范宽关陕画派;四、描绘江南丘陵景观的董巨江南画派。"[2]这些流派的画家们践行了"真"原则。从这个角度讲,吴门画派是中国山水画传统的一种发展,他们将最富有江南特色的苏州山水呈现出来,如沈周的《苏州山水全图》《吴中山水图》《江南风景图》《虎丘送客图》《虎丘十二景》、文徵明的《吴中胜览图》《石湖清胜图》《石湖泛月图》《金焦落日图》、唐寅的《洞庭黄茅渚图》《金阊别意图》、钱谷的《虎丘前山图》、谢时臣的《虎阜春晴图》、卞文瑜的《姑苏十景图》、张宏的《苏台胜览图》等。画家将实实在在的苏州山水付诸绘画,沈周的《虎丘十二景》介绍了虎丘山塘图、憨憨泉、半山腰之松庵、悟石轩、千人石、剑池、虎丘山顶之千佛堂与云岩、五对台、千顷云、虎跑泉、竹亭、跻阁等景观。《苏州山水全图》则将天池、天平山、支硎山、灵岩山、石湖山水纳入其中。在画的自跋中,他明确说:"吴中无甚崇山峻岭,有皆陂陀连衍,映带乎西隅,若天平、天池、虎丘,为最胜地,而一日可游之,远而光福邓尉,一宿可尽。余得稔经熟历无虚岁,应目遇笔,为图为诗者屡矣,此卷其一也,将谓流之他方,亦可见吴下山水之概。"他要将苏州的山水状况传播给不熟悉的人,地域意识可谓明确。

二是虽然深山、奇石、茅屋、幽径等传统的山水画意象也反复被使用,但是吴派山水还出现了大量的与世俗生活密切相关的意象,如书斋、雅集、宴会、亭榭、庄园、园林、郊游、品茗等,这些都是当时文人理想化的生活场景,全然不像元人倪瓒山水画中所呈现的"冰痕雪影,一片空灵,剩水残山,全无烟火"[3]。画中传统的隐逸思想若隐若现,对苏州世

---

[1] 高居翰:《气势撼人:十七世纪中国绘画中的自然与风格》,李佩桦,等译,北京:生活·读书·新知三联书店,2009年,第8页。

[2] 贺万里、吴娟:《从董源到王原祁:山水画地域意识的弱化与秩序意识的强化》,《南京艺术学院学报》(美术与设计版),2009年第4期。

[3] 布颜图:《学画心法问答》,载俞剑华编著《中国古代画论类编》,北京:人民美术出版社,2014年,第211页。

俗生活的美好歌颂却洋溢其中，整个山水呈现出园林化的特征。"他们虽为隐逸，对生活却往往取比较入世的态度，在陶醉于故乡山水，挥毫点染时，总是比较贴近现实生活，有一种美好的乐观的明朗意象，不同程度地折射出热爱家乡、拥抱自然的内心之光。"[1]我们先就绘画中的文人雅集意象做一些重点说明。以文会友，文人雅集一直是士人们热衷的事情，东晋时期会稽山上的兰亭集就名扬天下，北宋时期的西园雅集也被后来的士人津津乐道。雅集之所以受到士人的追捧，是因为它符合了士人这一阶层对于文雅审美风尚的追求，而这种审美风尚与山水画的隐逸并没有必然的联系，甚至相左。明前期，雅集一度因为政治氛围紧张而长期停滞。明中期开始，雅集又开始兴盛起来，大量的山水画开始描绘雅集盛况。在这些雅集图里，山水与园林非常奇妙地合在一起，很多作品写的是园林，画的实际是山水，画家通过主观的构思将山水画想象成自己理想的生活场景。从这个角度来看，吴门画派的山水绘画又在背叛"真山水"的美学传统，人化的因素比较明显，画家将自己想象中的意象组合在一起，背离了实景。沈周的《魏园雅集图》描绘的是五人山亭雅集，参加的有魏昌、陈述、周鼎、刘珏、祝颢等人，图上的题跋记录了雅集的相关情况："成化己丑冬季月十日，完庵刘佥宪、石田沈启南过余，适侗轩祝公、静轩陈公二参政，嘉禾周疑舫继至相与会。酌酒酣兴，发静轩首赋一章，诸公和之，石田又作图，写诗其上，蓬荜之间，灿然有辉矣。不揣亦续貂其后，传之子孙，俾不忘诸公之雅意云。"作品是高而窄长的挂轴，画的上方是一座高山，雄伟挺拔，这座高山的右前方有被云雾围绕着的另一远山。在画作的下方，几棵高树中有一棵向左横逸斜出，盖在一座小茅亭的上面。四位高士席地而坐，一个童子侧立在边上，远处一位老者拄杖而来，似是题跋中说的后面赶来的周鼎。在这幅画中，传统山水画所用的高山、石泉、小溪、小桥、茅亭等意象都有，其所要传达的隐逸倾向是显而易见的。但是与以往不一样的是多了雅集的意象。所有的意象都统合在雅集里，整个绘画的意义就发生了重要的变化，逸与雅的关系更为复杂。

如果把这种关系放大到当时其他山水画中，意义又会更复杂。文徵明的《真赏斋图》有两个版本，即上海博物馆藏本和国家博物馆藏本。如果

---

[1] 李维琨：《明代吴门画派研究》，上海：东方出版中心，2008年，第104页。

我们对比这两个版本，会更明显地看到山水画在这一时期的变化。真赏斋是文徵明好友华夏在太湖边建的园林，画则是文徵明专门为他创作的。在前一幅画中，右边是假山与树木，围着相互连着的三间房屋，居中的一间里有两人在交谈，似是传统的文人雅谈，童子在边上站立。左边的房间是书房，右边的房间是厨房，有两人在干活。房屋不是传统的简陋草屋，通过房间里的布置可看出是书房、客厅与厨房，左边有从远山上流下来的小河，河上有一座小桥，画的最上面是远处的山。在这幅画里，自然山水和园林融合在一起，隐逸、文雅与世俗在这里很好地并列在一起。在世俗生活的改变下，隐逸明显朝文雅的方向退让。在国家博物馆藏本的《真赏斋图》中，画面发生了重大的改变，原来左边的真山水完全不见了，画面的左边是假山与树木交错，这是典型的园林布置，右边前面是院亭，空幽清净，后面几棵树围着屋舍，屋舍只有两间，左边两个人相向而谈，童子侧立。屋内的几案放有鼎彝、书卷。鼎彝看起来像非常珍贵的古物，这显示了主人的雅致与财富，文雅与世俗之气由此显现出来。这幅画看起来更像是一个真的园林景象，其间隐逸情怀已经看不见了，只有雅的俗化或者说是俗的雅化。

由此可见，明清苏州的世俗化对山水画影响巨大。首先，地域化与理想化纠结在一起，文人一方面想通过绘画来呈现吴中独特的山水自然意象，另一方面又试图通过想象与重构意象，在绘画中展现自己理想的生活场景，这种冲突显示了山水画面临的矛盾与困境。其次，世俗的生活将高远的自然山水拉到人间的地平线，在世俗因素的作用下，传统的逸逐渐被士人的文雅取代。在这个文雅中，既隐含着隐逸的因素，同时也包含了世俗的因素，这就是明代吴门画派山水画所呈现的自然审美的嬗变。

如果说来自世俗因素的渗透导致了吴门山水画对传统逸的反叛，最终走向了文雅，那么在清代"四王"那里，则是来自庙堂因素的约束导致他们在反复强调传统的同时却实际完成了对传统逸的背离，最终走向了雅正。

兴盛一时并影响深远的吴门画派对生活在苏州地区的"四王"（王时敏、王鉴、王原祁为太仓人，王翚为常熟人）似乎影响不大，虽然王鉴曾经说过"成弘间，吴中翰墨甲天下，推名家者，惟文、沈、仇、唐诸公，为掩前绝后"。真正影响他们的是华亭董其昌。虽然他们生活于江南的苏州，但江南的山水并没有像吴门画派那样成为他们绘画创作的主要源泉,尽管王翚也曾经创作过《虞山十二图景》这样的家乡景致写生画。对于吴门画派开创的山水画新意象,他们毫无感觉。对他们来说,重要的从来都不是活生生的现实山水,而是对古人绘画的模仿,这也是他们所理解的"传统"。

受王时敏祖父王锡爵的嘱托,董其昌指导少年王时敏学习绘画。"王时敏在董其昌的指导下,自幼便走上摹古道路,而且在理论上也认定了摹古是绘画的最高原则。"[1]绘画是要同古人"一个鼻孔出气",自己最好不要有太多的发挥,王时敏对别人绘画的评价也都是从是否摹古这个角度出发的。他的绘画基本都是对倪瓒、黄公望、董其昌等人画作的摹仿。摹仿可以很像,但时时被规定在古人的笔墨用法中,形成了规范且严谨的风格。在"四王"的其他三个人中,王原祁是王时敏的孙子,王翚是他的弟子,王鉴是他同族的侄子,这些人都受他的影响,而凭借这些人在当时的巨大政治影响,他的画被视作正宗,开启了清代山水画的审美风尚。这种风尚对于山水画来说很难说是好事。王鉴、王翚、王原祁及他们的弟子基本上继承了王时敏的仿古风,王原祁在《仿黄子久为宗室柳泉作》中题:"清光咫尺五云间,刻意临摹且闭关;漫学痴翁求粉本,富寿依旧有青山。"[2]为学习临摹,他们将外面的世界都关在门外。

学习古人本没有任何问题,问题的关键在于,所谓的仿古,既不是学传统的"真山水",也不是学元人的真逸趣,而是特别强调古人的笔墨。在这一点上,他们完全遵循了董其昌的绘画思想。在《画旨》中,董其昌说:"以境之奇怪论则画不如山水,以笔墨之精妙论则山水决不如画。"[3]山水画的精妙之处在于笔墨,这是仿古的关键。因此,"'四王'的画跋则几乎专注于笔墨而大做文章:如何经营龙脉,如何结构开合,如何落笔,如何运墨,如何设色,如何浑厚,如何苍秀……而对心绪意兴的发抒,几乎不措一辞"[4]。如此一来,绘画不可能达到前人的成就。这一

---

[1] 陈传席:《中国山水画史》,天津:天津人民美术出版社,2020年,第534页。
[2] 王原祁:《麓台题画稿》,载潘运告编著《清人论画》,长沙:湖南美术出版社,2004年,第88页。
[3] 董其昌:《画旨》,载潘运告主编《明代画论》,长沙:湖南美术出版社,2002年,第177页。
[4] 徐建融:《元明清绘画研究十论》,上海:复旦大学出版社,2004年,第277页。

点在王原祁身上体现得最明显。他说："余于笔墨一道，少成若天性。"[1]在他的绘画中，自然山水意象并不是与现实对应的真实存在，而只是他需要画在其上的一个个程序化的、抽象化的物象，需要做的是按照主观的某种秩序对这些物象进行重新布置，形成一个结构。"所谓结构，是泛指一幅画面上各部分的山、石、云、树、亭、溪、桥等的配置，以及由此而产生的整个表现效果，包括笔墨的轻重疾徐、枯湿浓淡、疏密聚散等等。"[2]这个结构中充满了人为的秩序感。这种秩序感又由于他的"龙脉说"而与清朝的官方意识形态联系在一起。在从政期间，王原祁得到了康熙皇帝的赏识，对此他也非常感恩："甲午秋间奉命入直，以草野之笔日进于至尊之前，殊出意外。生平毫无寸长，稍解笔墨。皇上天纵神灵，鉴赏于牝牡骊黄之外。反复益增惶悚，谨遵先贤遗意，吾斯之未能信而已。"[3]他认为自己能够报恩于皇帝的就是笔墨。"龙脉说"是他对笔墨的一种思考："龙脉为画中气势源头，有斜有正，有浑有碎，有断有续，有隐有现，谓之体也。开合从高至下，宾主历然，有时澹荡，峰回路转，云合水分，俱从此出。起伏由近及远，向背分明，有时高耸，有时平修欹侧，照应山头、山腹、山足，铢两悉称者，谓之用也。"[4]这本是论述山水画之结构布局的，其目的就是达到有"气势"。在龙脉中，主次、本源、高下都得到了明晰的确定，通过龙脉的开合，属于清朝的气势得以彰显，绘画最终实现的是朝廷需要的"雅正"。所以，有论者说："王原祁的龙脉气势开合之论，积墨浑染之论，所体现出来的理想的画面秩序就是一种'主山辅岭、君尊臣卑'的秩序营构，所体现出来的品格就是一股具有'正大光明之概'的'庙堂'之气。"[5]从山水画的审美风尚来看，正是来自庙堂的约束涤荡了山水画的隐逸之气，从而使雅正之风确立起来。从这个意义上来说，古典山水画已经走向了末路。

[1] 王原祁：《麓台题画稿》，载潘运告编著《清人论画》，长沙：湖南美术出版社，2004年，第129页。
[2] 徐建融：《元明清绘画研究十论》，上海：复旦大学出版社，2004年，第289页。
[3] 王原祁：《麓台题画稿》，载潘运告编著《清人论画》，长沙：湖南美术出版社，2004年，第129页。
[4] 王原祁：《雨窗漫笔》，载潘运告编著《清人论画》，长沙：湖南美术出版社，2004年，第77页。
[5] 贺万里、吴娟：《从董源到王原祁：山水画地域意识的弱化与秩序意识的强化》，《南京艺术学院学报》（美术与设计版），2009年第4期。

第三章 礼文之美的重新观照

在古典社会中，礼代表着天人合一的美好愿景。它首先是规范社会生活的："夫礼者，所以定亲疏，决嫌疑，别同异，明是非也。"[1]礼不仅能够将社会中的亲疏关系区分开来，解决问题，区分同与不同，明辨是非，同时它又有着天道的合法依据："礼以顺天，天之道也。"人世间的礼遵循的是道的法则。两相结合，礼使得原本混杂无序的世间万象以明晰的形式得到约束、节制。

从节气的变更来看，《礼记·月令》规定："孟春之月，日在营室，昏参中，旦尾中。其日甲乙。其帝太皞，其神句芒。其虫鳞。其音角。律中大蔟。其数八。其味酸，其臭膻。其祀户，祭先脾。东风解冻，蛰虫始振，鱼上冰，獭祭鱼，鸿雁来。天子居青阳左个，乘鸾路，驾仓龙，载青旗，衣青衣，服仓玉，食麦与羊，其器疏以达。"[2]在《礼记·月令》中，五音、五色、五方、十二律与天地日月、山川草木、鸟兽虫鱼、鬼神祖先、男女老少等交互一体，与季节及每个昼夜发生特定的关联，同时帝王后妃、文武百官与士农工商的生活和劳作也被逐一安排，形成了以十二律为经、五行为纬构成的一种天人模式。

从宫室的建造来看，如天子举行祭祀之所——明堂，"天称明故命曰明堂……上圆法天，下方法地，八窗法八风，四达法四时，九室法九州，十二坐法十二月，三十六户法三十六雨，七十二牖法七十二风"[3]（桓谭《新论》）。汉代的皇城构建仿照的是星图，"其宫室也，体象乎天地，经纬乎阴阳，据坤灵之政位，仿太紫之圆方"（《西都赋》）。世间的存在依托天道获得了神圣的特性及由此伴生的合法性。

从日常行为的规范来看，《礼记·曲礼》规定："帷薄之外不趋，堂上不趋，执玉不趋。堂上接武，堂下布武。室中不翔。并坐不横肱，授立不跪，授坐不立。"[4]如何坐、走、跪、立，待人接物都有明确的规定，日常的行为经过看似烦琐的礼的重塑，变得精致优雅。

[1]《礼记正义》，载李学勤主编《十三经注疏》（标点本），北京：北京大学出版社，1999年，第13页。
[2]《礼记正义》，载李学勤主编《十三经注疏》（标点本），北京：北京大学出版社，1999年，第442—456页。
[3] 桓谭撰，朱谦之校辑：《新辑本桓谭新论》，北京：中华书局，2009年，第46页和第47页。
[4]《礼记正义》，载李学勤主编《十三经注疏》（标点本），北京：北京大学出版社，1999年，第41页。

从情感的节制来看,"辟踊,哀之至也。有算,为之节文也。袒、括发,变也。愠,哀之变也。去饰,去美也。袒、括发,去饰之甚也。有所袒,有所袭,哀之节也"[1]。在丧礼之中,虽然亲人去世极度悲哀,但是仍然要按照一定的程式来表达情感,从而避免了场面的混乱,营造了庄重肃穆的氛围。

礼带着天道赋予的有序性、神圣性和刚硬性全面渗入日常生活之中,将混乱转化为有序,将野蛮转化为优雅。"礼既是神圣的,又是世俗的;是象征性的,也是工具性的。"[2]神圣性、象征性是天道赋予的,世俗性和工具性是它本有的,这即"礼之文"与"礼之质"。"伦理者,礼之本也;仪节者,礼之文也。"[3]在理想的天人合一的世界中,"礼之文"与"礼之质"是密切结合在一起的。但是应当注意到礼的二重性,以及"礼之文"与"礼之质"二分所带来的审美风尚的变化。

---

[1]《礼记正义》,载李学勤主编《十三经注疏》(标点本),北京:北京大学出版社,1999年,第269页。
[2] 商伟:《礼与十八世纪的文化转折》"中文版序",严蓓雯译,北京:生活·读书·新知三联书店,2012年,第4页。
[3] 柳诒徵:《国史要义》,上海:上海古籍出版社,2007年,第11页。

第一节 古典礼文之美的历史延续

明初期苏州经历了战争的侵扰和朱元璋政权的严酷打压,世族陵替。嘉靖中后期经济发展、重利喜奢思想盛行及明清之际两朝鼎革的动荡无不冲击着古典世界中由礼文所维系的严整合一的世界图景。综观明清时期苏州的社会风尚,我们发现,通过明清政令的强制推行及程朱理学的思想形塑,古典的礼文之美思想已经深入人心。

一、以礼入法:古典礼文之美的强制推行

《礼记·乐记》曰:"故先王本之情性,稽之度数,制之礼义。"[1]礼是依据天道运行规则建立的对人世生活的规范,其建立之初便建立在人情之上。礼虽然有强制性,但是仍然对人的情感欲望相当宽容。《荀子·礼论》说:"刍豢稻粱,五味调香,所以养口也;椒兰芬苾,所以养鼻也;雕琢、刻镂、黼黻、文章,所以养目也;钟鼓、管磬、琴瑟、竽笙,所以养耳也;疏房、檖貌、越席、床笫、几筵,所以养体也。故礼者,养也。"[2]因人情之宜以制礼,这即"依仁以成礼"。但是,礼在发展过程中逐渐出现了与法合流的趋势,其强制性逐步加强。据考察,"从制度的角度进行的礼法合流在魏晋南北朝时期已经开始。如果追溯其初始的思想倾向,则在汉代就已经存在了。但毋庸置疑的是,礼法合流的局面正是在唐宋时期得到了全面的展开和推进。"[3]如果说,礼法合流在唐宋时期得到全面的展

---

[1]《礼记正义》,载李学勤主编《十三经注疏》(标点本),北京:北京大学出版社,1999年,第1105页。
[2] 王先谦撰,沈啸寰、王星贤点校:《荀子集解》,北京:中华书局,1988年,第346页和第347页。
[3] 王美华:《礼制下移与唐宋社会变迁》,北京:中国社会科学出版社,2015年,第178页。

开,那么在明清时期更为明显的趋势是以礼入法,礼以更为强硬的姿态进入日常生活。

(一) 繁缛礼法的令行禁止

明初朱元璋颁行《大诰续编》,称:"民有不安分者,僭用居处器皿、服色、首饰之类,以致祸生远近,有不可逃者。《诰》至,一切臣民所用居处器皿、服色、首饰之类,毋得僭分。敢有违者,用银而用金,本用布绢而用绫、锦、纻丝、纱、罗;房舍栋梁,不应彩色而彩色,不应金饰而金饰;民之寝床船只,不应彩色而彩色,不应金饰而金饰;民床毋敢有暖阁而雕镂者,违《诰》而为之,事发到官,工技之人与物主各各坐以重罪。"[1](《大诰续编·居处僭分第七十》) 仅仅一百多字,里面充斥着"毋得""不应""毋敢",态度十分强硬。正德元年(1506)又令军民妇女不许用销金衣服、帐幔、宝石、首饰、镯钏。正德十六年(1521),"禁军民衣紫花罩甲,或禁门或四外游走者,缉事人擒之"[2]。如果有人在礼文形式的遵循上出现差错,就会遭受严厉的惩罚。礼不再是建立在情感基础上的行为的节制,而变为统治阶层强制性的规划。明代礼以法令的形式渗入生活的各个方面。

1. 宅第的营造

《明史·舆服志》载:"明初,禁官民房屋,不许雕刻古帝后、圣贤人物及日月、龙凤、狻猊、麒麟、犀象之形。"洪武二十六年(1393)又规定,百官营建宅第不许用歇山转角、重檐重栱、绘藻井。"公侯,前厅七间,两厦,九架。中堂七间,九架。后堂七间,七架。门三间,五架,用金漆及兽面锡环。家庙三间,五架。覆以黑板瓦,脊用花样瓦兽,梁、栋、斗栱、檐桷彩绘饰。门窗、枋柱金漆饰。廊、庑、庖、库从屋,不得过五间,七架。一品、二品,厅堂五间,九架,屋脊用瓦兽,梁、栋、斗栱、檐桷青碧绘饰。门三间,五架,绿油,兽面锡环。三品至五品,厅堂五间,七架,屋脊用瓦兽,梁、栋、檐桷青碧绘饰。门三间,三架,黑油,锡环。六品至九品,厅堂三间,七架,梁、栋饰以土黄。门一间,三架,黑门,铁环。"[3]

---

[1] 杨一凡:《明〈大诰〉研究》,北京:社会科学文献出版社,2016年,第239页。
[2] 张廷玉等:《明史》,北京:中华书局,1974年,第1650页。
[3] 张廷玉等:《明史》,北京:中华书局,1974年,第1671页和第1672页。

2. 服饰的佩戴

洪武三年（1370）规定儒士、生员、监生均戴四方平定巾。"二十三年定儒士、生员衣，自领至裳，去地一寸，袖长过手，复回不及肘三寸。二十四年，以士于巾服，无异吏胥，宜甄别之，命工部制式以进。太祖亲视，凡三易乃定。生员襕衫，用玉色布绢为之，宽袖皂缘，皂绦软巾垂带。贡举入监者，不变所服。洪武末，许戴遮阳帽。"[1]

3. 器皿的使用

洪武二十六年规定，"公侯、一品、二品，酒注、酒盏金，余用银。三品至五品，酒注银，酒盏金，六品至九品，酒注、酒盏银，余皆瓷、漆。木器不许用朱红及抹金、描金、雕琢龙凤文。"[2]

据《明史》记载，朝廷对日常生活中可以用形式展现的礼文相当重视，在政令中甚至还规定了官员遇雨什么时候可以戴帽子、什么时候不能戴[3]，以及出行工具的选择、女子的发式等方面。除此之外，明代的礼文还出现了新的趋势。

1. 礼法下移

汉唐时期"礼不下庶人"，并没有针对平民百姓所制定的礼，他们只能在婚丧嫁娶之时向权贵阶层"借礼"。明初期普通老百姓结婚着装一般仿照九品官员的衣服。而统治阶层特别重视"礼之文"，规定得很详细，如皇帝用于祭祀天地、祭拜宗庙等重要场合所穿的冕服就相当繁复。其冕冠需前圆后方，象征整个宇宙。前后各有十二条旒，每一条旒都由用十二根五彩丝线将赤、白、青、黄、黑五色的十二枚玉珠串起。旒之间间隔一寸，十二条旒就是十二寸。《礼记·礼器》有云："天子麻冕朱绿藻，垂十有二旒者，法四时十二月也。"[4]自然时序的运转在冠冕之上得到了充分的体现。除了冠冕之外，还需上穿玄衣下着黄裳，此象征天与地的颜色。上衣绘有日、月、星辰、山、龙、华虫，下裳绘有宗彝、藻、火、粉米、黼、黻。据出土的神宗皇帝朱翊钧的"缂丝十二章纹衮服"显示，宗彝是一种宗庙祭祀的器物，藻是水草、粉米是白米、黼是黑白相间的斧头、黻是由

---

[1] 张廷玉等：《明史》，北京：中华书局，1974年，第1649页。
[2] 张廷玉等：《明史》，北京：中华书局，1974年，第1672页。
[3] 《舆服志三》记载："二十二年令文武官遇雨戴雨帽，公差出外戴帽子，入城不许"，见《明史》卷六十七，第1637页。
[4] 陈立撰，吴则虞点校：《白虎通疏证》，北京：中华书局，1994年，第500页。

两个"弓"形相背组成的图案。整体看来，皇帝上披覆日月山川，下抚育万民。礼文的象征意味相当明显。皇权的合法性和神圣性通过这些形式得以展示，因此丝毫不能马虎。再来看下命妇的冠服，现从《明史·舆服志》中截录几则：

  一品，礼服用山松特髻，翠松五株，金翟八，口衔珠结。正面珠翠翟一，珠翠花四朵，珠翠云喜花三朵；后鬓珠梭毯一，珠翠飞翟一，珠翠梳四，金云头连三钗一，珠簾梳一，金簪二；珠梭环一双。大袖衫，用真红色。霞帔、褙子，俱用深青色。纻丝绫罗纱随用。霞帔上施蹙金绣云霞翟文，钑花金坠子。褙子上施金绣云霞翟文。常服用珠翠庆云冠，珠翠翟三，金翟一，口衔珠结；鬓边珠翠花二，小珠翠梳一双，金云头连三钗一，金压鬓双头钗二，金脑梳一，金簪二；金脚珠翠佛面环一双；镯钏皆用金。长袄长裙，各色纻丝绫罗纱随用。长袄缘襈，或紫或绿，上施蹙金绣云霞翟文。看带，用红绿紫，上施蹙金绣云霞翟文。长裙，横竖金绣缠枝花文。[1]

  三品，特髻上金孔雀六，口衔珠结。正面珠翠孔雀一，后鬓翠孔雀二。霞帔上施蹙金云霞孔雀文，钑花金坠子。褙子上施金绣云霞孔雀文，余同二品。常服冠上珠翠孔雀三，金孔雀二，口衔珠结。长袄缘襈。看带，或紫或绿，并绣云霞孔雀文。长裙，横竖襴并绣缠枝花文，余同二品。[2]

  六品，特髻上翠松三株，银镀金练鹊四，口衔珠结。正面银镀金练鹊一，小珠翠花四朵；后鬓翠梭球一，翠练鹊二，翠梳四，银云头连三钗一，珠缘翠帘梳一，银簪二。大袖衫，绫罗绸绢随所用。霞帔施绣云霞练鹊文，及花银坠子。褙子上施云霞练鹊文，余同五品。常服冠上镀金银练鹊三，又镀金银练鹊二，挑小珠牌；镯钏皆用银。长袄缘襈。看带，或紫或绿，绣云霞练鹊文。长裙，横竖襴绣缠枝花文，余同五品。[3]

命妇的礼服也是在正式场合穿的，当然也有象征意义。以一品命妇来

[1]　张廷玉等：《明史》，北京：中华书局，1974年，第1643页。
[2]　张廷玉等：《明史》，北京：中华书局，1974年，第1643页。
[3]　张廷玉等：《明史》，北京：中华书局，1974年，第1644页。

看，冠服依旧重视形式的呈现。礼服的霞帔和褙子均用云霞纹，仍透露着和天道自然的关系，但和日月山川相比，神圣性减弱。从头饰来看，一品命妇在特髻上插有八支口衔珠结的金翟，三品命妇插六支口衔珠结的金孔雀，六品命妇则只能带四支口衔珠结的银镀金练鹊。无论是品类还是数量，都有严格的等级区分。常服亦是如此。一品命妇用珠翠青云冠、三支珠翠翟、一支口衔珠结的金翟；鬓边插两朵珠翠花、一双小珠翠梳、一支金云头连三钗、两支金压鬓双头钗、一支金脑梳、两支金簪、一双金脚珠翠佛面环，共十个品类、十六支首饰，可谓是珠钗满头、高耸华贵。六品命妇的常服头饰就简单得多。冠上只有三支金银练鹊和两支镀金银练鹊。无论是种类还是数量，都相差得十分明显。帝后上承天命，冠服的每一个细节都彰显着天授的神圣性和世俗的华贵性。从命妇的装饰来看，神圣性逐渐减弱，华贵性也随品级的降低逐渐减弱。贵族阶层的威赫肃雍之美通过可见的礼文展现，让平民百姓心生向往。

2. 日渐繁缛

唐代虽然出现了礼法合流的趋势，但是对礼文的强制推行及礼之繁缛性都心存警惕："古者，因人以立法，乘时以设教，以义制事，以礼制心。夫人者，理得则气和，业安则心固，崇让则不竞，知耻则远刑。若强人之所不能，虽令不劝；禁人之所必犯，虽罚且违。故曰政不欲烦，烦则数，数则政无定，人怀苟免之心；纲不欲密，密则巧，巧则文多伤，下有非辜之惧。"[1]礼虽然有指导人心的作用，但是不能过于刚硬，也不能太过细碎，否则会对百姓造成伤害。因此，唐之前对在正式场合的穿戴必然要求严肃、统一礼服虽有规定，但是并未涉及常服。而明代不但以政令的形式强制推行礼文，强化贵族阶层的礼文细节，还打破了"礼不下庶人"的局面。在《明史·舆服志》中不但有针对帝后、亲王、文武百官等上层贵族的居所、冠服、出行车架的规格礼仪，而且出现了"庶民冠服"的单独记载条目：

> 洪武三年（1370），庶人初戴四带巾，改四方平定巾，杂色盘领衣，不许用黄。又令男女衣服，不得僭用金绣、锦绮、纻丝、绫罗，止许绸、绢、素纱，其靴不得裁制花样、金线装饰。首饰、

---

[1] 李昉等：《文苑英华》卷四百七十七，北京：中华书局，1956年，第2434页。

钗、镯不许用金玉、珠翠，止用银。六年（1373）令庶人巾环不得用金玉、玛瑙、珊瑚、琥珀。未入流器者同。庶人帽，不得用顶，帽珠止许水晶、香木。十四年（1381）令农衣绸、纱、绢、布，商贾止衣绢、布。农家有一人为商贾者，亦不得衣绸、纱。二十二年（1389）令农夫戴斗笠、蒲笠，出入市井不禁，不亲农业者不许。二十三年（1390）令耆民衣制，袖长过手，复回不及肘三寸；庶人衣长，去地五寸，袖长过手六寸，袖椿广一尺，袖口五寸。二十五年（1392），以民间违禁，靴巧裁花样，嵌以金线蓝条，诏礼部严禁庶人不许穿靴，止许穿皮札䩺，惟北地苦寒，许用牛皮直缝靴。正德元年禁商贩、仆役、倡优、下贱不许服用貂裘。[1]

从洪武三年（1370）到正德十六年（1521），对庶人衣饰的规定愈发详细。明初庶民男女不能穿绫罗，靴子不能有花哨的装饰。女子的首饰只能是银的。洪武二十三年（1390）的政令甚至还规定了衣服的长度。洪武二十六年（1393）规定庶民庐舍"不过三间，五架，不许用斗栱，饰颜色"[2]，器皿"酒注锡，酒盏银，余用瓷、漆"[3]。明初统治者对礼文的强制推行在苏州取得了显著的效果。《震泽县志》记载："明初风尚诚朴，非世家不架高堂，衣饰器皿不敢奢侈。若小民咸以茅为屋，裙布荆钗而已，即中产之家，前房必土墙茅盖，后房始用砖瓦，恐官府见之以为殷富也，其嫁娶止以银为饰，外衣亦止用绢。"[4]无论是房屋的营造、衣饰的穿戴，还是器皿的使用，都在朝廷政令的允许范围之内。"礼之文"与"礼之质"密切胶合在一起，对人的日常生活进行了严格的限制。

（二）宋明理学的推波助澜

明代将程朱理学奉为正统学说。程朱理学"在动态的宇宙中根植和持续存在的可感知的整体，人们将与之达到终极的统一"[5]和中国传统文化中对世界的构想是完全一致的。在持续存在的世界统一体中，"既有永恒真实的道德价值，包括人性、正直、对家庭的孝道与爱心，对统治者的忠

---

[1] 张廷玉等：《明史》，北京：中华书局，1974年，第1649页和第1650页。
[2] 张廷玉等：《明史》，北京：中华书局，1974年，第1672页。
[3] 张廷玉等：《明史》，北京：中华书局，1974年，第1672页。
[4] 陈和志修，倪师孟等纂：《震泽县志》卷二十五，台北：成文出版社，1970年，第919页。
[5] 牟复礼、崔瑞德：《剑桥中国明代史》，北京：中国社会科学出版社，1992年，第676页。

诚，又有对礼仪礼法的尊敬"[1]。不同的是，程朱理学用天理替代了天道，成为笼括整个世界的至高存在，礼也因此具有了此时期的显著特点。

1. 礼之本体化地位的确立

"二程"在谈到礼时仍注意将其与中国传统的文化根脉相接续。《礼序》有言："人者，位乎天地之间，立乎万物之上；天地与吾同体，万物与吾同气，尊卑分类，不设而彰。圣人循此，制为冠、昏、丧、祭、朝、聘、射、飨之礼，以行君臣、父子、兄弟、夫妇、朋友之义。其形而下者，具于饮食器服之用；其形而上者，极于无声无臭之微；众人勉之，贤人行之，圣人由之。故所以行其身与其家与其国与其天下，礼治则治，礼乱则乱，礼存则存，礼亡则亡。上自古始，下逮五季，质文不同，罔不由是。"[2]礼既通上天，又涉人事，是圣人所造。冠、昏、丧、祭、朝、聘、射、乡食之礼折射人伦，饮食器服之用蕴含天理，因此值得重视。南宋著名学者杨简也说："礼者，天则之不可逾者也。"[3]他十分强调礼的作用。但是朱熹直接将礼本体化。礼不只是体现天理的形迹，而直接是天理本身——"礼即理也"（《答曾择之》）。朱熹说：

> 礼谓之"天理之节文"者，盖天下皆有当然之理……但此理无形无影，故作此礼文，画出一个天理与人看，教有规矩可以凭据，故谓之"天理之节文。"[4]

礼与天理并没有地位上的区别，所不同之处在于，天理高高在上，莫测难寻，而礼有可见的形式，易于理解和遵循。礼是天理的节文，是天理的具体化形式，而不是比天理低一个等级的存在。礼具有本体地位之后，刚硬化和等级化明显。这一特点在"二程"和弟子探讨礼乐关系的时候已经初露端倪：

> "此固有礼乐，不在玉帛钟鼓。先儒解者，多引'安上治民莫善于礼，移风易俗莫善于乐'。此固是礼乐之大用也，然推本而言，礼只是一个序，乐只是一个和。只此两字，含畜多少义理。"

---

[1] 牟复礼、崔瑞德：《剑桥中国明代史》，北京：中国社会科学出版社，1992年，第675页。
[2] 程颐、程颢著，王孝鱼点校：《二程集》，北京：中华书局，2004年，第668页和第669页。
[3] 黄宗羲撰，沈善洪主编：《黄宗羲全集》第五册，杭州：浙江古籍出版社，2005年，第973页。
[4] 黎靖德编，王星贤点校：《朱子语类》，北京：中华书局，1986年，第1079页。

又问："礼莫是天地之序？乐莫是天地之和？"曰："固是。天下无一物无礼乐。且置两只椅子，才不正便是无序，无序便乖，乖便不和。"又问："如此，则礼乐却只是一事。"曰："不然。如天地阴阳，其势高下甚相背，然必相须而为用也。有阴便有阳，有阳便有阴。有一便有二，才有一二，便有一二之间，便是三，已往更无穷。老子亦曰：'三生万物。'此是生生之谓易，理自然如此。"[1]

"二程"承认礼乐都很重要，二者如同天地阴阳，相聚为用方才符合"生生之谓易"的天理。看似礼乐并重，但已然有了礼是阳、乐为阴的区分。礼被简化为"序"，等级的鲜明化是天道的有序性在人间社会的投射。"二程"又用椅子做比，指出礼的重要性。礼之失序是无法用乐来挽救的。朱熹则更为直接地将礼乐分出了先后，认为礼先而乐后："礼乐固必相须，然所谓乐者，亦不过谓胸中无事而自和乐耳，非是著意放开一路而欲其和乐也。然欲胸中无事，非敬不能。故程子曰：'敬则自然和乐'，而周子亦以为礼先而乐后，此可见也。"[2]朱熹强调礼与乐的区分，并指出礼的特征是"敬"。"敬则乐"已经溢出先贤"以礼乐范心性"的本意，礼变得更为刚硬。朱熹进而言之："'小大由之'，言小事大事皆是个礼乐。合于礼，便是乐。故《通书》云：'阴阳理而后和。'故礼先而乐后。"[3]合于礼的才是乐，乐的独立地位丧失，礼的地位强化，此是对"二程""礼先乐后"的进一步推进。至此，礼成为天理本身，变成无可置疑、不可侵犯、不可更改的条文节目，与明初统治者以礼入法的举措有着共同的审美取向。

2. 朱熹《家礼》的推行

和明代礼文逐渐下移到庶民且日渐繁缛的趋势一样，朱熹也特别注重《家礼》及其中的具体细节的呈现。他在序言中透露作《家礼》缘由：

  凡礼有本有文。自其施于家者言之，则名分之守、爱敬之实者，其本也；冠婚丧祭仪章度数者，其文也。其本者有家日用之

---

[1] 程颐、程颢著，王孝鱼点校：《二程集》，北京：中华书局，2004年，第225页和第226页。
[2] 朱熹：《答廖子晦德明》，载《朱子全书》第二十二册，上海：上海古籍出版社，合肥：安徽教育出版社，2002年，第2078页。
[3] 黎靖德编，王星贤点校：《朱子语类》，北京：中华书局，1986年，第517页。

常礼，固不可以一日而不修；其文又皆所以纪纲人道之始终，虽其行之有时，施之有所，然非讲之素明，习之素熟，则其临事之际，亦无以合宜而应节，是亦不可以一日而不讲且习焉者也。三代之际，《礼经》备矣。然其存于今者，宫庐器服之制、出入起居之节皆已不宜于世。世之君子，虽或酌以古今之变，更为一时之法，然亦或详或略，无所折衷。至或遗其本而务其末，缓于实而急于文，自有志好礼之士，犹或不能举其要，而用于贫窭者，尤患其终不能有以及于礼也。熹之愚盖两病焉，是以尝独究观古今之籍，因其大体之不可变者而少加损益于其间，以为一家之书。[1]

礼之本固然重要，然而"礼之文"才是维系纲常的具体体现。他不但具体规定了在日常生活中的行走坐卧，还要求对这些形式化的礼文经常加以练习。如果忽视此时礼上升为本体地位的背景，就很难理解朱熹为何对"礼之文"的细节如此密切关注。

永乐年间《家礼》被奉为国家礼典，收录在《性理大全》中，颁行天下，成为制礼的模板。其通礼、冠、婚、丧、祭的礼文细节还具有极强的实践指导意义。据统计，"自宋至清，研究注疏《家礼》的撰著见于著录的近200种。其中，宋代3种，元代1种，明代100余种，清代40—50种"[2]。足见《家礼》的影响之大。具体到明清时期的苏州府，从程敏政为常熟赵氏祠堂所做碑记中的一段文字，可见朱熹《家礼》经统治者颁行全国后的影响："文公朱子制《家礼》，易庙为祠堂，使事力可通乎上下而礼易行。然当时仅讲授于师生闾里之间，其说未广也。我文庙颁性理诸书，嘉惠臣人，然后《家礼》行天下。三二十年来，卿大夫家稍垂意于礼，而士庶间亦有闻焉。"[3]明初以政令的形式推行礼文，实际效果并不是很好。朱子《家礼》则较好地弥补了这一缺陷。宋明理学和《家礼》的思想指向是相同的，二者共同对社会产生着潜移默化的影响。据赵克生

---

[1] 朱熹：《家礼序》，载《朱子全书》第七册，上海：上海古籍出版社，合肥：安徽教育出版社，2002年，第873页。
[2] 吴丽娱主编：《礼与中国古代社会》（明清卷），北京：中国社会科学出版社，2016年，第108页。
[3] 程敏政：《篁墩文集》卷十四，载《景印文渊阁四库全书》集191，台北：台湾商务印书馆，1983年，第243页。

研究,"对《朱子家礼》删繁就简,是明代士人在地方传布家礼知识的惯常做法,各地出现了许多以家礼或四礼'节要''要节''简编''辑要'等名目的节编本家礼书"[1]。比如,常熟的冯复京作《遵制家礼》,王叔杲为常熟县令时于隆庆五年(1571)刻《家礼要节》,嘉定徐氏"能行宗法,故有祠堂在遗第左偏。岁时,尝再合飨,必以宗子主之。诸父虽耋老,逡逡陪其后唯谨。每岁之朝宗子者必早作而待,事及礼成,诸父必先升宗子之堂,行贺岁礼,然后还受宗子之贺"[2],以上都能见到朱熹《家礼》的影响。

明王朝灭亡之后,士人反省这段历史,痛惜晚明的世风奢靡、人心散乱,从而又兴起了一股重视礼文之风。如顾炎武十分欣赏明清之际著名的经学家张尔岐苦心纂成的《仪礼郑注句读》,为其作序曰:

> 礼者,本于人心之节文,以为自治治人之具,是以孔子之圣,犹问礼于老聃,而其与弟子答问之言,虽节目之微,无不备悉。语其子伯鱼曰:"不学礼,无以立"。《乡党》一篇,皆动容周旋中礼之效。然则周公之所以为治、孔子之所以为教,舍礼其何以焉。刘康公有言:"民受天地之中以生,所谓命也。是以有动作礼义威仪之则,以定命也。"……济阳张尔岐稷若笃志好学,不应科名,录《仪礼》郑氏注,而采贾氏、陈氏、吴氏之说,略以己意断之,名曰《仪礼郑注句读》……后之君子,因句读以辨其文,因文以识其义,因其义以通制作之原,则夫子所谓以承天之道而治人之情者,可以追三代之英……如稷若者,其不为后世太平之先倡乎?[3]

顾炎武将礼作为收拢人心、培养心性的重要工具,特别强调动容周旋中礼的效果。因此,他盛赞张尔岐的《仪礼郑注句读》将为后世太平拉开序章。可以说,顾炎武对礼文是寄予了厚望的。他在释"博学于文"时说:"'君子博学于文。'自身而至于家、国、天下,制之为度数,发之为音容,莫非文也。'品节斯,斯之谓礼。'孔子曰:'伯母、叔母疏衰,踊不

---

[1] 赵克生:《修书、刻图与观礼:明代地方社会的家礼传播》,《中国史研究》,2010年第1期。
[2] 娄坚:《学古绪言》卷一,载《景印文渊阁四库全书》集234,台北:台湾商务印书馆,1983年,第9页。
[3] 顾炎武撰,华忱之点校:《顾亭林诗文集》,北京:中华书局,1983年,第32页和第33页。

绝地。姑姊妹之大功,踊绝于地。知此者,由文矣哉,由文矣哉!'《记》曰:'三年之丧,人道之至文者也。'又曰:'礼减而进,以进为文。乐盈而反,以反为文。'《传》曰:'文明以止,人文也。观乎人文以化成天下。'"[1]在这段话中他不断提到"礼之文",提到外显的度数、音容的重要性。与顾炎武一样,王夫之也相当重视礼文的细节。在解释《礼记·内则》的"少事长,贱事贵,共帅时"时,他进行了详细的阐述:"此章言事父母舅姑之常礼,备矣。仪物容貌之间,极乎至小而皆所性之德,体之而不遗,习于此则无不敬,安于敬则无不和,德涵于心而形于外,天理之节文皆仁之显也。不知道者视此为末,而别求不学不虑者以谓之'良知',宜其终身而不见道之所藏也。"[2]王夫之点出了明清之际士人重视注礼的动机。他将礼的溃散归结于王学"良知"说的流弊。历来主张"良知良能人人皆有、人人皆可为圣贤"的王学的确可以为任情肆欲的行为提供借口,因此顾炎武、王夫之等人都试图借助固定的、可见的礼文来收拢人心。在理想的状态下,"礼之文"与"礼之本"密切地结合在一起,但是必须清楚地认识到这二者原是礼的不同维度,随着"礼之文"的工具性被重视,"礼之文"也受到了更多的关注,但这只是礼文发展的一个面相,其余内容将在后面章节详细论述。

二、遵古:古典礼文之美的自觉维系

经过以礼入法的强制推行和宋明理学的文化形塑,维系纲常人伦的"礼之本"与明晰可见的"礼之文"相结合,构建天人合一的美好世界的思想深入人心。礼由前期的强制推行逐渐变为人们的自觉维系。

(一)对"人遵画一之法"的崇尚

严整可观被看作是古典礼文之美的典范,这种审美理念业已深入人心。例如,在各种笔记小说、地方志等文献中存在着对明初淳朴风俗之美的频频怀念:

  国朝士女服饰,皆有定制。洪武时律令严明,人遵画一之法。代变风移,人皆志于尊崇富侈,不复知有明禁,群相蹈之。如翡

---

[1] 顾炎武著,黄汝成集释:《日知录集释》,上海:上海古籍出版社,2014年,第158页。
[2] 王夫之:《礼记章句》,载《船山全书》第四册,长沙:岳麓书社,1988年,第679页。

翠珠冠、龙凤服饰，惟皇后、王妃始得为服；命妇礼冠四品以上用金事件，五品以下用抹金银事件；衣大袖衫，五品以上用纻丝绫罗，六品以下用绫罗缎绢；皆有限制。今男子服锦绮，女子饰金珠，是皆僭拟无涯，逾国家之禁者也。[1]

嘉靖初年，文人墨士虽不逮先辈，亦少涉猎，聚会之间言辞彬彬可听；今或衣巾辈徒诵诗文，而言谈之际无异村巷。又云：嘉靖中年以前，犹循礼法，见尊长多执年幼礼；近来荡然，或与先辈抗衡，甚至有遇尊长乘骑不下者。[2]

明初的风尚淳朴往往和嘉靖之后的奢靡、混乱形成鲜明的对比。明初的"人遵画一之法"和汉唐万物各得其位的场景十分相似。董仲舒用天人相应的模式构建了一个和谐统一的世界，这其中礼很重要："圣人之道，众堤防之类也。谓之度制，谓之礼节。故贵贱有等，衣服有制，朝廷有位，乡党有序，则民有所让而不敢争，所以一之也。"[3]张瀚在《百工纪》中说："昔者圣王御世，因民情为之防，体物宜导之利，阜财用而齐以制度，厚利用而约以准绳。是故粢非不足于簠，而不耕者不以祭；帛非不足于杼，而不蚕者不以衣。玄纁筐筥非不足，而纳采无过五两；节车骈马非不足，而不命则不得乘。故天下望其服，而知贵贱；睹其用，而明等威。"[4]这和《春秋繁露》中描绘的场景一致。张瀚、伍袁萃、顾起元等人对于明初风俗淳朴的念念不忘，毋宁说是对于礼文维系带来的稳定感的怀恋。

翻检明清时期的地方志，我们就会发现，对于以礼所维系的严整可观之美的崇尚一直存在。如清代同里陈家自建围墙，家族之人共居于内，"阖家井井有矩度，内外肃然。阖门长幼不分爨，不析产，白首无间言。筑墙周屋外，课徒自给，时称墙里陈家"[5]。一个大家族，人口众多，欲望冲

---

[1] 张瀚著，盛冬铃点校：《松窗梦语》，载《元明史料笔记丛刊》，北京：中华书局，1985年，第140页。

[2] 顾元起撰，孔一校点：《客座赘语》卷五，载《明代笔记小说大观》，上海：上海古籍出版社，2005年，第1325页。

[3] 苏舆撰，钟哲点校：《春秋繁露义证》，北京：中华书局，1992年，第231页。

[4] 张翰撰，盛冬铃点校：《松窗梦语》，载《元明史料笔记丛刊》，北京：中华书局，1985年，第76页。

[5] 周之桢纂，沈春荣、沈昌华、申乃刚点校：《同里志》卷十四，载同里镇人民政府、吴江市档案局编《同里志（两种）》，扬州：广陵书社，2011年，第160页。

突也多，但是陈家能和睦共处，不分家产，不起争端。礼之约束在其中起到了相当重要的作用，并最终以井井有条、内外肃然的形式呈现出来。陈家建墙把自己家族围绕起来，也把浮靡之风阻挡在外，构建了一个颇有古代风尚的小世界。"墙里陈家"四字透露出时人的赞赏，也是陈家向世间颇以为傲的展示，这二者共同指向了对古代风尚的迷恋。

同里陈家以自建围墙的形式遵行礼仪，保持古风，虽然令人称羡，但是隔绝于世的这个空间还是较为狭小的，不足以看出一个地方的风俗面貌。《同里志》《洞庭山金石》《林屋民风》等地方文献则补足了这一遗憾，让人可以一窥苏州洞庭山地区民众的审美观念。嘉靖十六年（1537）宝苏局协理官陈锡华巡检同里，记述自己所见所闻："嘉庆乙丑夏，余分巡斯土，见其地平奥衍沃，四面环抱叶泽、庞山、九里诸湖，镇独负土而起。此中鸡犬桑麻，民淳俗厚。"[1]清代蔡氏在西山缥缈峰聚族而居，康熙十二年（1673）状元、长洲人韩菼到访此地，称其"友渔樵，乐林圃，俗尚淳朴，有上古风"[2]。乾隆十九年（1754）进士王鸣盛称："吴县西洞庭山，山环水会，居民自成聚落，风气朴古，不与外人同。"[3]以《林屋民风》所记西山的风俗来考察此地古典礼文之风的延续可能更具说服力，现截录几则资料：

> 吾山兄弟众多者，农工商贾，量才习业，所得钱财悉归公所，并无私蓄。间有才能短拙，不谙生理者，必待其有子成立，始以家产均分，并无偏私。此风比户皆然也。[4]（兄弟）

> 山间房屋坚固朴素，家家世守。如子孙蕃衍，住居褊窄，则恢弘左右，或置别业以分授众子。其祖居则嫡长承受，永无更替毁弃之理。至于田地山荡，皆属恒产，苟非败坏至极，必不肯稍废分寸也。

---

[1] 周之桢纂，沈春荣、沈昌华、申乃刚点校：《同里志》，载同里镇人民政府、吴江市档案局编《同里志（两种）》，扬州：广陵书社，2011年，第6页。
[2] 王维德等撰，侯鹏点校：《林屋民风（外三种）》，上海：上海古籍出版社，2018年，第367页。
[3] 王维德等撰，侯鹏点校：《林屋民风（外三种）》，上海：上海古籍出版社，2018年，第392页。
[4] 王维德等撰，侯鹏点校：《林屋民风（外三种）》，上海：上海古籍出版社，2018年，第300页。

较之朝东暮西,迁徙无定者,不啻天壤矣。[1]（房产）

岁时伏腊,杯酒往来,苟非亲族等夷之人,不得预于座间。贫富非所论也。所用肴馔,即冠婚宴会,不过鸡豕鱼虾而已。珍馐异馔,概非所尚。山间宴席,大概卜昼。长夜宴饮,厅堂演剧,概未之闻也。惟是座有缊袍,席无珍异,而献酬彬彬,隐然有三爵不识之戒焉。[2]（酒席）

丧葬之礼,尤从朴实。盖虽不以天下俭其亲,亦决不忍为观美而久暴亲棺也。[3]（丧葬）

山俗称呼各循其当然之序。相对无尔我之称,卑幼之于尊行,亦无背呼其字之理。其叔伯兄及姑嫂妯娌,固无所怪,即外姓尊长,父党交游,群居相呼,亦无是也。[4]（称呼）

里族人每日相见,虽短衣草履,或跣足科头,亦必作揖。盖朴实成风,惟知礼貌无失,不以衣冠不备为嫌也。卑幼之见尊长,不待言也。[5]（礼貌）

西山民风相当淳朴,和"墙里陈家"一样共产共财,而且还不是一家一户如此,而是相习成风;房屋的建造始终围绕祖宅,血缘联系紧密;每逢节日只是亲族之间往来,不会大摆筵席、厅堂演剧;葬礼不会一味追求隆重华丽;称呼庄重有序,族人相见彬彬有礼。从各个方面的记叙可以看出,直到清代,西山还保持着相当淳朴的民风。大家聚居在血缘联系紧密之处,形成了由情维系、由礼节制而井然有序、文质彬彬的上古风貌。更重要的是,本地百姓是在自觉维系这种古朴的风尚。从以上资料可以看出,西山之外的地方风俗已经有所变化,如析产别居,所以"房产"条目称本地为"天壤",透露着满足和自豪的感觉。"酒席""丧葬"等条目也透

---

[1] 王维德等撰,侯鹏点校：《林屋民风（外三种）》,上海：上海古籍出版社,2018 年,第 302 页。
[2] 王维德等撰,侯鹏点校：《林屋民风（外三种）》,上海：上海古籍出版社,2018 年,第 301 页。
[3] 王维德等撰,侯鹏点校：《林屋民风（外三种）》,上海：上海古籍出版社,2018 年,第 301 页。
[4] 王维德等撰,侯鹏点校：《林屋民风（外三种）》,上海：上海古籍出版社,2018 年,第 302 页。
[5] 王维德等撰,侯鹏点校：《林屋民风（外三种）》,上海：上海古籍出版社,2018 年,第 301 页。

露出西山之外充斥着奢靡、放荡的风气,所以书写者以亲族为重、酒席不铺张浪费的行为接续上了古礼"三爵不识"的传统精神。"礼貌"条目更刻画出西山人人皆能遵行礼仪的良好风貌。可以说,《林屋民风》构建了一个在浮靡奢华盛行年代的世外桃源,让人向往。

(二) 对以敬为核心之礼的推重

西山虽然属于吴地,但是因其处于太湖之中,风俗和吴地不同。《震泽编》曰:"吴城之俗文也,而山人近于陋,吴城之俗奢也,而山人近于啬。"[1]西山尚能保持上古风貌,那么在人情以放荡为快、经济繁盛的吴中腹地,"人遵画一之法"的实现则必须依赖于礼的强力维系。朱熹谈礼,特重"敬"字,"敬之一字,圣学所以成始而成终者也。为小学者,不由乎此,固无以涵养本原,而谨夫洒扫应对进退之节,与夫六艺之教。为大学者,不由乎此,亦无以开发聪明,进德修业,而致夫明德新民之功也。"[2]朱熹将"敬"视为贯穿圣学始终的核心精神。在《童蒙须知》中也特别强调用敬履行礼文以涵养本原,"凡出外及归,必于长上前作揖,虽暂出亦然……凡侍长者之侧,必正立拱手,有所问,则必诚实对,言不可妄……凡道路遇长者,必正立拱手,疾趋而揖。"[3]对于父母长辈的忠孝之心应该体现在合宜的行为举动上。随着程朱理学被奉为官方正统学说,以"敬"为核心思想的理学深入士人心中,成为他们践行礼文的指导精神。

从遵从理学的道学者身上,我们的确可以看到他们对"敬"的着意关注,以及将"敬"贯穿于礼仪的行为实践,如《明史》所载明前期吴地的魏校及其弟子王应电、王敬臣。魏校是昆山人,后住苏州葑门庄渠,"私淑胡居仁主敬之学,而贯通诸儒之说,择执尤精"[4]。其弟子王应电,昆山人,笃好《周礼》。"覃研十数载,先求圣人之心,溯斯礼之源;次考天象之文,原设官之意,推五官离合之故,见纲维统体之极。因显以

---

[1] 王维德等撰,侯鹏点校:《林屋民风(外三种)》,上海:上海古籍出版社,2018年,第299页。
[2] 朱熹:《四书或问》,载《朱子全书》第六册,上海:上海古籍出版社,合肥:安徽教育出版社,2002年,第506页。
[3] 朱熹:《童蒙须知》,载《朱子全书》第十三册,上海:上海古籍出版社,合肥:安徽教育出版社,2002年,第375页和第376页。
[4] 张廷玉等:《明史》,北京:中华书局,1974年,第7250页。

探微,因细而绎大,成《周礼传诂》数十卷。"[1]嘉靖中期王应电因战乱流寓泰和(今属江西省吉安市),也将其学说带至江西,时正值胡松主政,其将此书刊布于世。而王敬臣则对苏州本地的礼文风俗产生了很大的影响。《明史》载:

> 王敬臣,字以道,长洲人,江西参议庭子也。十九为诸生,受业于校。性至孝,父疽发背,亲自吮舐。老得瞀眩疾,则卧于榻下,夜不解衣,微闻謦欬声,即跃起问安。事继母如事父,妻失母欢,不入室者十三载。初,受校默成之旨,尝言议论不如著述,著述不如躬行,故居常杜口不谈。自见耿定向,语以圣贤无独成之学,由是多所诱掖,弟子从游者至四百余人。其学,以慎独为先,而指亲长之际、衽席之间为慎独之本,尤以标立门户为戒。乡人尊为少湖先生。[2]

《明史》着重记述的是江西参议王庭之子王敬臣的"慎独"之学。"慎独"尤为注重在无人督促的情况下自我的品德修行,也就是对日常行为有更为严格的约束。王敬臣开始受魏校的影响,以默默躬行为上,特别注重在服侍亲老,对待继母等日常事务中贯穿孝,诸如其父背上生疮,他用嘴吸脓;夜里听到父亲的咳嗽就赶紧起来问候;妻子得罪继母,他就不入妻子房门十三年,如此种种。他不仅对自己严苛,对别人也严苛。但《明史》更着重对王敬臣品性、学问的大致勾勒,突出其学问的影响,他日常生活中的形迹还需从乡人的记述中寻找。例如,文震孟《姑苏名贤小记》中记载的王敬臣就更为形象生动:

> (王敬臣)学者称少湖先生。阳湖参知王公庭子也……阳湖公以进士起家,有经世志,时事一不当意即挂冠归,耿介自守,与先太史王吏部、陆尚宝诸贤游从甚洽,时称名大夫……公每出归舍则迎于门,风雨迎于途,手调养老诸药饵而进之。其事继母郁安人如事父。郁安人性下急,臧获稍弗意即洸溃击床毁器。先生跪而解不得,蒲伏户外,顷之日且旦矣。久而郁安人格其诚竟蒸蒸豫也……先生尝谓议论不如著述,著述不如躬行,故遇人多杜

---

[1] 张廷玉等:《明史》,北京:中华书局,1974年,第7251页。
[2] 张廷玉等:《明史》,北京:中华书局,1974年,第7252页。

口不谈。[1]

此则记录除了《明史》所记为父吸疮、半夜侍疾之外，还详细描述了几件事情：王庭回家敬臣必在门口守候，下雨则在半路迎候。其继母性急，稍不如意就打碎东西，这时王敬臣就会下跪，甚至在门外伏地跪拜以求继母消气。时间一长，其继母感其诚意，性情竟然收敛。王、文两家有姻亲，所以文震孟得以亲见王敬臣，故其对于王敬臣的事迹描摹就更为真实可信。文震孟感慨王敬臣："其言皆庸德庸行，无新语高论可喜也。而德容薰蒸使人旁皇而不能舍……吴人之不讲于学也久矣。或有讲者纵横驰骤，闻者倾折，顾睨其名实或不能相中。更令人疑而讳且谤也。"[2]王敬臣所言、所行皆为平常，名实相符。在日复一日对于"慎独"的践行中获得了时人的认可。他的这些行为无不是以"敬"为核心的，是对朱熹所言"凡为人子之礼：冬温而夏凊，昏定而晨省，在丑夷不争"[3]之礼的践行。

王敬臣有弟子四百余人，他用自己的躬行礼义影响着苏州的民风。和王敬臣一样，明嘉靖年间的卞洲"开馆菱湖，四方学徒不远数百里来洲。教人先行后文，务持敬恕，谓敬字譬如俗说当心，恕字譬如俗说方便，事事当心，事事方便，则敬恕之道在是。一事不当心，天已弃之；一事不方便，人已厌之。其恺切如此，人称菱川先生。"[4]卞洲用简明易晓的语言在民间散播"敬恕"之道，影响深远。还有一些流寓苏州的人以自己的行为影响着民风的形成，如庐陵人孙鼎住在观前，以孝悌立教，和李中、刘观并称为"吉水三先生"。

以"敬"践行礼仪的确可以成为士人砥砺品格的法门，也可通过因此而形成的人格魅力感召民众，但是这种影响毕竟是十分有限的，必须意识到礼是用来维系人伦纲常的，因此《明史》所记吴地道学家均很注重对以可见之礼的推行教化民众。例如，正统四年（1439）进士刘观"杜门读书，求圣贤之学。四方来问道者，坐席尝不给。县令刘成为筑书院于虎丘

---

[1] 文震孟：《姑苏名贤小记》，台北：明文书局，1991年，第119页和第120页。
[2] 文震孟：《姑苏名贤小记》，台北：明文书局，1991年，第120页和第121页。
[3] 朱熹：《仪礼经传通解》，载《朱子全书》第二册，上海：上海古籍出版社，合肥：安徽教育出版社，2002年，第145页。
[4] 孙志熊纂：《菱湖镇志》卷三十二，载谭其骧、史念海、傅振伦主编《中国地方志集成·乡镇志专辑》第24册，上海：上海书店，1992年，第898页。

山，名曰'养中'。平居，饭脱粟，服浣衣，翛然自得。每日端坐一室，无懈容。或劝之仕，不应。又作勤、俭、恭、恕四'箴'，以教其家，取《吕氏乡约》表著之，以教其乡。冠婚丧祭，悉如《朱子家礼》。族有孤嫠不能自存者周之。或请著述，曰：'朱子及吴文正之言，尊信之足矣，复何言。'"[1]从刘观日常端坐毫无懈怠之姿可看出，他也遵奉朱子之学，以敬为主，和王敬臣是一样的。不同的是，刘观比王敬臣更加积极地推行礼，不但行之家中，还教化乡里。宋明理学深入人心，甚至连在深闺中的妇人都知晓。黎里镇杨氏曰："幼禀庭训，性好书史。既归叶，益得耽习典籍，日常职中馈、课女红外，则手一编，凡儒先语录、历朝掌故、忠臣良士、孝子贞妇之遗闻，罔弗熟记。旁及医卜之书、释典道藏，亦时取览，而掇其治乱兴衰之迹、祸福感应之理，以讲示家人。自少至老，无虚日。"[2]杨氏深受程朱理学影响，嫁给叶树鹤后，用先儒语录、忠臣孝子的遗闻教导家人。杨氏并没有受过系统的教育，她的行为可以看作理学熏染下的自觉选择。

除了士人以身作则遵奉程朱理学、践履礼文之外，对古典礼文的自觉推行还建立在当地高涨的建祠活动上。公元三千多年前，周太王之子三让王位而奔吴，在吴地繁衍子嗣。自汉代起，吴人就祭祀泰伯，永兴年间太守糜豹在阊门外建庙祭祀，吴越王钱镠主政时迁入阊门内。至明代，虽然泰伯庙仍有春、秋两祭，但是没有专门的人管理主庙。泰伯九十六世孙吴荣宗向朝廷请求由自己主持祭祀泰伯庙。柯潜充分认识到了这件事的意义："盖泰伯以天下让者也，让以天下而侯王之，岂其心哉？祀之可也。以让德传世，而官其子孙，后将有利荣名而纷争者，起纷争之衅以贻先贤羞，盛世之君为之乎？复之可也。祀之俾神安，复之俾不争，崇尚之礼于乎隆矣！宗荣尚慎修厥德，于尔祖无愧，则恩庆殆相为无穷也。"[3]修建泰伯庙不仅仅是追宗敬祖，它还能以可见的形象触发人们的礼让之心，更是维系礼义的重要手段。

明清时期，民众普遍认识到建立宗祠的重要性。根据《洞庭山金石》

---

[1] 张廷玉等：《明史》，北京：中华书局，1974年，第7248页。
[2] 蔡丙圻撰，陈其弟点校：《黎里续志》卷十，载黎里古镇保护开发管理委员会、吴江市档案局编《黎里志（两种）》下册，扬州：广陵书社，2011年，第510页。
[3] 吴鼎科辑，吴恩培点校：《至德志（外二种）》，上海：上海古籍出版社，2013年，第59页。

所记,有关西山一地于清朝时建祠所写的碑记、文章就有《东蔡宗祠碑记》(康熙三十七年,即 1698 年)、《蔡氏祠堂碑记》(康熙三十九年,即 1700 年)、《包山甪里郑氏建祠堂碑记》(雍正十三年,即 1735 年)、《任徐忠壮公祠堂碑记》(乾隆三年,即 1738 年)、《东园徐氏祠堂记》(乾隆十四年,即 1749 年)、《续建蔡氏宗祠碑记》(乾隆三十五年,即 1770 年)、《洞庭堂里徐氏祠堂记》(乾隆四十四年,即 1779 年)、《洞庭甪里沈氏祠堂碑记》(乾隆五十八年,即 1793 年)、《洞庭秦氏宗祠记》(乾隆五十九年,即 1794 年)、《东蔡宗祠增修碑记》(嘉庆六年,即 1801 年),共 10 篇,多集中于康乾年间,足见时人建祠之热情,也可见人们对建祠行为之认可。士人多将推行礼义与建立宗祠相联系。内阁学士、礼部侍郎王鸣盛在《东园徐氏祠堂记》中说:"洞庭山穷水断,地特幽奥,民多勤力治生,以起其家。家各有祠,闳丽靓深,崒崿相望,而山北以徐氏为冠。庶几淳风厚俗之永留于兹山也与。"[1]他认为,修立宗祠可维持民风淳厚。康熙年间礼部侍郎韩菼认为,西山蔡氏绵延六百年"家声不坠,由其本亲亲尊祖之义认垂训也"[2]。康熙三十七年(1698)消夏东蔡蔡氏族人对于礼与宗祠的关系认识相当深刻,其所立宗祠碑记曰:"士有志立家庙,即浮于礼而不失尊祖、敬宗、合族之义。缘人情而为之,孝也,亦礼也。"[3]"岁时节序,子孙汇征罗拜,林林总总,自庭徂堂,殊无隙地。"[4]立祠可以有收族、敦睦的功效。每年在固定的时间,子孙会集一堂,通过固定的仪文,以期在一拜一跪之间达到礼之本维系人伦的功效。吴地潘氏在其宗祠记中记述:"我高祖筠友公懋迁于吴,遂移家寓吴。至曾祖其蔚公、祖敷九公,虽在苏日久,而岁时伏腊,必回里祭祀,以故往来于青山玉岭间者岁凡数四,而吴中未设专祠,所以示子孙不忘故土,惟恐轻去其乡也。今历年既久,子孙安土重迁,往来祭祀……每思古人尊祖敬宗收族之意,滋用汗

---

[1] 王维德等撰,侯鹏点校:《林屋民风(外二种)》,上海:上海古籍出版社,2018 年,第 375 和第 376 页。
[2] 王维德等撰,侯鹏点校:《林屋民风(外二种)》,上海:上海古籍出版社,2018 年,第 367 页。
[3] 王维德等撰,侯鹏点校:《林屋民风(外二种)》,上海:上海古籍出版社,2018 年,第 366 页。
[4] 王维德等撰,侯鹏点校:《林屋民风(外二种)》,上海:上海古籍出版社,2018 年,第 367 页。

愧，而力薄弗克如愿，因于室之东南隅先树一橼，以安本支四代之位。"[1]宗祠意味着祖先所在之地，所以潘氏并没有在吴地建专祠，以前每年都不辞辛苦地回到故土祭祀祖宗，其心意不可谓不诚，其礼不可谓不遵古。后来繁衍数代，子孙渐渐安于吴地，于是又重新建祠，安四代之位，也属礼制的允许范围。

  明清时期，一方面，朝廷"以礼入法"，用政令的形式推行礼文，突破了汉唐时期"礼不下庶人"的局面；另一方面，程朱理学被统治者奉为正统，礼被提升到本体地位，成为天理的化身，更显刚硬。朱熹所做《家礼》被纳入《性理大全》，颁布天下，成为人们遵行礼仪的模板。二者结合，共同塑造着苏州的民风。对经由礼文节制而成的"人遵画一之法"的崇尚不再是强制性的政令，而成为时人自觉的审美选择。民众也投入维系古典礼文的活动之中。道学者以"敬"为主导思想，在日常生活中严格践履礼义，其所散发的人格魅力影响着世风。普通民众则更为热衷建立宗祠，以礼来敦睦人情、敬宗收族。总而言之，明清时期礼之本与礼之文密切结合所形成的古典礼文之美仍然得到了延续。但是，此时期礼之本更关注人伦，更具功利性，礼之文更显刚硬、繁缛，二者面临着分离的趋势。由此，礼之文与礼之本又将显现出另外的面貌。

---

[1] 民国十六年（1927）修《大阜潘氏支谱》附编卷十，第8页。

第二节　礼之本：神圣性的衰减

严整有序的礼文之美是古典世界的外在表现，从诸如洞庭西山等地的风俗记述来看，明清时期苏州仍然延续了这一审美追求。但是必须意识到，在这个时期，天人合一的古典世界已经受到了冲击。

一、天人相分与古典世界的衰落

在传统文化构建的世界图景中，天人合一是最为理想的状态。从人的角度来看，强大的血缘联系将人们紧紧联结在一起。从天的角度来看，其四季轮转展现着高高在上充满神性的秩序感。从礼的角度而言，其神圣性和有序性就是天人结合所形成的完整世界的体现。但是必须意识到，天人合一不是天人为一，二者相互结合的同时还存在着分离的趋势。

从理论构想来看，宋明理学用"天理"取代了"天道"，仍然建构了一个宇宙与人相互贯通的生成模式，但是如张岱年所说，"程颐所谓理虽含有自然则律的意义，实乃一种虚构"[1]。自然规则义是天道的主要构成成分。在程朱理学对天理世界的构想中，天理虽然仍兼具自然规律与道德标准的双重含义，但是其自然规律的维度淡化了，即天道的本然特征在这个世界中淡化了。钱穆也说程朱理学之天理"不是指的宇宙之理，而实指的是人生之理。他只轻轻把天地来形容理，便见天的分量轻，理的分量重。于是他便撇开了宇宙论，直透入人生论。"[2] "轻轻"二字实是一针见血。天的分量变轻，理的分量变重，这种不均衡的状态正是天人相分趋势加剧的表现。从程朱理学的立论基础看，也是建立在天人二分的基础上

[1] 张岱年：《中国哲学大纲》，北京：中国社会科学出版社，1982年，第58页。
[2] 钱穆：《宋明理学概述》，北京：九州出版社，2010年，第56页。

的。朱熹说:"天地之间,有理有气。理也者,形而上之道也,生物之本也;气也者,形而下之器也,生物之具也。是以人物之生,必禀此理然后有性,必禀此气然后有形。其性其形虽不外乎一身,然其道器之间分际甚明,不可乱也。"[1]在一个天人融洽交合的理想世界中,天道就蕴含在世界万物之中,凡俗的身体、纷杂的万物无不闪耀着辉煌的天意。而在朱熹的表述中,天理是形而上之道,气是形而下之器。禀理而成者为性,禀气而成者为形。天理与气虽然属于同一个世界,性与形虽然统属于一个身体,但是它们之间的道器之分界限严明,不可混淆。同理,天理与人欲也是对立明显的一组关系,即便是"心",也有人心、道心的截然分别,正所谓"人心即人欲,道心即天理……天理人欲不并立"[2]。凡是属于天理的,都高高在上、不可侵犯;凡是属于真实肉体的,都被严防死守、紧紧压制。天理以高高在上的姿态谨慎审视着充满利益纠纷却也蕴含活泼生命欲望的真实世界,能够经过提升进入井然有序、洁净明朗的天理世界中的只是很小的一部分,大部分真实世界的动荡繁杂已经被排除掉了。总而言之,程朱理学建基于天人相分的基础上,其对世界的理论构想也加剧了天理与真实世界的分离。

从现实状况来看,明清时期固然还存在洞庭西山那样聚族而居、不与外人通婚、血缘联系紧密的情况,但是也应注意到礼所维系的古典传统世界遭受了各个方面的冲击。明初吴地民众因拥护张士诚而遭到朱明王朝的严厉压制。据《明史》记载,太祖时"尝命户部籍浙江等九布政司、应天十八府州富民万四千三百余户,以次召见,徙其家以实京师,谓之富户。成祖时,复选应天、浙江富民三千户,充北京宛、大二县厢长,附籍京师,仍应本籍徭役。"[3]

明初数次大规模的迁移运动破坏了世族赖以维系的稳定社会、人际关系。明清两朝鼎革所发生在苏州的此起彼伏的反抗活动和因此而遭到的血腥镇压,以及清廷事后对反清存余家族的籍没、取租都严重破坏了世家大族的存在。如赵园所说,"到明清之际士人谈论作为制度构件的'世族'

---

[1] 朱熹:《答黄道夫》,载《朱子全书》第二十三册,上海:上海古籍出版社,合肥:安徽教育出版社,2002年,第2755页。
[2] 王守仁撰,吴光等编校:《王阳明全集》,上海:上海古籍出版社,1992年,第7页。
[3] 张廷玉等:《明史》,北京:中华书局,1974年,第1880页。

时,严格意义上的世族已寥若晨星。取代世族地位的,是豪门势家、官宦之家,是当代富民。因而对一时碑版文字所谓的'望族','世家',是须考其实的。"[1]世族繁衍的过程伴随着礼文的贯彻与熏陶,"自古公侯之子孙,涵濡教泽,敦《诗》习《礼》,为天下先,而后遝陬蓬荜之儒,始得奋其智能以鸣跃乎当世"[2]。因此,明清时期世族的陵替不仅仅是政治格局的改变,也是文化传承的断裂。

即使不从世家大族的角度考察,从普通家庭着眼研究,我们也会发现明清时期苏州业已出现了小型化家庭。唐力行对记载明清以来苏州普通人生活的173块墓志铭进行梳理,发现这些墓志铭所反映的158个家庭中,除了没有子女的7户人家外,五世同堂的只有4家,四世同堂的有31家,三世同堂的有77家,两代同堂的有39家。苏州明显出现小家庭居多的现象。[3]一方面,民众仍然十分崇尚"墙里陈家"那样世代共居共财、白首无间言的群居模式及其透露出来的礼文风范;另一方面,传统文化中以聚族而居为尚的风习已经改变。明代洞庭包山葛氏家族的家训中说:"张公艺九世同居,千古以为美谈。今人昆弟往往分财各爨,殊非古道。然世风日下,相沿成习,而人性不齐,必欲强使同居,势自不易,但临分之际,须要公平。既分之后,仍须照顾,若受制闺闱,大失丈夫之气。或居心凉薄,更为忘本之人。此禽兽之行,不愿子孙蹈之也。"[4]世代共居固然是美,但是分财各爨也属常理。顾炎武也说:"一家内外大小,果能同心协力,自当以共居为善,倘其间未免参差,恐难强合而不相得,不如析箸为愈耳。"[5]由此可见,析产分居已经是较为常见的情况,被赋予了合理性。可以说,家庭小型化的趋势也进一步削弱了血缘关系的联结。

明清苏州出现了大量的联宗现象,貌似加强了人与人之间的血缘关系。陆容《菽园杂记》载有一条有关苏州联宗的记录:

> 今世富家有起自微贱者,往往依附名族,诬人以及其子孙,

---

[1] 赵园:《明清之际士大夫研究》,北京:北京大学出版社,2014年,第105页。
[2] 《苏小眉山水音序》,载吴伟业著,李学颖集评标校《吴梅村全集》,上海:上海古籍出版社,1990年,第692页。
[3] 王国平、唐力行:《明清以来苏州社会史碑刻集》,苏州:苏州大学出版社,1998年,第3页。
[4] 王卫平、李学如:《苏州家训选编》,苏州:苏州大学出版社,2016年,第16页。
[5] 顾炎武著,黄汝成集释:《日知录集释》卷十三,上海:上海古籍出版社,2014年,第318页。

而不知逆理忘亲，其犯不韪甚矣。吴中此风尤甚。如太仓有孔渊字世升者，孔子五十三世孙。其六世祖端越仕宋，南渡。至其父之敬，任元通州监税，徙家昆山。元祐初，州治迁太仓，新作学宫，世升多所经画，遂摄学事，号莘野老人。子克让，孙士学，皆能世其业。士学家甚贫，常州某县一富家欲求通谱，士学力拒之。殁后无子，家人不能自存，富家乃以米一船易谱去。[1]

　　从以上记述可以看出，联宗并不一定依据血缘关系。昆山人孔渊作为孔子的五十三世孙，是正统嫡系，身份尊贵。到孔渊的孙子孔士学时家境贫寒，常州的一个富翁想要入其家族，但是孔士学拒绝了他。后来孔士学死后没有儿子，家人也没有经济来源，富翁只以一船米就换走了孔家的家谱，也就获得了进入孔家宗族的资格。陈江曾对联宗进行了考察，指出："徽州的宗族是一种传统意义上的实体性的血缘组织，而江南八府的宗族在组织形态和结构上多出现很大变化，更接近于功能性的社会组织，其间的血缘观念与血缘纽带实际上处于渐趋弱化的过程中。"[2]前文已述，在传统古典社会中，从人的角度而言，血缘关系提供了维系天人统一的古典世界基础。明清时期，无论是从世族的陵替、普通家庭的析产，还是联宗现象的大量出现，都可见血缘氏族联系的逐渐减弱。

　　明清苏州经济发达，也冲击了血缘联系。费孝通认为："在亲密的血缘社会中商业是不能存在的。这并不是说这种社会不发生交易，而是说他们的交易是以人情来维持的，是相互馈赠的方式。"[3]这一点从洞庭西山的民风就可以得到确证。《林屋民风》"坐贾"条记载："山中贸易，无分毫虚价，即他乡过客，从不欺诳。其所卖货物亦不过油盐米布而已。珍异贵重，非所需也。"[4]在这样淳朴的世界中，买卖的是基本的生活物资，并不以获利为目的。紧密的血缘羁绊压缩了互相欺诈的空间，维系着古朴的风气。但是不可否认的是，明清时期苏州的经济十分繁荣。唐寅的《姑苏

---

[1] 陆容撰，李健莉校点：《菽园杂记》（卷七），载《明代笔记小说大观》，上海：上海古籍出版社，2005年，第438页。
[2] 陈江：《明代中后期的江南社会与社会生活》，上海：上海社会科学院出版社，2006年，第70页。
[3] 费孝通：《乡土中国》，北京：人民出版社，2015年，第93页。
[4] 王维德等撰，侯鹏点校：《林屋民风（外二种）》，上海：上海古籍出版社，2018年，第306页。

杂咏四首》中描述了阊门、长洲等地的繁华："门称阊阖与天通，台号姑苏旧帝宫；银烛金钗楼上下，燕樯蜀柁水西东。万方珍货街充集，四牡皇华日会同。""长洲茂苑占通津，风土清嘉百姓驯；小巷十家三酒店，豪门五日一尝新。市河到处堪摇橹，街巷通宵不绝人。"[1]明清时期吴地已然成为繁华富庶的大都会了。王家范则更加关注此时期苏州整体的发展状况。据其研究，从乡镇、村市两级市场网络看，明嘉靖年间苏州府的长洲县有4镇、4市，清代有12镇、5市；昆山县有5镇、4市，清代有12镇、3市；常熟县有5镇、9市，清代有8镇、30市；吴江县有4镇、3市，清代有7镇、10市；太仓州有4镇、10市；嘉定县有6镇、9市。[2]可见明清时期商品经济已经渗透进苏州的乡村。

经济发展既基于货物的流通，也得力于人员的流动，原本联系紧密的血缘关系及淳朴的风气受到冲击。叶权《贤博编》记载："今时市中货物奸伪，两京为甚，此外无过苏州。卖花人挑花一担，灿然可爱，无一枝真者。杨梅用大棕刷弹墨染紫黑色。老母鸡捋毛插长尾，假敦鸡卖之。浒墅货席者，术尤巧。大抵都会往来多客商可欺，如宋时何家楼故事。"[3]《贤博编》成书于经济勃兴的嘉靖年间，出现对此类事情的记载也就不足为奇了。不仅普通的商贾为逐利而造假，就连士人也投身其中。沈德符的《万历野获编》中记载了多起有关吴中地区文物制假贩假的事例，并说："骨董自来多赝，而吴中尤甚，文士皆借以糊口。近日前辈修洁莫如张伯起，然亦不免向此中生活，至王伯谷则全以此作计然策矣。"[4]张凤翼、王穉登都是明代吴地的名士，与其交游者也多为当地的望族名人，他们竟然也都积极地投身于作假行业，不以为耻。明代的张应俞还针对各种骗术写了一本"防骗经"——《鼎刻江湖历览杜骗新书》刊行于世，明代的世风可见一斑。造假人无关身份地位，造假之术五花八门，这在由礼维系的古典社会中是难以想象的。

经济的繁荣不但冲击着血缘关系，"经济的多元化将江南城乡卷入商品

---

[1] 唐寅著，周道振、张月尊辑校：《唐寅集》，上海：上海古籍出版社，2013年，第51页。
[2] 王家范：《明清江南社会史散论》，上海：上海人民出版社，2019年，第3页和第4页。
[3] 叶权、王临亨、李中馥撰，凌毅点校：《贤博编　粤剑编　原李耳载》，北京：中华书局，1987年，第6页和第7页。
[4] 沈德符撰，杨万里校点：《万历野获编》卷二十六，载《明代笔记小说大观》，上海：上海古籍出版社，2005年，第2587页。

经济的漩涡，散布的工商市镇侵蚀着自给自足的自然经济，市民生活的喧嚣热闹打破了农家日出而作，日落而息的平淡与宁静，这一切都使原先十分简单质朴的生活方式和社会关系发生了巨大变化。人们的起居和作息时间不再完全按照自然的和农事的节律，生活节奏普遍加快。"[1]在天人合一的世界图景中，人事的安排是依循天道运转的，如《礼记·月令》所描述的十二月份的景象：

> 季冬之月，日在婺女，昏娄中，旦氐中。其日壬癸。其帝颛顼，其神玄冥。其虫介。其音羽，律中大吕。其数六。其味咸，其臭朽。其祀行，祭先肾。雁北乡，鹊始巢，雉雊，鸡乳。天子居玄堂右个，乘玄路，驾铁骊，载玄旗，衣黑衣，服玄玉，食黍与彘，其器闳以奄。命有司大难，旁磔，出土牛，以送寒气。征鸟厉疾。乃毕山川之祀，及帝之大臣，天之神祇。是月也，命渔师始渔。天子亲往，乃尝鱼，先荐寝庙。冰方盛，水泽腹坚，命取冰。冰以入，令告民，出五种。命农计耦耕事，修耒耜，具田器。命乐师大合吹而罢。乃命四监收秩薪柴，以共郊庙及百祀之薪燎。是月也，日穷于次，月穷于纪，星回于天，数将几终。岁且更始，专而农民，毋有所使。天子乃与公、卿、大夫共饬国典，论时令，以待来岁之宜。乃命太史次诸侯之列，赋之牺牲，以共皇天、上帝、社稷之飨。乃命同姓之邦，共寝庙之刍豢。命宰，历卿大夫至于庶民，土田之数，而赋牺牲，以供山林名川之祀。凡在天下九州之民者，无不咸献其力，以共皇天、上帝、社稷、寝庙、山林、名川之祀。季冬行秋令，则白露蚤降，介虫为妖，四鄙入保。行春令，则胎夭多伤，国多固疾，命之曰逆。行夏令，则水潦败国，时雪不降，冰冻消释。[2]

在《礼记·月令》构建的图景中，星象的运行与世间的节气变换一一对应。十二月的吉日是壬癸，五行属水，与之相对应的是具有水德的王颛顼、神明玄冥。与之相配的动物、音律、五味、五臭都是一定的。皇帝的

---

[1] 陈江：《明代中后期的江南社会与社会生活》，上海：上海社会科学院出版社，2006年，第35页。

[2] 《礼记正义》，载李学勤主编《十三经注疏》（标点本），北京：北京大学出版社，1999年，第558—565页。

吃穿住行都要用与五行之水相符的黑色。这个月无论是举行驱除疫鬼的仪式还是祭祀，世间诸事都要按照一定的规则进行，礼之文相当重要，因为一旦出现错误，上天将会降下灾祸。也就是说，世间万物都依循着天道的运转有序地存在，而且必须以精准的形式呈现出来。再来看明代在江浙一带流行的涟川沈氏的《沈氏农书·逐月事宜》，可见表2：

表2 《沈氏农书·逐月事宜》农事表

月份、节气	天晴	阴雨	杂作	置备
正月（立春、雨水）	垦田、种桑秧、敲菜麦沟、倒地、罱泥、下地壅、修桑刮蟥、倒芋艿田、浇菜麦	修桑刮蟥、罱泥、载壅、罱田泥、劈柴、撒蚕草、秧界绳、编蚕帘蚕簟	窨垃圾、窨磨路	铁扒锄头、桑剪、买粪（苏杭）、买柴炭锹蒲、蓑衣箬帽、籴豆泥（用直）、买糟烧酒（苏州）
二月（惊蛰、春分）	倒地、刮蟥、下菜壅、倒田、锹沟、浇菜秧、罱泥、刽沟、倒秧田	修桑刮蟥、做塍修泼、锹沟、罱泥、修圩岸、劈柴、撺地滩、锯车扉、罱田泥、载壅、捆桑绳、架山绳、撒柴	接树（桑）、看虫蛀屑、下瓜葡子、下菱种、排韭、沉麻子（取足修船打索之用）	唤工剪桑、雇忙月人工、籴螺蛳入池、修好筐箬、换炭、买芥菜盐、买小鸭、买糊箬纸
三月（清明、谷雨）	刽地、沉梅豆晚豆、垦花草田、浇桑秧、罱泥、倒田、种芋艿、削豆坂	窨花草、做秧田、刮二蟥、锯车扉、载壅、罱田泥、把桑绳、劈柴	雇工做车扉鹤膝（前此日短，后此工忙）、修蚕具车仗（并丝车）、种菱、钉菱签（并茭梗）、捉蛀虫、种瓜秧（并蒲豆）、浸种谷	茶叶、腌芥菜、买水梳

《沈氏农书·逐月事宜》是一部有关农事状况的书，从中仍可看出和《礼记·月令》中按时序运转安排农事类似的痕迹，如正月晴天要干什么、二三月和阴雨天要干什么等都有记述，但是和《礼记·月令》相比，天界自然对人世的影响明显淡化了。《沈氏农书·逐月事宜》并未规定垦

田、种桑秧等农事必须用什么颜色的工具，也未规定所买蓑衣箬帽是什么形制。换句话说，这些在《礼记·月令》中相当重要的东西在《沈氏农书·逐月事宜》中都消失不见了。明清苏州的风俗也透露出这样的趋势。杨循吉《长洲县志》载：

> 迎春宴观，治糕饼。元日饮屠苏，作菜盘岁糕。谷日看参星，占水早，爆谷占吉凶，名曰卜流。上元作灯市，张于十三，撤于十八日，此指街衢。若巨室，燕飨穷正月，银烛瑶光，炯不息也。寒食戴麦扫墓，清明插柳。五日治角黍、悬艾、饮雄黄菖阳酒，缠缕制符以辟邪，一如古制。七夕穿针乞巧。九日登高采菊佩萸。十月朔展墓，是日不问寒燠，燃炭开炉，烹茗以献。冬至三日，仪如元旦而馈遗稍亚。二十四日扫舍宇尘，夜祀灶。除夕椒盆爆竹、饮守岁酒，夜分祀瘟，易门神桃符，更春帖画灰于道，象弓矢以射祟。大都附郭二邑同也。[1]

苏州风俗随着时节变化对人事进行了规定，但是诸事务都已经摆脱了阴阳五行的影响，天人互动的关系明显减弱。综上所述，明清时期天人相分的趋势愈发明显。从天的方面来看，天道自然对人世间的影响越来越淡化。从人的角度来看，其原本联系紧密的血缘关系遭受了战乱的破坏、朝廷的压制及经济发展的冲击。无论是从明清时期儒学的理论建构还是现实生活的实际状况来看，由礼所维系的天人合一的古典世界正不可避免地走向衰落。

二、神圣性的衰减与礼的失序

天人相分在宋明时期成为愈加明显的趋势。从礼的角度而言，它同时兼有神圣性和世俗性、象征性和工具性。当天道的影响从人世间淡化，其所赋予礼的神圣性也就一同衰减。当礼所具有的神圣性淡化后，其维系社会秩序的功能也就相应减弱，因此社会上也就出现了大量的失序状况。

首先来看统治阶层中所奉行的礼文失序的情况。天子作为上天在人间的代表，其一言一行都具有神圣性。正因为如此，他才要格外注意，须遵

---

[1] 杨循吉纂，陈其弟点校：《长洲县志》，载《吴邑志 长洲县志》，扬州：广陵书社，2006年，第14页。

照天道的规则行事，否则上天将降下灾祸以示惩罚。也就是说，天子是世间最为守礼之人。他对礼文的践履，一方面是对上天的回应，另一方面也给世间的百姓树立了榜样。而明代嘉靖时期出现了"大礼议"事件，这显示了上下一统之礼所遭受的巨大冲击。正德十六年（1521）三月明武宗朱厚照暴亡，因其生前无子，其同母弟朱厚炜早夭，故因循"兄终弟及"之礼，传位于其堂弟朱厚熜，是为明世宗。朱厚熜原本是明孝宗朱祐樘异母弟、兴献王朱祐杬的次子（长子早夭），他继位之后试图自立统嗣体系，与朝臣拉开了长达三年之久的"大礼议"之争。

明世宗甫一继位，就下令群臣商议明武宗的谥号和朱厚熜亲生父亲的主祀、封号。武宗旧臣认为世宗是以小宗入大宗，应尊明孝宗为"皇考"，而称其生父为"皇叔考"。世宗不同意，两边僵持不下。新科进士张璁提出"继统不继嗣"的主张，认为皇统不一定是父子相承，朱厚熜仍然可以称其生父为"考"，深得世宗欢心。虽然继位初期世宗力量单薄，但是在他的坚持下，正德十六年（1521）十月，仍以皇太后礼迎其生母入宫。嘉靖三年（1524）正月，世宗又旧事重提，引起朝廷纷争，除了礼部之外，更多的官员参与进来，引经据典为各自的观点辩驳。直至三月份，两方达成妥协，称世宗亲生父母为"本生皇考恭穆献皇帝""本生母章圣皇太后"。七月，世宗又强令礼部为其父母上册文，祭告天地、宗庙、社稷。这一行为激起了群臣的强烈反对，杨慎说："国家养士百五十年，仗节死义，正在今日。"[1]他将对崇祀之礼的坚持看作关系大节的表现。据《明史》记录，当时九卿二十三人、翰林二十二人、给事中二十一人、御史三十人、诸司郎官十二人、户部三十六人、礼部十二人、兵部二十人、刑部二十七人、工部十五人、大理寺十一人，共二百三十二人从辰时至午时一直跪伏在左顺门，意图逼世宗改变心意。世宗大怒，命锦衣卫逮捕了张翀、余翔等为首的八人，下诏狱。此举更使得群情汹汹："杨慎、王元正乃撼门大哭，众皆哭，声震阙廷。帝益怒，命收系五品以下官若干人，而令孟春等待罪。翼日，编修王相等十八人俱杖死，熙等及慎、元正俱谪戍。"[2]世宗最终用皇权压制，以十分血腥的手段结束了这场闹剧，尊生父为"皇考"、武宗为"皇伯考"，实现了让其亲生父母进入皇家祭祀正统的心愿。

[1] 张廷玉等：《明史》，北京：中华书局，1974年，第5068页。
[2] 张廷玉等：《明史》，北京：中华书局，1974年，第5070页。

杨慎等人与明世宗的冲突固然是政治的角力，但是从始至终都是围绕礼仪的遵循与否展开的。对于皇室的继承者来说，尊奉谁为正统，不仅仅是家事且关乎天下。天子应该抑情守礼，因为在这样的大事之上，礼具有神圣性、威严性，不能轻易更改，这也是百官跪伏请柬、敢于一争的底气所在。明世宗犯义侵礼，所依循的不是至高无上的天理，而是世俗之情。清人对杨慎等人的行为很不满，《御定通鉴纲目三编》"御批"条注曰："大礼议起，诸臣不能酌理准情，以致激成过举。及嘉靖欲去本生称号，自当婉言正谏，冀得挽回，乃竟跪伏大呼，撼门恸哭，尚成何景象！虽事关君父纲常，所系甚重，然何至势迫安危？顾杨慎则以为仗节死义之日，王元正、张翀则以为万世瞻仰之举，俨然以疾风劲草自居，止图博一己之名，而于国事毫无裨益。"[1]从此种角度去看待这场论争所发的议论颇值得玩味：杨慎、王元正、张翀首先不能酌理准情，进而意气相激，以图邀名，最终才酿成这样的局面。虽然"大礼议"是纲常所系，但是并不具有关乎国家安危的重要性。但是在明朝诸臣看来，正是出于纲常之礼不能维系的紧迫感，他们才选择以身犯险。如果情势不危急，何尝不能徐徐图之！明人将"大礼议"之礼仪问题看得无比重要，坚守礼的神圣性和威严性，而清人则认为礼可以酌理准情，不能一味死守。从两朝人们对待礼的态度可看出礼之神圣性衰落的历史痕迹。

嘉靖帝以世俗人情凌驾于礼的神圣性之上，给百姓树立了可资借鉴的模板。太仓人陆容在《菽园杂记》中记载其地有"夺宗"的风习："亦有宗子不仕，支子由科第出仕者，任四品以下官得封赠其父母；任二品三品官得封赠其祖父母；任一品官得封赠其曾祖父母。夫朝廷恩典，既因支子而追及其先世，则祖宗之气脉，自与支子相为流通矣。揆幽明之情，推感格之礼，虽不欲夺嫡，自有不容已者矣。"[2]祭祀祖先是神圣的权利，宗子具有主祭权，代代相承，严整有序。但是现在支子一旦登科或入仕为官则可获得祭祀权。这和明世宗一旦获得皇权便可使其父母入祀皇室正统如出一辙。不同的是，世宗动用了皇权暴力镇压才使他的心愿得遂，而吴地则已经将"夺宗"视为可以理解的现象，并力图赋予其合理性。

[1]《景印文渊阁四库全书》史98，台北：台湾商务印书馆，1983年，第390页和391页。
[2] 陆容撰，李健莉校点：《菽园杂记》卷十三，载《明代笔记小说大观》，上海：上海古籍出版社，2005年，第503页。

"夺宗"风习的背后是更为激烈的宗法问题的交锋,折射出苏州府在明清时期出现的诸种新变化。宗法之初,是为诸侯庶子而立。陆容说:"古人宗法之立,所以立民极定民志也。今人不能行者,非法之不立,讲之不明,势不可行也。盖古者公卿大夫,世禄世官,其法可行。今武职犹有世禄世官遗意,然惟公侯伯家能行之。"[1]陆容认为,宗法之立是相当重要和严肃的事情,现在不是不想遵守宗法,而是形势发生了变化。比如,之前存在的"世禄世官",公卿的贵族身份和俸禄可以代代相传,而现在只有武职还有公、侯、伯家才能够施行。前文已述,苏州在明朝经历了战火的侵扰、朝廷的打压,根本不具备"世禄世官"的条件,况且明清时期士人多是通过科举入仕取得功名,无法保证一个家族绵延几百年的富贵,也非传统意义上的"世禄世官"。归有光对宗法却有不同的看法,他在《平和李氏家规序》中盛赞福建西山李氏建设统宗祠堂的行为,称其有复古之风:"儒者或以为秦、汉以来无世卿,而大宗之法不可复立,独可以立小宗。余以为不然。无小宗,是有枝叶而无干也;有小宗而无大宗,是有干而无根也。夫礼失而求之野,宗子之法,虽不出于格令,而苟非格令之所禁。"[2]归有光将大宗看作树木的根,将小宗看作树木的主干。根若不存,树干、树叶何覆? 不能仅依从古礼,纠结于是否有"世禄世官"。至清代,王鸣盛在《东园徐氏祠堂记》还主张庶民亦可立庙:"命士以上,皆有庙,惟庶人祭于寝耳。但庙非有爵者不立,非宗子亦不立,且亦祭至四世、三世、二世而止。盖于自仁率亲、自义率祖之中,又不失辨等威、别名分之意焉。顾礼缘义起,未爵而世禄则祭之,宗子去国,支子亦祭之。是故,凡有祭田者,皆可立庙,是亦世禄之义也。支庶有贵者,亦可立庙,是亦代宗之义也。"[3]按照古礼,没有爵位的人是没有资格立庙的,而且支子也没有资格主持祭祀,这些在王鸣盛眼中都可改变。

归有光赞赏庶民统宗、王鸣盛主张庶民立庙,都不是对古礼的严格遵循。也就是说,他们更倾向于用随时易变的眼光来看待礼。明嘉靖十五年(1536),准许庶民冬至日祭其始祖,实际上明清苏州也的确兴起一股建立

---

[1] 陆容撰,李健莉校点:《菽园杂记》卷十三,载《明代笔记小说大观》,上海:上海古籍出版社,2005年,第503页。
[2] 归有光著,周本淳校点:《震川先生集》,上海:上海古籍出版社,1981年,第39页。
[3] 王维德等撰,侯鹏点校:《林屋民风(外二种)》,上海:上海古籍出版社,2018年,第375页。

宗祠、祭祀祖先之风。据统计,"明代苏州地区的家族祠庙43例,包括5个墓祠、6个专祠。在祠庙名称上23个称'祠堂',6个称'家庙',1个称'家祠',2个称'先祠',1个称'行祠'"[1]。清代仅洞庭西山一地就有东蔡宗祠、秦氏宗祠、包山甪里郑氏祠堂、沈氏祠堂、东园徐氏祠堂等多家祠堂。这有赖于礼法下移的推行。但是,庶人可以祭祀始祖,也使得宗法问题面临更复杂的状况。天启二年(1622)进士、长洲人陈仁锡一方面赞叹此举之贤明,另一方面又对苏州本地的状况充满忧心:

> 明兴,首旌义门郑氏。肃皇帝许庶人追祀始祖,旷恩异数,卓越前代。然本朝宗法之制,存于藩王十之八九,存于勋臣咸畹之家十之六七,存于大江以西、徽歙之间十之四五,存于老儒腹中之笥、以议论为典章十之一二。且以耳目所睹记,有庶人祀始祖者乎?彼且不识高曾为何人,而况其上之?[2]

明清时期苏州出现了家庭小型化的趋势,五代同堂的已经很少。即便可以施行,也因现实情况面临着诸多的问题,比如,庶民是否能像天子诸侯般世代相继,由宗子主祭? 宗子籍籍无名,支子显贵又该如何祭祀? 光绪年间的吴江人王皞曾作《丧祭礼要》,在"立春祭先祖"条中主张:"或一族合祭,则以一族之长主之;或一房合祭,则以一房之长主之,仪节悉如时祭。仍设四世神主,以庭分列左右……盖为宗法不行,故设此祭,以萃聚群心,总摄众志。"[3]用族长、长房、长支取代宗子祭祀,既效仿古礼,又能便宜行事,可视为普通民众实行礼文的途径。明清时期也多有陆容所载的"夺宗"之事,支子因显贵而与宗子具有同等的祭祀权并不鲜见。如嘉靖二十九年(1550)进士、嘉定人徐学谟,官至礼部尚书。徐家因其显贵,故他能以支子的身份与其兄长徐学礼主持家庙祭祀。

明清的礼文已经摆脱了古礼的严苛,呈现出多样化的特色,究其原因就是人们对于礼之本的认识已经不同。吴宽说:"夫礼之制何本? 本于人情而制也。惟其本于人情而制,故议礼之家可以迁徙而无一定之说。"[4]

---

[1] 常建华:《明代苏州宗族形态探研》,载《史学集刊》,2021年第1期。
[2] 陈仁锡:《陈太史无梦园初集》,载《四库禁毁书丛刊》集60,北京:北京出版社,1997年,第198页和第199页。
[3] 王皞:《丧祭礼要》,转引自赵克生《明代士人对宗祠主祭权多元化的思考》,《东北师大学报》(哲学社会科学版),2010年第2期。
[4] 吴宽:《家藏集》卷三十二,上海:上海古籍出版社,1991年,第256页。

先王制礼的确是依循人情而为，但是此人情是指人的自然情感，在此基础上礼对自然情感进行节制和调整，从而形成一定之规。吴宽所言的"本人情而制礼"，更加注重满足人的情感欲望，普通民众亦有始祖，亦能开枝散叶，支子与始祖亦有血脉相连，因此庶民亦可建宗祠家庙，支子显贵者亦可享有主祀权。吴宽偷换了"人情"的概念，因人情而制之礼出现了"无一定之说"的情况。虽然文人士大夫在积极推动冲破古礼束缚的立祠祭祀等活动，热衷于为此写传记，可即便如此，从民间的反应看，礼也已经无法维系人情，其失序的状况相当明显：

> 及乎有明之初，风俗淳厚，而爱亲敬长之道达诸天下。其能以宗法训其家人，而立庙以祀，或累世同居，称之为义门者，亦往往而有。十室之忠信，比肩而接踵，夫其处乎杂乱偏方闰位之日，而守之不变，孰劝帅之而然哉？国乱于上而教明于下。《易》曰："改邑不改井。"言经常之道，赖君子而存也。呜呼！至于今日而先王之所以为教，贤者之所以为俗，殆渐灭而无余矣！列在搢绅而家无主祏，非寒食野祭则不复荐其先人；期功之惨，遂不制服，而父母之丧，多留任而不去；同姓通宗而不限于奴仆；女嫁，死而无出，则责偿其所遣之财；昏媾异类而胁持其乡里，利之所在，则不爱其亲而爱他人，于是机诈之变日深，而廉耻道尽。其不至于率兽食人而人相食者几希矣！[1]

顾炎武十分痛心礼法废弛的现状。从精英知识分子的角度而言，礼具有神圣性，经礼"收拢"的社会井然有序，值得赞美。明初朝廷以礼入法，对庶民的宅地营造、出行工具、服饰、器皿用具做了全方位的规定，增强了礼的神圣性和威严性。但是综观明清时期，天人相分愈加明显，礼之神圣性减弱的趋势不可遏制，其维系社会的功能也日渐衰退，由此乱象丛生：

> 闻之长老言，洪武间，民不粱肉，闾阎无文采，女至笄而不饰，市不居异货，宴客者不兼味，室无高垣，茅舍邻比，强不暴弱。不及二百年，其存者有几也？予少之时所闻所见，今又不知其几变也！大抵始于城市，而后及于郊外；始于衣冠之家，而后

---

[1] 顾炎武著，华忱之点校：《顾亭林诗文集》，北京：中华书局，1983年，第109页。

及于城市。人之有欲，何所底止？相夸相胜，莫知其已。负贩之徒，道而遇华衣者，则目睨视，啧啧叹不已。东邻之子食美食，西邻之子，从其母而啼。婚姻聘好，酒食晏召，送往迎来，不问家之有无。曰：吾惧为人笑也。文之敝至于是乎？非独吾吴，天下犹是也。[1]

归有光将礼的失序统称为"文之敝"，也即"礼之文"的凋敝。此种变化从城市波及郊外，从缙绅渐及庶民，渐成苏州整个社会的风气。如服饰方面，"习俗奢靡，故多僭越。庶人之妻多用命服，富民之室亦缀兽头，不能顿革也。"[2]；如宅邸的营造，"邸第从御之美，服饰珍馐之盛，古或无之。甚至仆隶卖佣亦泰然。以侈靡相雄长，往往僭礼逾分焉。"[3]；如婚丧嫁娶，"苏俗娶妇者，不论家世何等，辄用掌扇、黄盖、银瓜等物，习以为常，殆十室而九，而掌扇上尤必粘'翰林院'三字"；如人际交往，"嘉靖初年，文人墨士虽不逮先辈，亦少涉猎，聚会之间言辞彬彬可听；今或衣巾辈徒诵诗文，而言谈之际无异村巷。又云：嘉靖中年以前，犹循礼法，见尊长多执年幼礼；近来荡然，或与先辈抗衡，甚至有遇尊长乘骑不下者。"[4]"僭越""僭礼"等词频繁地出现在人们的书写之中。祝允明的《枝山前闻》"近时人别号"条中还记载了一则称呼混乱之事：

道号别称，古人间有之，非所重也。予尝谓为人如苏文忠，则儿童莫不知东坡；为人如朱考亭，则蒙稚亦能识晦庵。蒐琐之人，何必妄自标榜。近世士大夫名实称者固多矣，其他盖惟农夫不然？自余闾市村曲细夫未尝无别号者，而其所称非庸浅则狂怪。又重可笑，兰桂泉石之类，此据彼占，所谓一座百犯。又兄山则弟必水，伯松则仲叔必竹梅，父此物则子孙引此物于不已，噫，愚矣哉！至于近者，则妇人亦有之。又传江西一令尝讯盗，盗忽对曰："守愚不敢。"令不知所谓，问之左右，一胥云："守愚者，

---

[1] 归有光著，周本淳点校：《震川先生集》，上海：上海古籍出版社，1981年，第84页和第85页。
[2] 曹一麟修，徐师曾等纂：《嘉靖吴江县志》卷十三，台北：台湾学生书局，1987年，第742页和第743页。
[3] 周世昌撰：《重修昆山县志》，台北：成文出版社，1983年，第49页。
[4] 顾元起撰，孔一校点：《客座赘语》卷五，载《明代笔记小说大观》，上海：上海古籍出版社，2005年，第1325页。

其号耳。"则知今日贼亦有别号矣，此等风俗不知何时可变。[1]

别称这种本来也不甚重要的礼节称呼在明代更加泛滥。不但士大夫有，普通百姓有，妇女也有，甚至连盗贼都有。从这个方面来看，在明清时期的苏州，礼及其所维系的统一世界遭受了全面的冲击。但是我们必须意识到，礼的失序是以其神圣性的衰减为背景的，礼神圣性的衰减又以失序的状态呈现出来。传统的礼文当然还存在，并且在士大夫所崇慕的纯净世界中举足轻重，但是在现实的社会里，它已经难以应对纷繁复杂的人情欲望了。

三、以礼化民与以礼造族：工具性的凸显

我们一再强调礼在维系传统古典世界中所起的重要作用，也一直强调礼有文本之分，同时具有象征性和工具性。如商伟所言，"儒家的礼仪世界是一种理想的规范秩序，在这一秩序中，社会地位与等级被理解成为人与人之间相互的责任关系与道德义务，并且最终与宇宙的自然秩序相一致。但是，这样一个神圣的、'自然的'规范秩序，同时也形成了政治关系和现存秩序的基础，它的运作与社会交换、协商及权力操纵紧密相连"[2]。当天人相分的趋势加强、礼的神圣性淡化，其工具性的维度就凸显出来。维系社会运转、协商及权力操作才是它关注的重点。在这个过程中，"礼之文"会得到强调，亦会得到淡化，但无论是强调还是淡化，其目标都是为礼之本服务，从中都可看出礼的工具性的加强。

（一）以礼化民：礼文的重要性

礼的失序不代表礼的消失。那些能够用来淳化风俗、收拢人心的礼文更易被重视，比如，民间宴饮风俗中的乡饮酒礼。前文已述，古人制礼的对象并不包括庶人，明代才有专门针对庶民的礼仪规定，但是乡饮酒礼是古已有之的。《明集礼》曰："凡礼之所纪，冠婚丧祭，皆自士以上乃得行之，而乡饮酒之礼，达于庶民。"和《礼记·月令》中对人事的安排一样，乡饮酒礼的人员选择、座次安排、行为举止都是依循天道自然而来，有着

---

[1] 祝允明：《前闻记》，北京：中华书局，1985年，第84页和第85页。
[2] 商伟：《礼与十八世纪的文化转折》，严蓓雯译，北京：生活·读书·新知三联书店，2012年，第17页。

强烈的象征意义，丝毫不能更改。

> 宾主，象天地也。介僎，象阴阳也。三宾，象三光也；让之三也，象月之三日而成魄也。四面之坐，象四时也。天地严凝之气，始于西南而盛于西北，此天地之尊严气也，此天地之义气也。天地温厚之气，始于东北而盛于东南，此天地之盛德气也，此天地之仁气也。主人者尊宾，故坐宾于西北，而坐介于西南以辅宾。宾者，接人以义者也，故坐于西北。主人者，接人以德厚者也，故坐于东南。而坐僎于东北，以辅主人也。仁义接，宾主有事，俎豆有数，曰圣。圣立而将之以敬曰礼，礼以体长幼曰德。德也者，得于身也。故曰："古之学术道者，将以得身也。是故圣人务焉。"[1]

乡饮酒礼有谋宾、戒宾、迎宾、献宾、作乐、旅酬、尽爵、尽乐、送宾九个环节，有主宾、介宾、三宾三种类型的宾客参与者。其中，主人坐于东南，象征着夏天；介作为陪客坐于西南，象征着秋天；宾坐于西北，象征着冬天；僎作为邀请来观礼的乡绅坐于东北，象征着春天。介来辅助宾客，僎来辅助主人。由介向宾的活动，是由秋向冬的严寒之气的运转，此严肃尊严之气为义。由僎向主人的活动，是由春向夏的温暖和煦之气的运转，此温和敦厚之气为仁。这四种类型的人、四种方向之间的酬应组成了四季轮转、仁义相接的和谐图景。除了宾主仁义相接之外，用于待客的俎豆还要有固定的数目，这些合在一起才叫圣。既圣又敬才能称为礼，礼用来使长幼都身体力行才能称为德。所以乡饮酒礼规六十者设三盘菜，七十者四盘，八十者五盘，九十者六盘，以年岁为尊。这就是德。尊长养老之意通过乡饮酒之礼推行，以期能形成孝悌之风。

明太祖建国之始就重视乡饮酒礼，洪武初（1368）、洪武五年（1372）、十四年（1381）、十六年（1383）、十八年（1385）均下诏推行乡饮酒礼，甚至还将之作为官员政绩的考核内容。苏州知府魏观于洪武六年（1373）举行了声势浩大的乡饮酒礼，据《姑苏志》载："举乡饮酒礼，邀郡士周南老、王行、徐用诚与教授贡颖之，校定仪节，命诸生习行之。郡既多耆彦，又有三老人，曰：昆山周寿谊，年百有十岁；吴县杨茂，九十

---

[1]《礼记正义》，载李学勤主编《十三经注疏》（标点本），北京：北京大学出版社，1999年，第1630页。

三岁；林文友，九十二岁，皆延致特席，礼成，彬彬可观。寿谊还，又躬饯诸郊，再拜。观者如堵墙。未及三载，风化兴洽，封部皞然，课绩为天下最。"[1]明代所行之乡饮酒礼与古礼已然不同。其一，明代在乡饮酒礼中加入了读律法的内容；其二，着重强调了品德的问题。如洪武十八年（1385），"重定乡饮酒礼。叙长幼、论贤良、别奸顽、异罪人。其坐席间：高年有德者居于上，高年纯笃者居于次，余以齿序。其有曾违条犯令之人，列于外坐，同类者成席，不许杂于善良之中。"，"二十二年（1389），定乡饮酒礼，以善恶分列三等为坐次，不许混淆。如有不遵序坐及有过之人不赴饮者，以违制论"[2]。在古礼中，以年岁为尊本身就是德，宾主相接、俎豆有数就是圣。但是，明代特别强调人的德行，不是以年岁列坐而是以善恶分等，将乡饮酒礼作为教化工具的意味明显加强。

"礼之本"的工具性维度凸显，被朝廷强力推行，同时"礼之文"得到加强。所谓"礼之文"的加强并不是指对古礼细节的严格复制、遵行，而是指更倾向于借助可见的形式推进礼的施行。如乡饮酒礼，参与人数众多、程序繁多，庶民很难去一一理解遵行。因此，洪武十六年（1383），颁行了《乡饮酒礼图式》，以直观的形式展现礼仪的过程，方便人们践履。家礼亦是如此。隆庆时王叔杲所作的《家礼要节》中就附刻了长子冠图、众子冠图、祠堂图、时祭正寝陈设图等。[3]据万历《嘉定县志》记载，周成曾在歙县刻冠祭仪图，并在乡下悬挂。除了绘图外，人们还喜欢用建庙、立碑的形式推行礼，如泰伯庙。泰伯东迁，立国"勾吴"，不但是吴地始祖，其"三让"之义更有益于淳化风俗，故明清两朝多次重修泰伯庙。嘉靖戊戌（1538）《吴郡至德庙兴修记》中就直接点明了以可见形式收拢人心的目的：

> 夫古圣贤礼义化人，垂于不朽。祠墓在境内，司民社者崇祀肇修，其常分也。苟时而察谡，时而整饬，不底大坏，庶俾继承，知所奋起。如今日诸君然，诚良使也，传于将来，顾肯不加之意矣乎！[4]

---

[1] 林世远、王鏊等：《姑苏志》（正德），载北京图书馆古籍出版编辑组编《北京图书馆古籍珍本丛刊》第26册，北京：书目文献出版社，1998年，第604页。
[2] 龙文彬：《明会要》卷十四，北京：中华书局，1998年，第239页。
[3] 赵克生：《修书、刻图与观礼：明代地方社会的家礼传播》，《中国史研究》，2010年第1期。
[4] 吴鼎科辑，吴恩培点校：《至德志（外二种）》，上海：上海古籍出版社，2013年，第26页。

礼义精神是无形的，而建祠修墓则可使之形象化。有祠墓在就要时常祭祀、修饬，也就能常常见到，而常见到有形之物，就容易引起追慕之心，进而能移风易俗。汪士铉记载了康熙年间对泰伯庙的一次重修："庙至今在吴中。康熙甲子，巡抚汤公先生撤上方山淫祠，废材重修斯庙，书'三让无称'四大字，榜之庙门。今都御史吴公建节于此，人和政兴，乃复作而新之。又以吴氏子孙系出泰伯，为堂以合族，使民相习于礼让，无以借父耰锄而有德色，无以斗粟尺布而致阋墙，释恶而迁善，因俗以成化，使父父、子子、兄兄、弟弟，可不谓美乎！余以公之斯举，为能教吴之让也，故表其大者书之。"[1]此次重修在原来的建制上，又于庙门上书"三让无称"四个大字，凡来祭祀的族人抬头可见，更强化了亲族和睦之义。光绪年间又将画像刻石，将礼让之义以更为直接的形式呈现出来：

> 画像之有石刻，所以彰有功，纪先美，垂永久而劝来兹也。汉时画刻之存于今者，惟武梁祠堂为最著，顾所图皆古帝及贤圣故事。而《隶续》记太守张景石室梁上题字，有"纪刊先象"之语。盖汉代子孙有为其祖父作石室、刻画像者，石象之刻由来旧矣。元炳既重建泰伯庙于故址，适奉祠生以明刻谱牒来呈，中具三让王以下五十五画像，因摹勒两庑，俾永其传。考乾隆中大宗谱画像，只五十有三。中有像同而名异者，其三十九世骠骑平北二像，大宗谱均不载。揆其意当从一线直下，故仅存广平一像，而称名互异之故，则不可解。且官阶、爵谥，间有与史传不符者。今悉从明谱勒石，以其年代较古，流传当有依据也。盖自泰伯莅吴，以三让至德，子姓大昌，继继绳绳，后先济美天下。征吴氏之先系而籍隶最久者，必于是取资。自今以后，凡族姓之跻斯堂者，一举首而盛烈遗徽宛然在目，必将有感发兴起而期媲美前人者，此元炳汲汲表章之微意也。[2]（《摹勒五十五画像跋光绪丙子》）

此次重修泰伯庙，溯源及流，将泰伯后裔五十五人均刻石像。画像石刻使感官形式立体化，重修者也充分意识到了这一点，称"一举首而盛烈遗徽宛然在目"。五十五尊石刻像排列一起的确蔚为壮观，给人以强烈的视觉冲击，也就能更好地激起后人遵行礼仪之情。从画像、刻字再到雕刻画

---

[1] 吴鼎科辑，吴恩培点校：《至德志（外二种）》，上海：上海古籍出版社，2013年，第29页。
[2] 吴鼎科辑，吴恩培点校：《至德志（外二种）》，上海：上海古籍出版社，2013年，第99页。

像石，泰伯庙的感官形式一步一步得到强化，其背后的以礼为工具的目的却始终未变。

（二）以礼造族：礼文的弱化

乡饮酒礼是朝廷用来敦风化俗的，面对数量庞大的庶民群体，需要借助具有感官冲击力的形式来呈现礼，因此"礼之文"得到加强。但是从家礼来看，因其受众较少，礼文反而弱化，礼的工具性相当突出。

明清苏州文化兴盛，多诗礼之家。如太仓王锡爵一族，科第不绝，世代簪缨。王锡爵，嘉靖四十一年（1562）榜眼，官至礼部尚书，曾为内阁首辅；其弟王鼎爵，隆庆二年（1568）进士，会试第五人；其子王衡，万历二十九年（1601）榜眼；其孙王时敏万历二十九年进士，明末清初著名画家，创建"娄东画派"。康熙九年（1670）王时敏之子王掞、孙王原祁亦俱中进士。时人称其门"五世甲科"，荣耀非常。清代长洲彭氏一族，彭珑顺治十六年（1659）进士，其子彭定求康熙十五年（1676）状元，其堂侄彭宁求康熙二十一年（1682）探花。彭定求之孙彭启丰，雍正五年（1727）状元，"启丰子绍观、绍升、绍咸，孙希郑、希洛、希曾，曾孙蕴辉皆成进士，后人希濂又登九列。有清一代，彭氏先后出了2个状元，1个探花，14个进士，31个举人，7个副榜，附贡生130余人"[1]。常熟蒋氏一族有"父子曾孙五翰林"的美誉。李鸿章曾为吴县潘氏题匾"祖孙父子叔侄兄弟翰林之家"。苏州府归有光、归庄一族，昆山徐氏家族，长洲皇甫家族，同里的周氏家族，在当时都蔚为名门。只有子孙连绵不绝地通过科举入仕才能保证家族的兴旺延续，但是科举本身存在很大的不确定性。洞庭种德堂吴氏对此甚为忧虑："世有寒门之士一旦嘱兴，大族之中转眼衰落，说者咸指为循环之理，盈虚之数使然，殆非也。"[2] 王时敏看到子孙连年中乡举，儿子、孙子又同年中进士后，在感到高兴的同时也满怀忧虑。名门望族在寻求家族长兴之道时，不约而同地将目光投向了礼。种德堂吴氏纂训否认了门第衰落是天数循环的观念，称"门庭之内少了个礼字，便自天翻地覆，百祸千殃，身亡家破，皆从此起"[3]。王时敏也于王家科举鼎盛之

---

[1] 范金民：《明清江南进士数量、地域分布及其特色分析》，《南京大学学报》（哲学·人文·社会科学版），1997年第2期。
[2] 王卫平、李学如：《苏州家训选编》，苏州：苏州大学出版社，2016年，第28页。
[3] 王卫平、李学如：《苏州家训选编》，苏州：苏州大学出版社，2016年，第28页。

际订立家训,规约后辈。同里周家周祚新"家世业儒,明理敦伦,孝友之称重于乡党。积学嗜古,经史而外,凡星卜、堪舆之术,靡不究心。麈谈亹亹,听者忘倦。平生信义待人,无纤芥之伪。还遗金,济贫乏,罔不称为仁人长者。启迪后进,立条约以表率之,子弟多所成立"[1]。名门望族发现礼是约束人心、维系宗族的重要工具,因此纷纷立下"家训""家诫""家规""宗规"。《黎里志》载:"志坚,汝文玑妻……晚岁,取其事之切于日用者,立家范数十条,刊示子孙,家用肃穆。"[2]由此可见,以礼来规范家族的观念已经深入人心。

"家训""家诫"在明代中后期的江南宗族中十分流行并不是偶然的,礼的工具性被充分认识。《颜氏家训·风操篇》中说:"圣人之教,箕帚匕箸,咳唾唯诺、执烛沃盥,皆有节文。"因此,礼的精神是需要以合适的形式呈现出来的。但是,"明人不以考礼、议礼为胜,'执礼'才是明代家礼传播之鹄的。执礼,就是行礼,就是礼的实践,即古人'礼者,履也'之意。明代家礼传播与家礼庶民化趋势的出现,由明朝国家、地方政府'以礼治民'和民间'以礼造族'协同推进,一开始就表现出经世致用的行动性。"[3]正是因为"礼之本"工具性的突出,秉持礼是用来用而非看的理念,很多名门在制定家训、家规之时并不注重"礼之文"的呈现。如乾隆年间吴中巨富贝氏家族的慕庭公遗训中只嘱咐后辈处世之道、勤学上进、财产均分及扶持其三儿子留下来的孤儿寡母,并无一语涉及具体仪文的遵守。海虞禄园钱氏家训、海虞樊氏家训、海虞宋氏家祠四训、虞山庄氏家训、虞山史氏宗规、常熟卫氏家训、昆山砂山王氏家训、苏州王氏家训、吴县堂里徐氏家训、吴县袁氏家训等均是如此。顺父母、和兄弟、肃闺门等礼义精神虽全面渗透于家训族规之中,但是对具体的礼文要求的确很少。吴县徐氏家族经商者十分之六、务农者十分之三、读书者十分之一,这样一个大家族的族训有敬天地、敬父母、和兄弟、重婚姻、慎交友、教子孙、察妇言、谋自立、隆师傅、戒妄杀、惜字纸、重坟墓、安清贫、保富贵、毋构讼、毋赌博、戒酒色、周里党、勤耕织、树桑麻、别内

---

[1] 周之桢纂,沈春荣、沈昌华、申乃刚点校:《同里志》卷十三,载同里镇人民政府、吴江市档案局编《同里志(两种)》,扬州:广陵书社,2011年,第149和150页。
[2] 徐达源撰,陈其弟点校:《黎里志》卷十一,载黎里古镇保护开发管理委员会、吴江市档案局编《黎里志(两种)》上册,扬州:广陵书社,2011年,第190页。
[3] 赵克生:《修书、刻图与观礼:明代地方社会的家礼传播》,《中国史研究》,2010年第1期。

外、戒童仆、慎祈祷、完国课，共二十四条，涉及生活的方方面面。其中，只有"教子孙"条提到"教子必先导以孝弟忠信之言，律以小学应对进退之节"[1]和"别内外"条"男子自十五以上，不得辄至中门，女子至十五以上，不得轻出中堂，不妄言笑，不亲授受，不得近金珠剃镊各工、尼媪六婆之类。至烧香游宴，凡年少妇女尤以严禁。"[2]的强制性规定。苏州羌堰王氏家训中只有"治家莫重于礼"条提到具体的礼文："凡寻常行坐，亦须男女有别，长幼有序。若元旦及庆贺，卑幼尤当拜跪，平等分班相揖，即童稚亦使习惯成自然。"[3]《苏州家训选编》共收录四十七个家族的家训、族规，除了常熟"父子曾孙五翰林"的蒋氏家族家训和昆山砂山王氏家训对于礼文进行详细的规定外，大多数要么无礼文规定，要么只将具体的礼文约束减缩为一两条。对于"礼之文"的轻视是明清苏州大家族中存在的普遍趋势。而昆山砂山王氏家训也明确表现出对礼文的忧虑：

> 名门右族，莫不有规有训，然或组太文，子弟不能尽晓，则无由传诵，劝诫徒为具文耳。惟郑氏太和所立家规，事实而言质，吴氏抑庵之家典亦俱，可着力遵行。今摘其尤要而近俗者列之间，参诸名儒家训，俾子弟诵法焉。[4]

王氏强调"随俗"，意指通俗易懂。如果礼文过多过细，有碍子弟的理解、遵行，也就违背了设立家训的初衷。所以，明清时期苏州家训族规普遍表现出随俗、随时、随人情的特点。王叔杲为常熟县令时，于隆庆五年（1571）刻《家礼要节》，"因删繁撮要，稍稍损益，俾简而易从，总为一帙，曰《家礼要节》"[5]。嘉靖中，昆山方氏槐庭公所编《家礼俗宜》即"采《家礼会通》《仪节》诸书。"[6]要推广家礼家训，靠繁文缛节是不行的，所以节要类的家礼受到普遍的欢迎。"随时"，也就是指要按照当下的形势制定家礼，不能一味追求遵行古礼，要注重变通。洞庭风氏家训"古冠礼，筮宾而戒，入庙而冠，服用三加，祝且再四，诚重之也。然仪文繁

---

[1] 王卫平、李学如：《苏州家训选编》，苏州：苏州大学出版社，2016年，第117页。
[2] 王卫平、李学如：《苏州家训选编》，苏州：苏州大学出版社，2016年，第121页。
[3] 王卫平、李学如：《苏州家训选编》，苏州：苏州大学出版社，2016年，第110页。
[4] 王卫平、李学如：《苏州家训选编》，苏州：苏州大学出版社，2016年，第178页。
[5] 王叔杲：《〈家礼要节〉序》，载王叔杲著，张宪文校注《王叔杲集》，上海：上海社会科学院出版社，2005年，第181页。
[6] 方凤：《改亭存稿》卷四《跋家礼俗宜》，载《续修四库全书》第1338册，上海：上海古籍出版社，2002年，第344页。

缛袍笏，非寒陋能遵。故程子曰：须用时服，可谓达礼之变矣。仪式奚遵文公家礼，与其拘拘而废礼，毋宁通变以存羊。"[1]即是此意。"随人情"是指相比于礼文而言，还是其中的感情更为重要。虞山史氏宗规中说：

> 总之，曲体亲心，殚吾真爱，则无往非孝矣。如读书者，能体亲心，卓立以大家声，而猛力精进，底于有成，即温清未娴，亦可言孝。如业耕者，能体亲心，竭力以尽地利，而拮据辛勤，几于温饱，虽定省有缺，亦可言孝。吾非谓温清定省之可略也，谓子之猛力精进、拮据辛勤而姑恕之也。然此二端亦只举家庭中之犬局，假以明子道所重而究之。人子事亲，要处处得真实爱敬之意，养生送死，皆当有真爱以行乎其间，生则菽水承欢，疾则侍榻调医，死则竭诚尽礼，岂非人所当自致者哉？[2]

按《颜氏家训》之意，温清定省皆有节文，孝意正在此中透出，因此尤为重要。但是虞山史氏认为，这种节文只是表面的形式而已，刻苦读书以振家声、努力耕作以奉父母都是孝，而且这些比温清定省此等形式更为重要，如果这二者发生冲突，那么节文便可以忽略，但重要的是要有真的孝情。制定家礼、家规的随时、随俗、随人情化，其背后都是"礼之本"工具化维度凸显的必然结果。

---

[1] 王卫平、李学如：《苏州家训选编》，苏州：苏州大学出版社，2016年，第67页。
[2] 王卫平、李学如：《苏州家训选编》，苏州：苏州大学出版社，2016年，第216页。

第三节　礼之文：形式美的凸显

在我国天人合一的传统文化中生成的礼既具有象征性和神圣性，又具有工具性和世俗性。"礼之本"依循天道运转面对世俗社会建立规则，"礼之文"以世俗世界中可见的形式象征神圣的天意。宋明时期天人相分趋势明显，从"礼之本"的角度而言，在神圣性淡化之后，出现了大量失序的情况。但是，礼的失序不代表礼的衰落，礼的功用维度被强化，其工具性凸显。在这样的背景下，"礼之文"也出现了新的变化。

一、天人相分与礼文的冲决

所谓"伦理者，礼之本也；仪节者，礼之文也"，如果说"礼之本"注重的是内容美，那么"礼之文"注重的就是形式美。作为礼制物化的文化符号，它本身就有关注形式的倾向。吕坤感"先王之礼文用以饰情，后世之礼文用以饰伪"（《呻吟语》）。无论是"饰情"还是"饰伪"，"礼之文"都是为"礼之本"服务的。因此，在天人合一的古典社会中，"礼之文"与"礼之本"互相约束，都旨在防止对方的失序。但是，天人相分趋势的加强打破了这一平衡的状态。

（一）玩物：神圣性的淡化与长物的发现

在传统理想的世界中，天道蕴含于世间的万事万物。人们的衣食住行等物都在神圣天意的统摄之下。前文已经提及《礼记》中天子所居宫室、所乘工具、所穿衣服、所食食物都随着天道运转而改变。明代朝廷政令也对人们的衣食住行多有规定。人事均在天道之中，礼之文形式的展现具有强烈的象征意味，这是理想的状态。而当天人相分，礼文的神圣性淡化、象征意味减弱，所带来的一个直接的变化便是物自身的发现。例如，《周礼·秋官·朝士》规定："朝士掌建邦外朝之法，左九棘，孤卿大夫位焉，群士在其后。右九棘，公侯伯子男位焉，群吏在其后。面三槐，三公位焉，州长众庶在其后。"[1]周代朝廷种三槐九棘，公卿分坐其下，各安其位。槐、棘不仅仅是普通的植物，更成为身份地位的象征。而当它们身上这种象征意味淡化，人们看见槐树，想到的便不再是公卿之贵，而是欣赏它枝叶繁茂的姿态了。

殆至明代，宋明理学用天理贯通天人，构建了一个纯净严整的世界，如冯友兰所言，"理世界的重新发现，使人得一个超乎形象的、洁净空阔的世界"[2]。前文已述，此洁净空阔的世界是以礼的强力维系的，是对世俗的层层过滤和筛选，是以排除了真实世界的混杂、动荡为代价的。那些被排除在外，从神圣性的笼罩下脱离而出的东西，文震亨称其为"长物"。"长"是"多余"之意，也就是指此物不再负有承接天道的重任。文震亨将宅居、花木、水石、禽鱼、书画、几榻、器具、衣饰、舟车、位置、果蔬、香茗统统归为长物之列，展现了一个活色生香的世界。明清时期，多余之物走进了士人的视野，出现在普通人的生活之中，呈现出多姿多彩的面貌，掀起了一股股审美风潮。

如赏花。苏州人爱花，明代苏州已有牡丹、芍药、玉兰、海棠、山茶、瑞香、蔷薇、玫瑰、紫薇、芙蓉、水仙、玉簪、茉莉等诸多品种。虎丘是当时较大的花卉市场，茉莉花开的初夏时节，千艘俱集，场面宏大。何桂馨赞叹苏州的赏花风俗："吴趋自古说清嘉，土物真堪纪岁花。一种生涯天下绝，虎丘不断四时花。"在隆冬时节，百花凋零之际，虎丘花市还能卖牡丹、碧桃、玉兰、梅花、水仙等花。苏州人的生活中几乎离不开花，二月初玄墓看梅花；农历二月十二是百花生日，众人都会去虎丘花神庙祝贺花神生日，还要击牲献乐。三月苏州人游春看菜花、谷雨时节牡丹开放，"郡城有花之处，士女游观，远近踵至，或有入夜穹幕悬灯，壶觞劝酬，迭为宾主者，号为'花会'。"[3]四月十四，吕洞宾生辰，苏州人买神仙花；五月初五，苏州人会在家里瓶中插蜀葵，头上簪榴花；六月有珠兰茉莉花市，六月二十二是荷花生日，"旧俗，画船箫鼓，竞于葑门外荷花荡，

---

[1]《周礼注疏》，载李学勤主编《十三经注疏》（标点本），北京：北京大学出版社，1999年，第936页和第937页。
[2] 冯友兰：《三松堂全集》第五卷，郑州：河南人民出版社，2000年，第118页。
[3] 顾禄著，王密林、韩育生译：《清嘉录》，南京：江苏凤凰文艺出版社，2019年，第116页。

观荷纳凉"[1]。张岱曾于此日偶至苏州，得见聚众观荷的盛况："宕中以大船为经，小船为纬，游冶子弟，轻舟鼓吹，往来如梭。舟中丽人皆倩妆淡服，摩肩簇舄，汗透重纱。舟楫之胜以挤，鼓吹之胜以集，男女之胜以溷，歊暑燀烁，靡沸终日而已。"[2]消夏湾赏荷花则更为梦幻，"消夏湾为荷花最深处。夏末舒华，灿若锦绣，游人放棹纳凉。花香云影，皓月澄波，往往留梦湾中，越宿而归。"[3]苏州人还会在七月用凤仙花汁染红指甲；八月赏桂花；九月赏菊花；十一月用地窖养牡丹、碧桃之类；十二月没有鲜花就做像生花。赏花是苏州人的重要事情，热闹非凡。

如玩石。文震孟《长物志》中记载了多种石头，出自苏州、闻名宇内的有太湖石、尧峰石、昆山石等。曾为苏州刺史的白居易盛赞太湖石："石有族聚，太湖为甲。"据《清异录》记载，玩石之风可追溯至西晋。白居易在《太湖石记》中也提及当朝宰相牛僧孺酷爱石头，尤爱太湖石，但是因为石头无文无声、无臭无味，与可以寄情的酒、琴、书不同，而"众皆怪之"，可见玩石在唐代尚属个人的趣味选择，不能成一时风尚。宋徽宗时，苏州设"江南应奉局"，挖采太湖石，为皇家园林布景。明清时期苏州玩石之风大盛，石头成为园林营造必不可少之物，逐渐走向民间。《长物志》载："石在水中者为贵，岁久为波涛冲击，皆成空石，面面玲珑。在山上者名'旱石'，枯而不润，赝作弹窝，若历年岁久，斧痕已尽，亦为雅观。吴中所尚假山皆用此石。"[4]太湖石因瘦、漏、透、皱的特点，颇受造园者喜爱。文徵明的侄子文伯仁筑"五峰园"，此园名取自"丈人峰""观音峰""三老峰""庆云峰""擎天柱"五块太湖石。太湖石"瑞云峰"为江南三大名石之一，弘治年间为王鏊所有，嘉靖年间被吴兴富商董份购得。后董家与苏州徐泰时联姻，因徐泰时酷爱石头，遂将此石作为女儿嫁妆，运至苏州。不料中途石沉湖底，徐家花费了大量的人力物力打捞而起，将其安置于阊门外的东园，一时轰动苏州城。东园亦是留园的前身。清嘉庆年间，洞庭东山人刘恕购得徐家东园故址，修葺而成寒碧山庄，时称"刘园"。刘恕也是一个嗜石成癖之人。他历时五年，搜集十二峰置于园

---

[1] 顾禄著，王密林、韩育生译：《清嘉录》，南京：江苏凤凰文艺出版社，2019年，第205页。
[2] 张岱撰，马兴荣点校：《陶庵梦忆·西湖梦寻》，北京：中华书局，2007年，第17页。
[3] 顾禄著，王密林、韩育生译：《清嘉录》，南京：江苏凤凰文艺出版社，2019年，第207页。
[4] 文震亨著，李霞、王刚编著：《长物志》，南京：江苏凤凰文艺出版社，2015年，第131页。

中,专辟石林小院观赏湖石。可以说,爱石、购石、置石不仅仅是文伯仁、徐泰时、刘恕等人的个人行为,苏州的名园里几乎都有湖石假山。计成的《园冶》中专有"选石"一篇,录有太湖石、昆山石、宜兴石等诸多品类。在明代画家仇英的《汉宫春晓图》、清代画家冯箕的《仕女浣纱图》、郎世宁的《香妃消夏图》、王意亭的《仿古仕女册》等仕女图中,均可见湖石的身影。石头已经和明清时期的苏州人紧密联结,成为他们日常生活中的一部分。

如观鱼。观鱼在我国传统的文化语境中常与"以物观道"的思维相联系。《诗经·旱麓》认为,"鸢飞戾天,鱼跃于渊"是言"君子之道,造端乎夫妇;及其至也,察乎天地"。孔颖达注疏曰:"其上则鸢鸟得飞至于天以游翔,其下则鱼皆跳跃于渊中而喜乐。是道被飞潜,万物得所,化之明察故也。"[1]鸢飞鱼跃是道无所不在、生机盎然的体现。宋明理学更是将其作为参悟体察天道的一个命题,常常加以讨论。王阳明弟子曾就这个问题向王阳明讨教:"问:'先儒谓:鸢飞鱼跃,与必有事焉同一活泼泼地。'先生曰:'亦是。天地间活泼泼地,无非此理,便是吾良知的流行不息。'"[2]在宋明理学构筑的世界图景中,万事万物都在天理运行之中,万事万物无不体现着天理。鱼以其悠游自在的姿态象征着天道自然的流转,观鱼以体悟天理的契机进入学者的视野。但是,在明代,鱼作为长物出现在人们眼中。王鏊曾作《偶成·饭饱亦何事》一诗:"饭饱亦何事,绕池看鱼行。凭阑秋雨歇,倚杖暮山横。忽忽吾将老,纷纷物自营。百年天地内,事业竟何成。"观鱼不过是王鏊饭饱之后的消闲行为,所见景物引起的也只是他的时不我待、事业难成的感慨。黄省曾是王阳明弟子,于观鱼之际省圣人之学本应是他的常态,但是黄省曾爱鱼出于自己的趣味:"余性冲淡,无他嗜好,独喜汲清泉养朱砂鱼,时时观其出没之趣。"[3]黄省曾浸淫此道,时日一久,竟摸索出了养鱼的门道,于是著《养鱼经》一部。文震亨《长物志》中也有"禽鱼"类,他对诸多品类的鱼进行了收录。黄省曾在《养鱼经》中说:"朱砂鱼独盛于吴中,大都色如辰州朱砂,故名之

---

[1]《毛诗正义》,载李学勤主编《十三经注疏》(标点本),北京:北京大学出版社,1999年,第1006页。
[2] 王守仁撰,吴光等编校:《王阳明全集》,上海:上海古籍出版社,1992年,第123页。
[3] 黄省曾等著,杜若点校:《养鱼经:外十种》,杭州:浙江人民美术出版社,2016年,第13页。

云尔。此种最宜盆蓄，极为鉴家所珍。""吴地好事家，每于园池斋阁胜处辄蓄朱砂鱼，以供目观。余家城中，自戊子迄今，所见不翅数十万头。"[1]从上面的记述可以看出，吴地鱼类不但数目繁多，而且有自己独特的品类。苏州人既有在园池养鱼的习俗，也精于鉴赏。

如品茶。明清时期，茶在苏州文人的生活中占据十分重要的位置。文震亨在《长物志》中专门谈到了茶寮的建造："构一斗室，相傍山斋，内设茶具，教一童专主茶役，以供长日清谈，寒宵兀坐。幽人首务，不可少废者。"[2]家道富厚的文人多热衷于营造园林，而园林中又注重茶寮的构造，盖因此地不仅是个人修身养性之所，也是志同道合之士会集之地。"明代中晚叶，在江南城镇文化地带，尤其以苏州府地区为主体，结合常州、松江、嘉兴等府的文人集团成员，他们在当代皆以诗、文、书、画擅名一世，同时又以茶人身分主导一代的饮茶风尚。"[3]例如，祝允明、朱存理等人都曾去沈周的"竹巢"品茶。据中国台湾学者吴智和研究，当时文人茶会分为在茶寮相聚的"茶寮茶会"，以居家园庭为场所背景的"园庭茶会"，以诗文结社集会为主题、场所多为幽山佳水的"社集茶会"，以及品茶论泉或者随缘集聚的"山水茶会"。杜琼、沈周、杨循吉、邢参、朱存理、祝允明、蔡羽、王宠、屠本畯等都是嗜好饮茶的名士。[4]洞庭西山人张源著有《茶录》，将采茶的时机、造茶之法、辨别茶的好坏之法、贮藏茶叶之法、泡茶、品茶等事项一一记录。例如，"汤辨"就有三大辨、十五小辨。三大辨分形辨、声辨、气辨，"如虾眼、蟹眼、鱼眼连珠，皆为萌汤，直至不涌沸如腾波鼓浪，水气全消，方是纯熟；如初声、转声、振声、骤声，皆为萌汤，直至无声，方是纯熟；如气浮一缕、二缕、三四缕，及缕乱不分、氤氲乱绕，皆为萌汤，直至气直冲贵，方是纯熟。"分类如此繁杂，观察如此细致，可见明人对茶的认识十分精到。明末清初，茶不再是文人清雅的代表，走进了普通百姓之中。清人陈祖范记录常熟此时的变化："往时茶坊酒肆无多，家贩脂胃脯者，恒虑不售；今则遍满街巷，且旦

---

[1] 黄省曾等著，杜若点校：《养鱼经：外十种》，杭州：浙江人民美术出版社，2016年，第14页。
[2] 文震亨著，李霞、王刚编著：《长物志》，南京：江苏凤凰文艺出版社，2015年，第24页。
[3] 吴智和：《明代茶人集团的社会组织——以茶会类型为例》，《明史研究》，1993年第3辑。
[4] 吴智和：《明代茶人集团的社会组织——以茶会类型为例》，《明史研究》，1993年第3辑。

陈列,暮辄罄尽矣。"[1]茶和酒一样成为普通百姓的休闲物品,大受欢迎。

"长物"从天道赋予的神圣性下脱离出来,以新的面貌走进人们的视野,人们也换了轻松的眼光看待"长物",常以"玩"的态度来对待它们。人们将盆景视为"盆玩",将书房中的笔筒、墨盒、镇纸、裁刀等称为文房"清玩",将字画鼎彝等古董称为"古玩"。无论是花鸟虫鱼、诗书字画、床榻案几还是茶茗舟、车衣饰器具,都曾经受到过人们的迷恋。明清时期苏州民众对种类丰富繁多的物的欣赏不再囿于古典的传统礼仪。尽管出于传统思维定式,人们仍想将技与道相联系:"嘉定竹器为他处所无,他处虽有巧工,莫能尽其传也。而始其事者,为前明朱鹤。鹤号松邻,子缨,号小松,孙稚征,号三松。三人皆读书识字,操履完洁,而以雕刻为游戏者也。今妇人之簪,有所谓'朱松邻'者,即以创始之人名之耳。"[2]王应奎力图通过塑造朱松邻视工艺制作为游戏的潇洒态度及其高洁的品质,来传达技与道通的意味。但是,时人对朱松邻所作之簪的喜爱,恰恰不是因其与道通,而是因其技本身。在王世贞《觚不觚录》中,这种想法表达得更为明显:"今日吴中陆子刚之治玉、鲍天成之治犀、朱碧山之治银、赵良璧之治锡、马勋治扇、周治治商嵌,及歙吕爱山治金、王小溪治玛瑙、蒋抱云治铜,皆比常价再倍,而其人有与缙绅坐者。"[3]匠人与缙绅同坐正是物的地位提高的明证,也是对传统礼文世界的冲决。

(二) 观美:文、本分离与感性倾向的强化

天道赋予的神圣性和"礼之本"所具有的工具性共同限制着"礼之文"的发展。如果说在天人相分背景下,神圣性的淡化使得物以本然的面貌出现在人们面前,那么"礼之文"与"礼之本"的分离就给"礼之文"的发展创造了条件。明清时期苏州有一个享誉全国的建筑工匠群体——香山帮。香山帮水作喜用清水砖,南方房屋很多也用此砖。《营造法原》记载了做清水砖的复杂步骤:"做清水用砖,必须用大窑货,取其色泽白亮,小

---

[1] 陈祖范:《司业文集四卷》,载《四库全书存目丛书》集274,济南:齐鲁书社,1997年,第142页和第143页。
[2] 王应奎撰,王彬、严英俊点校:《柳南随笔 续笔》卷二,北京:中华书局,1983年,第161页和第162页。
[3] 王世贞:《觚不觚录》,载《丛书集成初编》,上海:商务印书馆,1937年,第17页。

窑则青而硬,既乏美观,尤易脆剥,并须择其平整,砖泥均匀,空隙较少者。砖质不如木料,雕刻尤难,须用软硬劲,全凭手法技术。其法先将砖刨光,加施雕刻,然后打磨,遇有空隙则以油灰填补,随填随磨,则其色均匀,经久不变。"[1]如果单从建筑房屋所需的坚硬程度来看,普通的小窑砖和清水砖并无太大区别,工匠和民众青睐清水砖是因为其美观。色泽白亮、色彩均匀、雕刻精美、经久不变,这些均是外溢于物之工具性维度的审美需求。当物不再为"用"而存在,其感性形式就愈发受到关注。《长物志》中就贯穿着这样的审美原则,并表现在以下几个方面:

首先,强化感性倾向。《长物志》判断物之高下的标准之一是"观",如"葵花种类莫定,初夏,花繁叶茂,最为可观"[2];"槐有一种天然樛屈枝,枝叶皆倒垂蒙密,名'盘槐',亦可观"[3];玫瑰"嫩条丛刺,不甚雅观"[4];裱轴"古人有镂沉檀为轴身,以裹金、鎏金、白玉、水晶、琥珀、玛瑙、杂宝为饰,贵重可观"[5],"笔床之制,世不多见,有古鎏金者,长六七寸,高寸二分,阔二寸余,上可卧笔四矢,然形如一架,最不美观,即旧式,可废也"[6]。此类断语在文震亨笔下屡屡可见。可观是物之形色对视觉的满足。《长物志》中还有一些并未出现"观"字,但是秉持的仍是视觉的审美判断,如𪆐𪆟"蓄之者宜于广池巨浸,十百为群,翠毛朱喙,灿然水中"[7]、宋绣"针线细密,设色精妙,光彩射目,山水分远近之趣,楼阁得深邃之体,人物具瞻眺生动之情,花鸟极绰约嚵唼之态"[8]等。文震亨不太喜欢玫瑰,只是因为它枝条有刺,不太好看。站在美观的角度,他甚至敢于否定古式,可见物之形色的重要性。除了视觉的审美原则外,还有味觉、嗅觉、听觉、触觉等,如品评天泉"秋水为上,梅水次之。秋水白而冽,梅水白而甘。"[9],"雪为五谷之精,取以煎茶,

---

[1] 姚承祖著,张至刚增编,刘敦桢校:《营造法原》,北京:中国建筑工业出版社,1986年,第72页。
[2] 文震亨著,李霞、王刚编著:《长物志》,南京:江苏凤凰文艺出版社,2015年,第65页。
[3] 文震亨著,李霞、王刚编著:《长物志》,南京:江苏凤凰文艺出版社,2015年,第94页。
[4] 文震亨著,李霞、王刚编著:《长物志》,南京:江苏凤凰文艺出版社,2015年,第64页。
[5] 文震亨著,李霞、王刚编著:《长物志》,南京:江苏凤凰文艺出版社,2015年,第195页。
[6] 文震亨著,李霞、王刚编著:《长物志》,南京:江苏凤凰文艺出版社,2015年,第247页。
[7] 文震亨著,李霞、王刚编著:《长物志》,南京:江苏凤凰文艺出版社,2015年,第150页。
[8] 文震亨著,李霞、王刚编著:《长物志》,南京:江苏凤凰文艺出版社,2015年,第189页。
[9] 文震亨著,李霞、王刚编著:《长物志》,南京:江苏凤凰文艺出版社,2015年,第125页。

最为幽况,然新者有土气,稍陈乃佳"[1];说茉莉、素馨、夜合"夏夜最宜多置,风轮一鼓,满室清芬"[2];品评百舌、画眉、鹡鸰,"饲养驯熟,绵蛮软语,百种杂出,俱极可听"[3];说鞋子"冬月用秧履最适,且可暖足。夏月棕鞋惟温州者佳。"[4]实际上,在《长物志》中,诸种感官形式的评判往往是混杂在一起的。文震亨提到玉簪花"洁白如玉,有微香,秋花中亦不恶。但宜墙边连种一带,花时一望成雪"[5],既有嗅觉的满足,又有视觉的冲击。绒单"出陕西、甘肃,红者色如珊瑚,然非幽斋所宜,本色者最雅,冬月可以代席。狐腋、貂褥不易得,此亦可当温柔乡矣。"[6]既有触觉的满足,又有视觉的判断。画眉、八哥之类的鸟"或于曲廊之下,雕笼画槛,点缀景色则可,吴中最尚此鸟。余谓有禽癖者,当觅茂林高树,听其自然弄声,尤觉可爱。更有小鸟名'黄头',好斗,形既不雅,尤属无谓。"[7]这既有听觉的欣赏又有视觉的挑剔。物所带来的视觉、嗅觉、触觉、听觉都是"观美"的对象,《长物志》中物的感性倾向得到极大的强化,但须注意,这并非文震亨个人的审美情趣。时人记载:"陆花靴,居吴趋坊,吴人与商于吴者,制履舄必之陆,陆之直,视他工倍,人趋之者,制之良也。"[8]人们对陆花靴的追捧是因其制作精良,满足人们的感官审美,这和《长物志》中的审美趣味是一致的。从归有光记叙的当时风俗看,"俗好愉靡,美衣鲜食,嫁娶葬埋,时节馈遗,饮酒燕会,竭力以饰观美"[9]。观美已成为广泛的审美倾向。

其次,注重审美形式的搭配。《长物志》中出现了大量的关于"宜"与"忌"的论述,如"堂之制,宜宏敞精丽,前后须层轩广庭,廊庑俱可容一席"[10]、山斋"宜明净,不可太敞。明净可爽心神,太敞则费目

[1] 文震亨著,李霞、王刚编著:《长物志》,南京:江苏凤凰文艺出版社,2015年,第125页。
[2] 文震亨著,李霞、王刚编著:《长物志》,南京:江苏凤凰文艺出版社,2015年,第82页。
[3] 文震亨著,李霞、王刚编著:《长物志》,南京:江苏凤凰文艺出版社,2015年,第153页。
[4] 文震亨著,李霞、王刚编著:《长物志》,南京:江苏凤凰文艺出版社,2015年,第314页。
[5] 文震亨著,李霞、王刚编著:《长物志》,南京:江苏凤凰文艺出版社,2015年,第75页。
[6] 文震亨著,李霞、王刚编著:《长物志》,南京:江苏凤凰文艺出版社,2015年,第308页。
[7] 文震亨著,李霞、王刚编著:《长物志》,南京:江苏凤凰文艺出版社,2015年,第153页。
[8] 黄暐:《蓬窗类纪》卷四,商务印书馆印涵芬楼秘笈本,第40页。
[9] 归有光,周本淳点校:《震川先生集》,上海:上海古籍出版社,1981年,第254页。
[10] 文震亨著,李霞、王刚编著:《长物志》,南京:江苏凤凰文艺出版社,2015年,第14页。

力。"[1]、瓶花"堂供必高瓶大枝，方快人意。忌繁杂如缚，忌花瘦于瓶，忌香、烟、灯煤熏触，忌油手拈弄，忌井水贮瓶，味咸不宜于花"。[2]"宜"与"忌"即是对形式美的关注。《长物志》还专设有"位置"一卷，谈居所的布局："位置之法，烦简不同，寒暑各异，高堂广榭，曲房奥室，各有所宜，即如图书鼎彝之属，亦须安设得所，方如图画。云林清秘，高梧古石中，仅一几一榻，令人想见其风致，真令神骨俱冷。故韵士所居，入门便有一种高雅绝俗之趣。若使前堂养鸡牧豕，而后庭侈言浇花洗石，政不如凝尘满案，环堵四壁，犹有一种萧寂气味耳。"[3]居所布置尤其讲究和谐。坐具如何选择、屏风如何摆放、书画如何悬挂、亭榭如何安排，这些都要细细考量，任何一处细微的不宜都可能造成整体的败局。仅就"置瓶"一项就有诸多讲究："随瓶制置大小倭几之上，春冬用铜，秋夏用磁；堂屋宜大，书屋宜小，贵铜瓦，贱金银，忌有环，忌成对。花宜瘦巧，不宜繁杂，若插一枝，须择枝柯奇古，二枝须高下合插，亦止可一二种，过多便如酒肆；惟秋花插小瓶中不论。供花不可闭窗户焚香，烟触即萎，水仙尤其，亦不可供于画桌上。"[4]花瓶的种类须随季节转换而变更，但显然这一行为与高远的天道并无联系，而是基于审美的原则。根据房间大小决定花瓶大小；金银花瓶因显得俗气所以不用；花瓶不能有环，最好也不能放成一对，以免显得呆板；放的花不宜过多，两枝的话需要高低错落。这些无一不符合审美原则。明中晚期苏州有赏花爱花的风习，名士世家多以鲜花插瓶作为装饰，因此对如何摆放瓶花使其与周围环境更为匹配的问题尤为关注。张谦德所著的《瓶花谱》分"品瓶""品花""折枝""插贮""滋养""事宜""花忌""护瓶"，袁宏道所著的《瓶史》分"花目""品第""器具""择水""宜称""屏俗""花崇""洗沐""使令""好事""清赏""监戒"，其中都提到了如何插花，"插花不可太繁，亦不可太瘦。多不过二种三种，高低疏密，如画苑布置方妙。"[5]。由此可见，从审美的角度赏花、护花、插花已经成为人们的共识。

---

[1] 文震亨著，李霞、王刚编著：《长物志》，南京：江苏凤凰文艺出版社，2015年，第17页。
[2] 文震亨著，李霞、王刚编著：《长物志》，南京：江苏凤凰文艺出版社，2015年，第108页。
[3] 文震亨著，李霞、王刚编著：《长物志》，南京：江苏凤凰文艺出版社，2015年，第328页。
[4] 文震亨著，李霞、王刚编著：《长物志》，南京：江苏凤凰文艺出版社，2015年，第335页。
[5] 张谦德、袁宏道著，李霞编著：《瓶花谱·瓶史》，南京：江苏凤凰文艺出版社，2016年，第204页。

最后，丽、媚、奇、雅等审美趣味凸显，如"楼阁作房闼者，须回环窈窕；供登眺者，须轩敞弘丽"[1]，"堂之制，宜宏敞精丽"[2]。供人登高远眺的楼阁、作为重要会客活动的堂都能使人一望可见，这样的场所建筑要"丽"，使人一见之下即能受到感官的冲击。"媚"的审美情趣大多在对花木的欣赏中体现，如"昌州海棠有香，今不可得；其次西府为上，贴梗次之，垂丝又次之。余以垂丝娇媚，真如妃子醉态，较二种尤胜。"[3]"媚"带有柔软的意味，更符合赏花时放松休闲的状态。因此，此时"媚""美"成为主导的审美追求，如"碧桃、人面桃差之，较凡桃更美"[4]，"桃花如丽姝，歌舞场中，定不可少。李如女道士，宜置烟霞泉石间，但不必多种耳。别有一种名郁李子，更美。"[5]，"杏与朱李、蟠桃皆堪鼎足，花亦柔媚。宜筑一台，杂植数十本。"[6]鲁都东门之外，孔子讲学之地就遍植杏树，人称杏坛。弟子在其中读书，孔子则弦歌鼓琴，可以说"杏"和媚态是毫不相关的。但是在文震亨的眼中，杏已经没有了神圣的气息，而只是和其他花木一样，如美人一般张扬着自己的美丽，使人沉醉其中，流连忘返。和"媚"的柔软不同，"奇"的审美情趣昭示着感官受到的强力冲击，如台阶"自三级以至十级，愈高愈古，须以文石剥成；种绣墩或草花数茎于内，枝叶纷披，映阶傍砌。以太湖石叠成者，曰'涩浪'，其制更奇，然不易就。"[7]台阶自三级至十级，越往上越用有纹理的石头堆砌。将高高的台阶用太湖石堆成水纹状，远远望去犹如置身波涛之中，的确能让人震撼。能被称为"奇"的还有在园林之中营造的瀑布："山居引泉，从高而下，为瀑布稍易，园林中欲作此，须截竹长短不一，尽承檐溜，暗接藏石罅中，以斧劈石叠高，下凿小池承水，置石林立其下，雨中能令飞泉溅薄，潺湲有声，亦一奇也。"[8]山中有瀑布并不令人惊奇，但是园林之中用人力营造已属难得，而且承接水的竹子暗藏于石罅

---

[1] 文震亨著，李霞、王刚编著：《长物志》，南京：江苏凤凰文艺出版社，2015年，第31页。
[2] 文震亨著，李霞、王刚编著：《长物志》，南京：江苏凤凰文艺出版社，2015年，第14页。
[3] 文震亨著，李霞、王刚编著：《长物志》，南京：江苏凤凰文艺出版社，2015年，第48页。
[4] 文震亨著，李霞、王刚编著：《长物志》，南京：江苏凤凰文艺出版社，2015年，第52页。
[5] 文震亨著，李霞、王刚编著：《长物志》，南京：江苏凤凰文艺出版社，2015年，第54页。
[6] 文震亨著，李霞、王刚编著：《长物志》，南京：江苏凤凰文艺出版社，2015年，第55页。
[7] 文震亨著，李霞、王刚编著：《长物志》，南京：江苏凤凰文艺出版社，2015年，第6页。
[8] 文震亨著，李霞、王刚编著：《长物志》，南京：江苏凤凰文艺出版社，2015年，第121页和第122页。

中，并不被人窥得。小径曲折，穿花拂柳之际突然见一瀑布，令人又惊又奇，感官瞬间被调动起来。"雅"的审美思想贯穿于《长物志》中，例如，照壁"得文木如豆瓣楠之类为之，华而复雅"[1]，拂尘"旧玉柄者，其拂以白尾及青丝为之，雅"[2]，台"若筑于土冈之上，四周用粗木，作朱阑亦雅"[3]。照壁之雅根源于其材质，玉柄之雅体现在材质的肌理上，台之雅又关乎颜色，可见雅的审美趣味不是虚无缥缈的臆想，必须通过物的形色真实地表达出来，才更能在视觉、触觉等真实的感觉中体认出来。总之，丽、媚、奇、雅等审美趣味背后都是张扬的物态。如果物仍然囿于用的维度，那么它的多种形态都会被遮蔽。从《长物志》中，我们可以看到"长物"以各种姿态充分展现了它的迷人之处，构成了一个丰富多彩的世界。

二、世俗性的强化与礼文秩序的重建

明清时期，在天人相分的背景下，从"礼之本"的角度而言，出现了大量礼的失序状况。但是，礼的失序不代表礼的衰亡，我们可以看到，在以礼化民、以礼造族等方面，礼的重要性反而得到了加强，"礼之本"的工具性维度凸显。从"礼之文"的角度而言，神圣性的淡化和文、本分离给礼文形式的发展创造了条件。同样，礼文形式所象征的神圣性淡化不代表礼文的象征性功能减弱。与"礼之本"工具性维度的凸显相对应，"礼之文"以其极具感官冲击性的形式向大众昭示着世俗的渴望，其中甚至暗藏着社会秩序重建的野心。

（一）从华贵到奢华："礼之文"世俗性的加强

在由礼维系的古典世界中，礼文有神圣性的维度，是身份、地位的象征，如天子身披日月山河，其衣食住行都有一定的规定，不能逾越。庶人匍匐在社会底层，屋不过三间，衣不着绫罗，只能仰望贵族阶层。在前文已述的从皇帝后妃到命妇的服饰变化中，我们可以看出礼文的天道背景逐渐淡化，但是繁复衣饰依然透露着华贵的气息，显示着权力身份的巨大优

---

[1] 文震亨著，李霞、王刚编著：《长物志》，南京：江苏凤凰文艺出版社，2015年，第12页。
[2] 文震亨著，李霞、王刚编著：《长物志》，南京：江苏凤凰文艺出版社，2015年，第265页。
[3] 文震亨著，李霞、王刚编著：《长物志》，南京：江苏凤凰文艺出版社，2015年，第33页。

势。在天人相分的背景下,礼文的神圣性象征意味仍然存在,也就是说它仍然具有区别身份的重要作用,但是不可否认,随着神圣性的淡化,明代中晚期江南地区出现了"便服裹帽,惟取华丽,或娼优而僭拟帝后,或隶仆而上同职官,贵贱混淆,上下无别"[1]的现象,此即礼文区分身份作用减弱的明证。皇甫汸在《长洲县志》中也记载了类似的情况:"吴人至老死不见兵革,俗渐繁盛,竞尚奢侈。西过于华,东近于质。宫室之美、衣饰之丽、饮食之腆、器用之珍,西常浮于东。娼优僭后妃之缘,闾巷拟侯王之制,东每减于西之半也。"[2]这段话不但描述了和松江地区一样的礼文失序的状况,更透露出经济在这一变动中所产生的作用。经济繁盛的阊门一带无论宫室、衣饰、饮食、器皿,所有的物都显现出一派奢华气象,而经济尚不发达的东部仍然保留着古典世界中的传统样貌。明清时期的苏州成为财富、权利、政治共同角逐的场域。礼文象征的神圣性虽然减弱,但其世俗性更加凸显。以房屋的营造为例,元末明初江南第一富豪沈万三的宅第:

> 山既富,衣服器具拟于王者。后园筑垣,周回七百二十步,垣上起三层,外层高六尺,中层高三尺,内层再高三尺,阔并六尺,垣上植四时艳冶之花,春则丽春、玉簪,夏则山矾、石菊,秋则芙蓉、水仙,冬则香兰、金盏,每及时花开,远望之如锦,号曰绣垣。垣十步一亭,亭以美石香木为之,花开则饰以彩帛,悬以珍珠。山尝携杯挟妓游观于上,周旋递饮,乐以终日。时人谓之磨饮。垣外以竹为屏障,下有田数十顷,凿渠引水,种秫以供酒需。垣内起看墙高出里垣之上,以粉涂之,绘珍禽奇兽之状,杂隐于花间。墙之里四面累石为山,内为池山,莳花卉池养金鱼,池内起四通八达之楼,面山瞰鱼,四面削石成桥,飞青染绿,俨若仙区胜境。矮形飞檐接翼,制极精巧。楼之内又一楼居中,号曰宝海,诸珍异皆在焉。山间居则必处此以自娱,楼之下为温室,中置一床,制度不与凡等。前为秉烛轩,何取?何不秉烛游之义也。轩之外皆宝石,栏杆中设销金九朵云帐,四角悬琉璃灯,后置百谐桌,义取百年偕老也。前可容歌姬舞女十数。轩后两落有

---

[1] 叶梦珠著,来新夏点校:《阅世编》卷八,北京:中华书局,2007年,第199页。
[2] 皇甫汸等:《万历长洲县志》,台北:台湾学生书局,1987年,第55页。

桥，东曰日升，西曰金明，所以通洞房者。桥之中为青箱，乃置衣之处，夹两桥而长与前后齐者，为翼寝妾婢之所居也。后正寝曰春宵涧，取春宵一刻值千金之义，以貂鼠为褥，蜀锦为衾，毳绡为帐，用极一时之奢侈。[1]

  沈万三的宅邸拟于王者，但是并无依据天道运转加以营造的气息，而是以张扬的形式透露着富贵豪奢的意味。后园用周长七百二十步的三层墙围筑，均宽六尺。外层六尺高，中层九尺，内层十二尺，高耸壮观。墙上种植时令鲜花，人称绣垣。一年四季繁花盛开，远远望去如锦缎缠绕、秀美无比。墙上每十步设有一亭，亭子均是由美石香木制成，花开之际，以彩帛和珍珠装饰亭子，可谓富丽之极。绣垣之外以竹林为屏障，郁郁葱葱，其下又有数十顷良田。绣垣之内又有一道高耸的看墙，上面绘有珍禽异兽，隐在花间栩栩如生。墙内垒石成山，围绕着养有金鱼的池子。池中央建起四通八达之楼，用石桥连接假山，远远望去恍若仙境。池中心之楼中又藏一楼，专门用来贮藏珍贵稀有之物。此楼之下是一个温室，温室前为秉烛轩，以销金九朵云帐为屏障，四角悬挂琉璃灯，轩外都是宝石。温室之后为春宵涧，是沈万三的起居之处，以貂鼠为褥、蜀锦为衾、毳绡为帐，豪奢无比。如果说王侯的府邸庄严肃穆，散发着令人敬畏的神圣气息，那么沈万三的宅邸则壮观、秀美，这种美感仍然极具冲击力。高耸的绣垣、精致的楼台、四时的繁花、耀眼的珠宝组合在一起，向世人昭示着财富的迷人。

  沈万三在元末明初富甲江南，其宅邸的营造自然透露着豪奢的意味。但是用料考究、形式精美、花木处置得宜可以说是苏州园林共同的审美追求。成化二年（1466）进士陆容描述当时的风俗时说："江南名郡，苏、杭并称，然苏城及各县富家，多有亭馆花木之胜。"[2] 由此可见，重视亭馆、花木是当时苏州园林的特点之一。在文震亨的《长物志》中也提到花木种植与亭馆建造的搭配，如在台阶旁可种绣墩草、翠云草，墙边宜种洁白的玉簪花，池边可种桃树，等等。前文已述，花木营造的是一种悠闲、放松的美感氛围，其背后是天道影响淡化之后世俗化倾向的加强。对花木

---

[1] 孔迩述：《云蕉馆纪谈》，载《丛书集成初编》，上海：商务印书馆，1937年，第9—11页。
[2] 陆容撰，李健莉校点：《菽园杂记》卷十三，载《明代笔记小说大观》，上海：上海古籍出版社，2005年，第499页。

的欣赏遵循的是美、丽，因此苏州园林多以华美著称也就在情理之中了，如范允临的范园：

> 范长白园在天平山下，万石都焉。龙性难驯，石皆笋起，傍为范文正公墓。园外有长堤，桃柳曲桥，蟠屈湖面，桥尽抵园。园门故作低小，进门则长廊复壁直达山麓，其缯楼、幔阁、秘室、曲房，故故匿之，不使人见也。山之左为桃源，峭壁回湍，桃花片片流出。右孤山，种梅千树。渡涧为小兰亭，茂林修竹，曲水流觞，件件有之。竹大如椽，明静娟洁，打磨滑泽如扇骨，是则兰亭所无也。地必古迹，名必古人，此是主人学问。[1]

张岱曾随其祖父拜访范允临，得以亲见范园。范园设计精巧，桃柳掩映曲桥，桥之尽头就是范园，园门故意做的低小，进门来则豁然另有一片天地。长长的走廊、重重的画壁直通山麓。从山涧中流出的片片桃花瓣让人惊艳不已，茂林修竹使人有兰亭之想，而打磨滑泽、明静娟洁的大竹让人眼前一亮。张岱花费了大量的笔墨描述了范园的清雅，只在记叙开山堂小饮时提到"绮疏藻幕，备极华褥，秘阁请讴，丝竹摇飏，忽出层垣，知为女乐"，将有镂空花格的精巧窗户、色彩艳丽的窗帷、秘阁中悠扬的丝竹之声、隐而后现的女乐一笔带过。张岱明显是用文人的眼光来审视范园，但是在叶绍袁眼中范园呈现的是另一种面貌：

> 少参范长倩居天平山精舍，拥重资，挟众美，山林之乐，声色之娱，吴中罕俪矣。三月间，长倩他出，忽有群凶乘夜劫之，约去金银珠宝三万余金。[2]

这段文字盛赞范园乃吴中园林的典范，但是与张岱所重点描摹的风流蕴藉不同，它彰显的是一种拥重资、挟众美、山林之乐与声色之娱并重的俗美。后面紧接的一句话也颇值得玩味。范允临有事离开范园之后，有盗匪侵入，从中劫掠了金银珠宝三万余金。这则信息透露出范允临财力之雄厚。将精致华丽的范园与范家雄厚的财力并置，透露的不是对范允临风雅的推崇，而是对其财富的羡慕。张岱与叶绍袁的两段文字记述让我们可以一窥时人看待园林的多重态度。王锜说，殆至成化年间，苏州已经是"亭

---

[1] 张岱著，马兴荣点校：《陶庵梦忆·西湖梦寻》，北京：中华书局，2007年，第58页。
[2] 叶绍袁：《启祯记闻录》，载于浩辑《明清史料丛书八种》（七），北京：北京图书馆出版社，2005年，第422页。

馆布列，略无隙地"[1]了，而且很多园林并不是封闭的：

  谢默卿云：吴下园亭最胜，如齐门之吴氏拙政园，阊门之刘氏寒碧庄，葑门之瞿氏网师园，娄门之黄氏五松园，其尤著者，每春秋佳日，辄开园纵人游观。钗扇如云，蝶围蜂绕，裙屐年少，恣其评骘于衣香人影之间，了不为忤。[2]

  园林允许普通人游览和品评，也就意味着主人将其暴露在开放性的空间、多元化的审美判断之中。要想获得世人的普遍认可，就既要有自身的风雅特色，又要满足大众对名门富家的想象。因此，那些从神圣性下脱离而出的"长物"派上了用场。"长物"被文震亨之类的名士视为身外多余之物，它既没有浓厚的神圣气息，也没有沉重的使用功能，因此恣意、张扬，以物本身的材质、合适的搭配所营造的华美感更能满足人们各种感官的世俗渴望。

  宅邸的建造、园林的经营须体现名士的风雅，因此礼文还稍显收敛，主要通过物的材质、形色及精心的设计来彰显主人的品位，并没有沦为简单粗暴的金玉堆砌，那么在婚丧嫁娶这种尤重体面的场合，物的形式则更为张扬。范守己《曲洧新闻》记载董份于万历八年（1580）"以女孙婚于吴县申公子，妆奁衣饰至满三百笥。已而陈于阊门外，笥各一几，出女子六百人舁之，亘古未有。"[3]董家之举冲破了古礼的束缚，物以极具震撼力的形式凸显着主人的豪富。嘉靖时吴县士人袁褧也记载本地风俗："今士大夫之家鲜克由礼，而况于齐民乎。其大者则丧葬昏娶动逾古制……古者婚姻六礼而已，今乃倾赀以相夸，假贷以求胜。履以珠缘，髻以金饰，宝玉翠绿，奇丽骇观，长衫大袖，旬日异制。""奇丽骇观"一词十分形象地描摹出了物对人的感官冲击。物越丰富、越可观，越能给主家带来体面。就连士大夫能够遵守古礼的也已经很少了。陈宏谋在《风俗条约》中说："嫁娶惟应及时，奢侈徒耗物力。自行聘认及奁赠，采帛金珠，两家罗列，内外器既期贵重，又求精工。迎娶之彩亭灯桥，会亲之酒筵赏犒，富贵争

---

[1] 王锜撰，李剑雄校点：《寓圃杂记》，载《明代笔记小说大观》，上海：上海古籍出版社，2005年，第325页。
[2] 梁章钜等撰，白化文、李如鸾点校：《楹联丛话》卷六，北京：中华书局，1987年，第80页和第81页。
[3] 范守己：《曲洧新闻》卷二，转引自谢国桢《明代社会经济史料选编》下册，福州：福建人民出版社，1981年，第349页。

胜，贫民效尤。"[1]无论是士大夫还是贫民，都卷进了由物堆积的幻象之中，被时代潮流裹挟。"江南人家无论是沿用的还是新创的婚礼仪物或仪式，惟求华丽体面、欢快热闹。"[2]物在其中扮演了十分重要的角色。主家借物而彰显富贵，观者观物而心生羡慕。从华贵到奢华，物的世俗性象征愈发明显。它冲击着古典的礼文世界，成为礼失序的又一突出表现。

（二）苏样、苏意：礼文秩序的重建

在以神圣性、实用性为主导的古典世界中，礼文的形式化和世俗性都受到了约束。而在天人相分的背景下，礼文主要出现了两个变化：一是当神圣性淡化之后，礼文所象征的世俗性加强，它以可见的形式彰显着世俗的身份、财富；二是当实用性淡化之后，礼文的形式得到了极大的发展空间，其形式的感性倾向加强，恣意张扬。但是，这两个变化不是截然二分的，形式的感性倾向越强越能凸显世俗的身份、财富，而越想彰显世俗的身份、财富也就越需要以可见的、具有冲击力的礼文形式去呈现。二者结合，共同冲决着以礼维系的古典世界，造成了礼的大量失序，但同时它们又想在混乱的世间按照世俗性的逻辑重建社会秩序。明清时期苏州成为全国的时尚中心，苏样、苏意引领着彼时的审美潮流。

苏样、苏意的产生是明代审美风尚中心在苏州确立的标志。约至明中期，时尚流行的中心已经从北方的京师转到了南方的苏州。嘉靖十四年（1535）进士、杭州人张瀚记叙了当时的风俗："至于民间风俗，大都江南侈于江北，而江南之侈尤莫过于三吴。自昔吴俗习奢华、乐奇异，人情皆观赴焉。吴制服而华，以为非是弗文也；吴制器而美，以为非是弗珍也。"[3]万历年间，"熹庙之皇第八妹也，号乐安公主，善吴装"[4]。崇祯年间京师妇人"雅以南装自好。宫中尖鞋平底，行无履声，虽圣母亦概

---

[1] 李铭皖、谭钧培修，冯桂芬等纂：同治《苏州府志》，载《中国地方志集成·江苏县志辑》第7册，南京：江苏古籍出版社，1991年，第146页。
[2] 陈江：《明代中后期的江南社会与社会生活》，上海：上海社会科学院出版社，2006年，第197页。
[3] 张瀚撰，盛冬铃点校：《松窗梦语》，载《元明史料笔记丛刊》，北京：中华书局，1985年，第79页。
[4] 史玄、夏仁虎、阙名：《旧京遗事 旧京琐记 燕京杂记》，北京：北京古籍出版社，1986年，第5页。

有吴风。"[1]这些都表明苏州样式的服饰已经流传至京师,连皇室人员都深受影响。有学者指出,"京式服饰中着重华丽与僭越身份的发裙、蟒服,苏样服饰的讲究织品与精致手艺"[2]。从礼文变化的角度而言,京师的服饰礼文象征的神圣性意味更浓,因此人们喜欢华丽的"象龙之服"。苏州的服饰礼文象征的世俗性意味更为明显,人们并不十分在意飞鱼、斗牛等形象带来的心理满足,而更在乎由服饰本身的材质、花纹的精致等带来的感官享受。服饰时尚中心由京师转向苏州,正是礼文世俗化不断强化的表现,也是"特许体系"社会向"时尚体系"社会的变动。[3]隆庆二年(1568)进士山东人于慎行正处于这一社会变动过程中,对于礼文的这种变化甚为忧虑:

> 宫禁,朝廷之容,自当以壮丽示威,不必慕雅素之名,削去文采,以褒临下之体。宣和,艮岳苑囿,皆仿江南白屋,不施文采,又多为村居野店,宛若山林,识者以为不祥。吾观近日都城,亦有此弊,衣服器用不尚繁添,多仿吴下之风,以雅素相高。此在山林之士,正自不俗,至于贵官达人,衣冠舆服,上备国容,下明官守,所谓昭其声名文物以为轨仪,而下从田野之风,曲附林皋之致,非盛时景象矣。[4]

于慎行认为,宫禁朝廷是万民仰望之所,壮丽的形式可代表皇家无可比拟的神圣和威严,是非常必要的。但是,现在因流风所及,众慕吴下之风,纷纷追求雅素。经过严格规定的礼文正在遭受着时尚之风的强力挑战。流行时尚固然是社会需要的产物,但它也是阶级的产物。明清时期时尚中心由北至南,"苏人以为雅者,则四方随而雅之,俗者,则随而俗之"[5]的局面一经形成,就更有力地破坏了当时的社会结构。

苏州成为时尚中心,流风渐及大江南北,苏样、苏式、苏意渗透于人

---

[1] 史玄、夏仁虎、阙名:《旧京遗事　旧京琐记　燕京杂记》,北京:北京古籍出版社,1986年,第23页。
[2] 林丽月:《大雅将还:从"苏样"服饰看晚明的消费文化》,载《明史研究论丛》第6辑,合肥:黄山书社,2004年,第201页。
[3] 巫仁恕:《品味奢华:晚明的消费社会与士大夫》,北京:中华书局,2008年,第165页。
[4] 于慎行撰,吕景琳点校:《谷山笔麈》,载《元明史料笔记丛刊》,北京:中华书局,1984年,第29页。
[5] 王士性撰,吕景琳点校:《广志绎》卷二,北京:中华书局,1981年,第33页。

们的日常生活之中，以新的形式规范着礼文秩序。明清时期的地方志、家书等各种文献中充斥着大量的有关苏州审美风尚强大影响的例子。如家具的使用，松江人范濂说："细木家伙，如书桌禅椅之类，余少年曾不一见，民间止用银杏金漆方桌。自莫廷韩与顾、宋两公子，用细木数件，亦从吴门购之，隆万以来，虽奴隶快甲之家，皆用细器，而徽之小木匠，争列肆于郡治中"[1]；如女子的装饰，乾隆年间有诗写福建福州"金貂素足本风流，家住南台十锦楼。却笑城中诸女伴，弓鞋月影画苏州。"[2]；如器物的雕琢，张岱将陆子冈治玉称为吴中绝技，苏州人传承其技艺，专诸巷在清代成为全国著名的玉雕之地。此等记载，不一而足。崇祯七年（1634），进士陈函辉在《靖江县重建儒学记》中说得更为全面："今夫轻纨阿锡必曰'吴绡'。宝玉文犀必从吴制，食前方丈瑶错交陈，必曰'吴品'；舟车服玩，装饰新奇，必曰'吴样'。吴之所有，他方不敢望：他方所有，又聚而萃之于吴。即文章一途，最为公器，非吴士手腕不灵，非吴工锓梓不传。"[3]周文炜在《与婿王荆良》中慨叹：

> 今人无事不苏矣！东西相向而坐，名曰"苏坐"。主尊客上，客固辞者再，久之曰"求苏坐"。此语大可嗤。三十年前无是也。坐而苏矣，语言举动，安得不苏。[4]

"吴绡""吴品""吴样"等名称的出现表明此时期苏州的审美风尚已经涉及生活中的各个方面，而"苏坐"更是重塑了礼文的形式。如范金民所言，"苏样、苏式、苏意，不仅指妇女服装头饰，也不仅指苏州饮食器用，而是全方位的，无论服装头饰，饮食器用，屋宇布置，歌娱宴乐，生活好尚，以至言行举止，思想观念，但凡新奇新鲜新潮新样时髦少见之物，体现了风尚，就是苏意、苏样，苏意已经深入到时人的心境中，浸淫渗透到时人的骨髓中，涵盖了时人社会生活的每一个方面。而观其盛况，也断断不仅是王士性时代所能见到的，嘉、隆、万三朝为盛，天启、崇祯

---

[1] 范濂：《云间据目抄》卷二，上海：进步书局，1912年，第3页。
[2] 许所望：《福州竹枝调》，载王利器等辑《历代竹枝词》（二），西安：陕西人民出版社，2003年，第1712页。
[3] 陈函辉：《靖江县重建儒学记》，载康熙《靖江县志》卷十六，清郑重修，袁元等纂，清康熙八年刻本，第71页。
[4] 周在浚等：《赖古堂名贤尺牍新钞二选藏弆集》卷八，载《四库禁毁书丛刊》集36，北京：北京出版社，1997年，第359页。

时代,明朝虽已趋向衰亡,而苏式、苏意的推崇,却日盛一日,无所底止"[1]。巨大的社会发展潮流裹挟着每一个人,士人也不免发出"习俗移人,贤者不免"[2]的感叹,社会结构也就必然在时尚发展的浪潮侵蚀下发生改变。

礼文在神圣性和实用性淡化之后冲决古典社会的秩序是必然的,因此经济繁盛、天人相分趋势明显的苏州成为全国的审美风尚中心并非偶然。苏州走在全国的前列,敏锐地感觉到了社会的变动,并进一步推动着这种变化。

首先,它强化了礼文的世俗性,凸显了物的感官倾向,由此得到了世人的青睐。苏样、苏意于物给人所带来的触觉、视觉等令人尤为关注。明末清初苏州流行一种月华裙,叶梦珠详细记录了此裙的形制:

> 色亦不一,或用浅色,或用素白,或用刺绣,织以羊皮,金缉于下缝,总与衣衫相称而止。崇祯初,专用素白,即绣亦只下边一、二寸,至于体惟六幅,其来已久。古时所谓"裙拖六幅湘江水"是也。明末始用八幅,腰间细褶数十,行动如水纹,不无美秀,而下边用大红一线,上或绣画二、三寸,数年以来,始用浅色画裙。有十幅者,腰间每褶各用一色,色皆淡雅,前后正幅,轻描细绘,风动色如月华,飘扬绚烂,因以为名。然而守礼之家,亦不甚效之。[3]

守礼之家大概见月华裙太过奢靡,不符礼文之制,因此采取拒绝的态度。但是这样的裙子色彩不一、设计精巧,一走动如水波荡漾,实在是秀美无比。清初《金粟闺词》形容月华裙:"妍雅何须刺绣文,砑光绫子白如云。画将七十二般色,闺阁新兴十幅裙。"李渔更是称"近日吴门所尚'百裥裙',可谓尽美",说:"吴门新式,又有所谓'月华裙'者,一裥之中,五色俱备,犹皎月之现光华也。"[4]月华裙闪耀着梦幻的气息,对于天性爱美的女性来说诱惑是巨大的,因此它能风行于世也就在情理之中了。明

---

[1] 范金民:《"苏样""苏意":明清苏州领潮流》,《南京大学学报》(哲学·人文科学·社会科学版),2013 年第 4 期。
[2] 范濂说:"余最贫,最尚俭朴,年来亦强服色衣,乃知习俗移人,贤者不免。"见范濂:《云间据目抄》卷二,上海:进步书局,1992 年,第 1 页。
[3] 叶梦珠著,来新夏点校:《阅世编》,北京:中华书局,2007 年,第 206 页。
[4] 李渔著,江巨荣、卢寿荣校注:《闲情偶寄》,上海:上海古籍出版社,2000 年,第 158 页。

后期温州地区流行的裙子远不如月华裙繁复,"新来传得苏州样,淡白纱裙绣牡丹",简单的白纱裙上绣上牡丹。淡雅的裙子上两种颜色的对撞十分醒目,带来视觉上的享受。精致美观是苏样、苏作等苏州地区礼文的显著标志,也正是因为善于发现和彰显礼文本身之美,苏州才能始终掌握着时尚的话语权。

其次,苏州人具有用世俗性的礼文重建社会秩序的自觉。以苏意来看,万历年间"迩来一二少年,浮慕三吴之风,侈谈江左,则高冠博袖,号曰苏意"[1]。浙江鄞县人薛冈说:"'苏意'非美谈,前无此语。丙申岁,有甫官于杭者,笞窄袜浅鞋人,枷号示众,难于书封,即书'苏意犯人',人以为笑柄。转相传播,今遂一概希奇鲜见动称'苏意',而极力效法,北人尤甚。"[2]由此可见,苏意已经深入人们的日常生活之中,但是严格说来,苏意和苏样并不相同。苏意并不是指特定的样式,与实用维度之间拉开的距离更大。如果说苏样、苏作因为质地精良、形式美观而受到人们的追捧,那么那些对苏样持有保守态度的人对苏意就更加警惕了。明末商州府知州周文炜说:"吾与婿家沦浊水来作吴氓,当时时戒子弟勿学'苏意',便是治家一半好消息。此风略一传染,便不可医治。慎之慎之。"[3]苏意更倾向于追求形式,不注重实用,因此周文炜视其为治家的大忌。长洲人文震孟在《姑苏名贤小记》中也提到:"当世语苏人则薄之,至用相排调,一切轻薄浮靡之习,咸笑指为'苏意'"[4]。但是苏州人对苏意、苏样及其所代表的形式美充满了自豪感。他们很自觉地维护着时尚中心的地位,常常嘲笑吴浙人为"赶不着"。据王士性《广志绎》载:"姑苏人聪慧好古,亦善仿古法为之,书画之临摹,鼎彝之冶淬,能令真赝不辨。又善操海内上下进退之权,苏人以为雅者,则四方随而雅之,俗者,则随而俗之,其赏识品第本精,故物莫能违。又如斋头清玩、几案、床榻,近皆以紫檀、花梨为尚,尚古朴不尚雕镂,即物有雕镂,亦皆商、

---

[1] 雷鸣等:《续修建昌府志》卷一,万历四十年刊本,第 28 页。
[2] 薛冈:《天爵堂笔余》卷一,载《明史研究论丛》第 5 辑,南京:江苏古籍出版社,1991年,第 326 页。
[3] 周在滩等:《赖古堂名贤尺牍新钞二选藏弆集》卷八,载《四库禁毁书丛刊》集 36,北京:北京出版社,1997 年,第 359 页。
[4] 文震孟:《姑苏名贤小记》,台北:明文书局,1991 年,第 3 页。

周、秦、汉之式,海内僻远皆效尤之,此亦嘉、隆、万三朝为盛。"[1]王士性认为,明清时期苏州成为时尚中心,其中很重要的一点在于苏人"善操海内上下进退之权",也就是说吴人只有拥有对于时尚的敏锐感觉和推进能力,才能始终引领风潮。这得益于吴人善于把握物本身的特点,并善于以观美的形态将其展现出来,另外,不得不提他们强烈的求新求变意识,如松江府叶梦珠记载:

> 肆筵设席,吴下向来丰盛。缙绅之家,或宴官长,一席之间,水陆珍羞,多至数十品。即士庶及中人之家,新亲严席,有多至二、三十品者。若十余品则是寻常之会矣。然品必用木漆果山如浮屠样,蔬用小瓷碟添案,小品用攒盒,俱以木漆架架高,取其适观而已。即食前方丈,盘中之餐,为物有限。崇祯初始废果山碟架,用高装水果,严席则列五色,以饭盂盛之。相知之会则一大瓯而兼间数色,蔬用大铙碗,制渐大矣。[2]

> 近来吴中开桌,以水果高装徒设而不用,若在戏酌,反撜观剧,今竟撤去,并不陈设桌上,惟列雕漆小屏如旧,中间水果之处用小几高四、五寸,长尺许,广如其高,或竹梨、紫檀之属,或漆竹、木为之,上陈小铜香炉,旁列香盒箸瓶,值筵者时添香火,四座皆然。[3]

原本上海学苏州风习,设宴之际喜欢将物品放在木漆架上堆放,这样方便拿取,也给人以物质充盈之感,有炫耀的成分。崇祯初,不用果山碟架,则用大碗,并列,注重颜色的搭配。物的形式组合发生了变化,但形式所呈现出来的物质充盈之感并未改变。至清代又一变,因为不想影响宴会之时看戏,把水果高架等统统撤去,用雕漆小屏风于案上,水果放在小几上,还要有熏香。一时宴会可谓实现视觉、味觉、嗅觉的多重享受。

从宏观的角度来看,苏州人极力探索礼文的形式美,试图给世人带来各种美的享受,从而维持了苏州审美风尚中心的地位。从微观的角度来看,士人又积极主动地和当下的流行审美文化保持一定的距离,试图用雅来约束礼文的形式化倾向。如前所述,明清时期的苏州,礼文的世俗化和感官化倾向加强,而这二者又胶合在一起。礼文以一种张扬的物化形式出

---

[1] 王士性撰,吕景琳点校:《广志绎》卷二,北京:中华书局,1981年,第33页。
[2] 叶梦珠著,来新夏点校:《阅世编》,北京:中华书局,2007年,第218页。
[3] 叶梦珠著,来新夏点校:《阅世编》,北京:中华书局,2007年,第219页和第220页。

现,显示着财富、身份。文人士大夫推崇雅,不重视物的奢华,正是出于以礼文重建社会秩序的努力,而这一举动恰好又推动了礼文的更新迭代。在多种因素的共同作用下,礼文形式剧烈变化,古典世界中以礼维系的稳定感荡然无存,"今者里中子弟,谓罗琦不足珍,及求远方吴绸、宋锦、云缣、驼褐,价高而美丽者,以为衣,下逮裤袜,亦皆纯采。其所制衣,长裙阔领,宽腰细折,倏忽变易,号为'时样',此所谓'服妖'也。"[1]无法理解的人们将"时样"称之为"服妖",显示了他们面对肆意发展的礼文形式的恐惧感。嘉靖年间,曾官至苏州通判的余永麟说:"迩来巾有玉壶巾、明道巾、折角巾、东坡巾、阳明巾,衣有小深衣、甘泉衣、阳明衣、琴面衣,带有琵琶带,鞋有云头鞋,妇人有全身披风,全已大袖,风俗大变。故民谣云:头戴半假幞,身穿横裁布,街上唱个喏,清灯明翠幕。又云:蝴蝶飞,脚下浮云起,妇人穿道衣,人多失礼体。又云:一可怪,四方平巾对角戴。二可怪,两只衣袖像布袋。三可怪,纟丝鞋上贴一块。四可怪,白布截子缀绿带。秉礼者痛之,建言于朝,遂有章服诡异之禁。"[2]但是在天人相分的趋势下,即便朝廷禁令已下,也无法阻挡其肆意发展的态势。如何在失去神圣性制约之后重建礼文秩序,那将是人们探索的另外一个话题了。

---

[1] 上海书店出版社:《天一阁藏明代方志选刊·通州志》卷二,上海:上海古籍出版社,1981年,第347页。
[2] 余永麟:《北窗琐语》,北京:中华书局,1985年,第40页和第41页。

第四章 感性欲望的多元再现

特里·伊格尔顿（Terry Eagleton）说："美学是作为有关肉体的话语而诞生的。"[1]美学首先指涉的是人类有关身体的感性生活全部，包括感觉、知觉、欲望等。受政治、经济、文化等诸因素的影响，明代苏州在感性身体的层面发生了重要的变化。"洪武时律令严明，人遵画一之法。代变风移，人皆志于尊崇富侈，不复知有明禁，群相蹈之。""人情以放荡为快，世风以侈靡相高。"[2]世人普遍开始追求物质的享乐，正视甚至张扬人的身体欲望，这种风尚一直延续到清代。在对身体的认识上，在饮食、服饰、住行、性欲等欲望的追求上，都表达出与传统身体美学不一样的审美风尚，一种新的身体美学正在形成。但是我们必须意识到，在传统道家与儒家思想的框架下，感性的表达也并不是毫无节制的。神性身体的追求和道德理性对身体的异化仍然普遍存在，它们共同构成了明清苏州审美风尚的身体之维。

[1] 伊格尔顿：《审美意识形态》，王杰、付德根、麦永雄译，桂林：广西师范大学出版社，2001年，第1页。
[2] 张翰撰，盛冬铃点校：《松窗梦语》，载《元明史料笔记丛刊》，北京：中华书局，1985年，第140页和139页。

第一节　神性身体追求的历史底色

身体是生命的承载体，作为一种物质存在，它是有限的。但是，早期的人们认为，道的永恒与无限及其周而复始的规律性同样也存在于人的身体之上，追求长寿乃至永生是其具体的表现。渴望在现实中实现长生的追求体现了世俗性与超越性的统一。"先民并未像其他民族那样，把超越有限生命、实现永生的目标设定在遥远的彼岸天国。中国的先民所追求的生命永恒，是灵魂与肉体的兼得——不仅要使灵魂能够千秋永存，同时还要求肉体也能够超越死亡而得到永生。追求永生乃是中国人幻想超越有限生命的特有方式，是一种典型的'世俗式'的超越方式。"[1]眉寿之美是这种追求的典型体现。商周以来，中国的先民们不断向祖先祈求长寿，《诗经·小雅·天保》中有"君曰：卜尔，万寿无疆"。类似的表达不仅是在《小雅》中还是在《南山有台》《楚茨》《信南山》《甫田》等诸多诗篇中都有出现。但是，他们认为，长生的秘密并不掌握在人手中，是由神灵控制的，他们能做的就是向祖先神灵祈祷，由神灵来定夺，因此生命的延续具有了某种神秘性和神圣性。

神性的身体处在世俗之中，但是其超越性维度的进一步发展就体现为逍遥之美。庄子是这种思想的代表。对庄子来说，人首要的任务是"全身、保身、养亲、尽年"，就是要保证肉身的完整。"古之至人，先存诸己而后存诸人。所存于己者未定，何暇至于暴人之所行。"（《庄子·人间世》）存己首先是存身。所以，养生在他思想中占据了重要的地位。"他也不像佛教那样否定和厌弃人生，要求消灭情欲。相反，庄子是重生的，他不否定感性。这不仅表现在前述的'保生全身''不夭斤斧'和'安时处顺'等方面，而且也表现在庄子对死亡并不采取宗教性的解脱而毋宁

---

[1]　杨爱琼：《先秦儒道生死哲学》，北京：人民出版社，2016年，第42页。

是审美性的超越上。"[1]这也就是他所说的"逍遥游"。世俗的身体可能沉迷于声色之中："小夫之知，不离苞苴竿牍，敝精神乎蹇浅，而欲兼济道物，太一形虚。若是者，迷惑于宇宙，形累不知太初。"（《庄子·列御寇》）身体困于形色名声之中，忘记了太初之境。对庄子来说，理想的人是能够实现精神自由的人："彼至人者，归精神乎无始，而甘冥乎无何有之乡。"（《庄子·列御寇》）此时人的身体是透明的，庄子称之"神人"："肌肤若冰雪，绰约若处子；不食五谷，吸风饮露；乘云气，御飞龙，而游乎四海之外。"（《庄子·逍遥游》）此时的身体已没有任何的世俗之气，变得仙气飘飘，庄子的逍遥游因为超越了肉身对精神的阻碍而变得潇洒自由。

眉寿之美与逍遥之美凸显了身体的神圣性与超越性，使得身体具有了神性的光辉，这构成了中国古代身体的审美理想，对人们的生活方式与艺术表达亦产生了重要的影响。这种理想一直延续在中国古代思想文化中，最典型的就是道教。道教最注重生命，追求长生不老、羽化成仙。同时，它又具有现实感，此岸是它追求的逻辑起点。通过道教，这种审美理想渗透到社会的各个阶层之中，成为人们所向往与追求的一种境界。

道教在苏州的传播可谓源远流长，诸多苏州地方志，如宋代范成大《吴郡志》列"仙事"两卷（卷40、41）、明代张泉的《吴中人物志》列"列仙"一卷（卷11），对苏州地区的重要道教人物进行了介绍。太湖洞庭山的林屋洞是道教十大洞天之九，城内的玄妙观在道观中一直处于重要地位。在道教有关成仙的记载中，我们可以看到苏州人对于神性身体的追求。隋代周隐遥的事迹在《吴郡志》《吴中人物志》《林屋民风》等地方文献中都有记载：

> 周隐遥，字息元，洞庭山道士，自云角里先生孙。学太阴炼形，死于崖窟中。嘱弟子曰："捡视我尸，勿令他物相干，六年后更生，当以衣裳迎我。"弟子守视，初甚臭秽虫坏，惟五脏不变。如言闭护之，至期往视，身已全。起坐，弟子备汤沐，以新衣迎归。发鬒而黑，髭粗而直，如兽鬣焉。十六年，又死如前，更七年复生。如是三度，凡四十余年。且八十岁，状貌如三十许人。

---

[1] 李泽厚：《中国古代思想史论》，合肥：安徽文艺出版社，1991年，第189页。

隋炀帝召至东都，寻恳还本郡。唐贞观中，召至长安，馆于内殿，问修习之道，对曰："臣所修者，匹夫之事，功不及物。帝王一言之利，万国蒙福，得道之效速于臣人。区区所学，非万乘所宜问也。"复求归山，诏遂其所适。[1]

  周隐遥是洞庭山中的一个道士，他可以死而复生、循环往复。文献特别描述他死而复生之后的身体状况：毛发由白变黑，八十岁时相貌仍是三十岁时的样子，这俨然已经超越了凡俗的身体，带有了神仙的光辉。这样的例子还有不少，苏州洞庭山的圣姑庙流传着圣姑的故事。"据《辨疑志》等记载，唐代宗大历中，吴郡太湖洞庭山中，有升姑庙（圣姑庙），其棺柩在庙中。据云，姑姓李氏，有道术，能履水行。至唐中叶，几七百年，颜貌如生，俨然侧卧。远近祈祷者，心至诚则能到庙。心若不诚风回其船无得达者。今每日一沐浴，为除爪甲，傅妆粉。形质柔弱，只如熟睡。又如，代宗大历中，常熟县元阳观有道士单以清，尝游嘉兴，入船闻异香，则疑其船必有非常人，乃遍目同载，睹船头老人，仪趣与众颇殊，乃迁身并席，与之交谈，方知老人为国初李靖，并传丹药、口诀。"[2]圣姑虽然已经去世，但是因为其有道术，身体仍然和活着的时候一样，这是羽化成仙的一种变形。道士单以清在游船中闻到异香，此异香正是魏国公李靖身体所散发的，按照时间推算，此时李靖应该差不多两百岁，他长生不老的身体不仅散发出不一样的芳香，还告知单以清长生的丹药、口诀。有关洞庭山毛公坛的一则记载也与此类似："毛公坛，即毛公坛福地，在洞庭山中，汉刘根得道处也。根既仙身，生绿毛，人或见之，故名毛公。今有石坛，在观傍，犹汉物也。"[3]刘根在山中得道后，身体就变成了"仙身"，身上长着绿毛。不管具体的描述如何，我们可以看到共同的一些特点，那就是得道之后人的身体会变得与凡俗不同：长生不老、容貌不变、仙气萦绕。当然这些描述都富有传奇色彩，是人们对神性身体的一种审美想象。

  明清两代，苏州的道教状况略有不同。明初，明太祖朱元璋对只修一

---

[1] 王维德等撰，侯鹏点校：《林屋民风（外三种）》，上海：上海古籍出版社，2018年，第205和206页。
[2] 转引自赵亮、张凤林、负信常：《苏州道教史略》，北京：华文出版社，1994年，第51页。
[3] 范成大：《吴郡志》，南京：江苏古籍出版社，1999年，第111页。

己之性命的全真派颇为不满,认为宗教应该能够解决社会生活中的具体问题,因此推崇道教中的正一派。正一派的领袖得到了朝廷的嘉奖,获得了前所未有的政治地位。受朝廷的肯定与推广,明初苏州的道教以正一派为主。"在明初,苏州道教虽上承元代,分为全真、正一两大派系,但其行教是以斋醮符箓为传教手段,仍是正一派的行教特征。"[1]尤其是正一派的神霄派对明清苏州影响很大。虽然说,正一派作为道家在明末以后的一大流派,也追求得道成仙,但是在具体的道术中明显更为世俗化、功利化。正一派所擅长的是斋醮符箓,求雨求福、驱邪驱鬼、祛妖降魔、念咒画符,这些行为具有明显的世俗性,关注的是人间灾害苦痛的解决,在对身体的追求上与全真派所追求的逍遥长生、羽化登仙有非常明显的区别,但与明中期以来的苏州世俗化社会思潮吻合,推动了正一派在苏州各个阶层,特别是市民阶层中的影响与渗透。

但是,与传统身体审美理想最为契合的全真派并没有消失,只是更为隐蔽与沉寂地传播在苏州,或者与正一派融合在一起,或者在内部的小圈子中交流,不少普通民众、山人和士人阶层都倾向于更为追求精神自由与神性身体的全真派。《吴中人物志》在"闺秀"中记载了民间女子孙寒华:"吴人孙奚之女。师杜契受玄白之要,容颜日少,周旋吴越诸山,十年乃得仙道而去。一云吴大帝孙女,于芳山得道,冲虚而去,因名其山曰华姥山。"[2]孙寒华掌握了炼丹之术,其身体日益年轻,十年得道成仙。张昶对这种"仙姑弘玄百之风"还是很认可的,将它与贤妃、哲妇和贞女并列,认为她们"徽美未殊",可见当时仍有崇仙之风。晚明的王世贞及其身边的一些友人是典型。王世贞好友王锡爵的二女儿王焘贞未嫁而夫死,号昙阳子,自称得道成仙。王世贞慕昙阳子仙道事,拜其为师。王世贞与王锡爵在太仓的西南买地建了昙阳恬澹观,以奉上真。昙阳子羽化后,王世贞无比怀念,写下《昙阳大师传》。之后他把家产分给三个儿子,把昙阳子之龛转入恬澹观中,与王锡爵一起过起了摒弃家室俗累的修道生活。[3]虽然后来他也未能舍弃世俗入朝为官,但修道的执念一直萦绕在心。在他周

---

[1] 赵亮、张凤林、负信常:《苏州道教史略》,北京:华文出版社,1994年,第87页。
[2] 张昶著、陈其弟校注:《吴中人物志》,苏州:古吴轩出版社,2013年,第101页。
[3] 王岗:《明代江南士绅精英与茅山全真道的兴起》,载《全真道研究》第二辑,济南:齐鲁书社,2011年,第48页。

围有一个小群体跟他一起修道,王锡爵、王世懋、沈懋学等人也因为修道而影响了仕途。常熟县令朱长春官宦生涯结束后闭关修炼辟谷和内丹术。钱谦益《列朝诗集小传》中描写了其修炼的事迹:"大复罢官里居,修真炼形,以为登真度世,可立致也。累几案数十重,梯而登其上,反手跂足,如鸟之学飞,以求翀举,堕地重伤,懂而不死。茗上人争揶揄之。"[1]朱长春试图通过修炼获得超越世俗的身体。"张维枢曾记录了朱长春修道的诸方面成果,包括感官的变化、养身术和道法上的所得。按照张氏与朱长春的记录,从二十二年开始的八年之中晚婚的朱长春得育二子;大约从二十四年和二十六年开始能够忍受极端的寒、暑变化;从万历二十八年(1600)左右朱开始彻底断绝食、色的欲望,冯梦祯此年重遇朱长春称赞其'神宇澄澈,大改旧观,真神仙中人也';更高的境界在对于念咒、行符等道教法术的掌握,此一阶段大致在万历三十一年(1603)之后才达到。"[2]根据记载,朱长春的身体向神人、仙人的方向演变,变得神宇澄澈。

在"三言"中,冯梦龙整理了不少有关寻仙问道的故事。《醒世恒言》第三十八卷《李道人独步云门》讲的虽然不是苏州的故事,却也体现出辑录者冯梦龙对当时苏州社会的一些观察与思考。富翁李清一心向道,千辛万苦来到神仙的府洞。后因不听神仙警告,偷开北窗,看到青州当日境况,心生悔意,被神仙逐回。其行医修德,至140岁而仙化。小说最后写他的身体:"将棺盖打开看时,棺中止有青竹杖一根,鞋一只,竟不知昨日尸首在那里去了? 倒是不开看也罢,既是开看之后,更加奇异。但见一道青烟,冲天而起,连那一具棺木,都飞向空中,杳无踪影。唯闻得五样香气,遍满青州,约莫三百里内外,无不触鼻。裴舍人和合州官民,尽皆望空礼拜。少不得将谢表锦囊,好好封裹,送天使还朝去讫。到得明年,普天下疫疠大作,只有青州但闻的这香气的,便不沾染。"[3]李清的身体化作一缕青烟,飘向空中,但是留下芬芳,遍满青州,这芬芳竟能够抵御瘟疫,其对身体的描述可谓传奇。黄省曾之兄黄鲁曾作《钟吕二仙传》,为道家人物钟馗和吕洞宾作传。内丹术相传为钟吕二仙所传,黄鲁曾描述了他

---

[1] 钱谦益:《列朝诗集小传》,上海:上海古籍出版社,1983年,第621页。
[2] 贺晏然:《弃仕入道——朱长春的玄栖生涯与道教思想初探》,《宗教学研究》,2018年第3期。
[3] 冯梦龙编,顾学颉校注:《醒世恒言》,北京:人民文学出版社,1956年,第944页。

们的修仙之路：

  正阳真人，复姓钟离，名权，世号云房先生。为人魁梧，不知其始所以得道之因。初仕五代石晋朝，为中郎将，统兵出战西北土蕃。两军交锋，忽天大雷电，风雨晦冥，人不相睹。两军不战自溃，钟离独骑奔逃山谷，迷失道路，夜进深林幽涧，期以全生。乃遇一胡僧，蓬头拂额，体草结之衣，引行数里，到一村庄。曰此东华先生成道之所，将军可以歇泊。揖别而退。钟离未敢惊动庄中，良久，忽闻人语云：此碧眼胡僧饶舌相挠。庄中人披白鹿裘，扶青藜杖，抗声前曰：来者非晋将军钟离权否？钟离应曰：是。老人复曰：尔何事不寄宿山僧之所？钟离闻而大惊，何以知我前来子细，必异人也。是时已失虎狼之威，有鸾鹤之志。不觉回心向道，哀求度世之方。于是东华先生授以《长生真诀》《灵宝毕法》之秘。且曰：内丹既成，当求外丹，以点化凡躯。且在尘寰积功累行，以待天诏。后度吕纯阳于终南山，则真人以证仙果。是时仙脉得人，诸天称庆。真人出入于丹霄紫府间，世益莫知其出处矣。其玄言秘诀，多有遗于后世，惟三十九章，尤为显著云。[1]（正阳真人钟离公）

  余始习儒学，次好性宗，修天爵而弃人爵，鄙顽空而悟真空。人爵徒止于人事，顽空不离于因缘。余乃志慕逍遥，心游云水，寻师访友，往来不惮驱驰。远问近参，始终不生懈怠。阴阳升降，默取法于二仪。性命根基，乃归元于一气。无形无象，来时止一妇一夫。有姓有名，去后存三男三女。九宫台畔，令金男采取黄芽；十二楼前，使玉女收成白雪。水中起火，顶分八卦之爻；阴内炼阳，次别九州之气。三花和会，化火龙而奋出昏衢；千日功成，骖鹤驭而径归蓬岛。争奈天机深远，不敢轻言。圣道玄微，难为直说。以平日见功之法，尊师已验之效，构成口诀，愿接后人同登妙道。若能信心苦志，终始如一，定返洞天不迷尘世。因笔云尔。[2]（纯阳真人吕公）

---

[1] 黄鲁曾：《钟吕二仙传》，载《丛书集成初编》，上海：商务印书馆，1937年，第1页。
[2] 黄鲁曾：《钟吕二仙传》，载《丛书集成初编》，上海：商务印书馆，1937年，第1页和第2页。

全真派之所以能够在正一派得到朝廷扶持的情况下在其盛行的明代苏州保存且流传下来，其中一个很重要的原因就是，它体现了传统对于身体的理想追求，其神圣性与超越性吸引着人们的目光。明人张昶对吴中的列仙评论道：

> 世有神仙引导之术，经简而幽，幽则妙门难见；言实而抑，抑则明者独进。大都蠲去邪累，澡雪心神，乃有虚驾升天、长生世上者焉。却粒之士、餐霞之人，非灭景云栖、抗高木食，无以成其羽化，遂其独往。故隐迹郎官，潜名柱史，则东明九芝之益、北独五云之车，樵客看棋，羽人采药，则烂柯斧于空山、阅仙书于南洞。策非世教，人岂常流。看桃核而问枣花，庭舞经乘之鹤；坐绛云而临玄水，池游被控之鱼。何必蓬莱、方太、瀛州三神山，乃有诸仙及不死之药哉！文中子曰：玄虚长而晋室乱，非老庄之罪也。养性得仙，各自有法，凡三十六。吴中若赤须子之好食石脂，以服食度骨筋者也。魏伯阳之神丹仙去，以药石上腾云者也。葛孝先之行水不湿，以清静飞凌云者也。刘根之下神鬼以祭祀，致鬼神者也。陆修静栖云寺以去欲，但存神者也。杨羲高谈道要以把握，知塞门者也。周隐遥生死无恒以太一，柱灵氛者也。张志和守真养气以恬淡，存五官者也。张绎居贫守约以寂寞，在人间者也。倬矣！仙才飘然，胜气其间。阶次心行，等级非一。览之，起人外之想，如朋松石，介于孤峰绝岭，窥烟液临沧洲矣！[1]

张昶认为，吴中列朝之仙人，养性得仙，各有各的法门，但是无不摒弃俗累，澡雪心神，然后虚驾升天、长生世上，达到仙气飘然的状态，俨然庄子所描述的藐姑射山上之神人。可以说，这种审美理想已经超出了道教的范畴，成为很多人的无意识追求。

也正因此，当进入清代以后，朝廷对道教的政策有所改变，苏州的道教状况也就随之发生了明显的改变。清军入关后，朝政尚未稳定，为尽可能多地获得社会上各种力量的支持，朝廷对各种宗教都采取了比较宽容的政策。道教作为本土宗教，影响较大，所以必须尽力拉拢。也不像明代初

---

[1] 张昶著，陈其弟校注：《吴中人物志》，苏州：古吴轩出版社，2013年，第153页。

期的统治者那样,礼遇正一派而弱化全真派,造成道教两派的失衡。他们通过赐封两派首领来表达对教派的重视。顺治八年(1651),正一派第五十二代天师张应京入京受封"正一嗣教大真人",掌"一品印","掌理道箓、统率族属"。之后,第五十三、五十四代天师都收到了顺治皇帝的礼遇,康熙朝同样厚待正一派天师。清王朝对道教全真派也采取了同样的政策。顺治十三年(1656)北京全真龙门派白云观之王常月"奉旨主讲白云观,赐紫衣凡三次"[1],康熙帝亦曾褒封王常月。全真派一度在清初获得了明显的发展。在苏州,"龙门派道教经本邑施道渊、黄守正、吕守璞等道士开启穹隆山、冠山等支派,使全真道在苏州广为传播"[2]。一旦外部环境稍微宽松,全真派就勃然成长。相当一部分人还修炼炼丹术,归庄曾在其著作中记载,李天木"幼与施亮生同受异人金丹火候性命宗旨,精熟紫清洞玄秘法,年四十辟谷,昼夜不眠。与人语,随机开示。善诗画,亦工书法。康熙庚戌羽化,学者谥为冲白先生"[3]。从美学的角度来看,这里隐含着人们对神性身体的无意识追求。神性身体的追求作为古典身体审美的理想形态,已经成为历史的底色,影响着人们对身体的认识与实践,这种状况一直持续到明清时期。

  我们必须认识到,历史的底色作为背景在明清时期虽然存在,却已经发生了明显的改变。黄省曾在《吴风录》里说:"自汉蔡经居胥门,而王方平、麻姑会于其室,魏伯阳作丹飞升,杨羲、陆修静辈入句曲山学道。至今吴人好谈神仙之术,然声色汩之,卒皆无成。最下者造黄白伪金,谓之茅银,用此欺购者众。"[4]由于整个社会风气的变化,世俗功利性的因素日益凸显,从整体的社会层面上讲,人们对成仙、保有神性的兴趣已经淡了许多,更多的只是想借以稍微延长寿命。明清时期,有一些家族甚至以家训、家规的形式,规定家族的人去炼丹以延长寿命。平原松陵陆氏在《彝训》中载:"行欲徐而稳,立欲定而恭,坐欲端而直,声欲低而和,此养生家言也。然即此是士君子变化气质工夫。形以道全,命以术延,二语

---

[1] 于本源:《清王朝的宗教政策》,北京:中国社会科学出版社,1999年,第153页。
[2] 赵亮、张凤林、负信常:《苏州道教史略》,北京:华文出版社,1994年,第77页和第78页。
[3] 归庄:《归庄集》,北京:中华书局,1962年,第562页。
[4] 黄省曾:《吴风录》,载王稼句点校、编纂《苏州文献丛钞初编》,苏州:古吴轩出版社,2005年,第317页。

说尽金丹骨髓。收拾身心，敛藏神气，二语该括学道工夫。"[1]方伯公以家训的方式告诫家人，以求保全形体、延长寿命。王鏊在《与人论摄生书》中说：

> 方士之术，愚不能知，而所知者，古今之常道。夫人之有生必有死，犹日之有昼必有夜，事之固然者也……夫神仙之说始于谁乎？自老子有谷神不死之说，屈子有一气孔神之说，燕昭、汉武始崇虚尚，而海上迂怪之士争扼腕而言神仙，日思脱躧以事飞升。飞升之说卒无验也，则变为服食之说。服食之说卒无验也，则变为金丹之说。至于服金丹死者往往而是也，则又变为今说。今之说以为不假金石草木，皆反于身而得之，则其说益玄，而其效益茫且远矣。又有所谓房中补益，则其术益下。夫人之死出于衽席者八九，而术者乃欲以此蕲不死，乃得速死。于戏！吾见多矣。往予居京师，见荐绅往往有谈此术者，未始不窃叹人心之无厌也……或曰："彼亦未敢自谓能仙，但以延年损疾耳。"若是，则有之。然人之疾多起于风寒、暑湿、喜怒、劳佚之际，能于是谨之，则疾安从生？[2]

王鏊认为，人有生必有死，就像日与夜的交替，是自然规律。有关羽化升仙的各种说法、房中补益的各种手段都不可能真的有效，甚至会加速人的死亡。至于延年益寿，还是可以去做的。这是当时士人的一种代表性想法。在普通百姓中，情况也一样。张昹在《吴中人物志》中赞扬了吴中列朝之仙人养性得仙之后，对当时的社会风气进行了批评："区区市朝井邑，偷居幸生，如蛙在井中、驹处辕下者，胡足与语怀玄抱真之事哉！"[3]人们每天关注的只是世俗的生活，犹如井底之蛙、束辕之马，根本没有神性的追求。与此同时，人们对长生的认识也发生了变化，袁栋在《书隐丛说》中所记载的一段流行于苏州的《长生诀》比较好地体现了当时人们的看法："'长生、沐浴、冠带、临官、帝旺、衰、病、死、墓、绝、胎、养。'乃生克自然之道，祸福倚伏之机。如以甲木而言，养于戌，

---

[1] 王卫平、李学如：《苏州家训选编》，苏州：苏州大学出版社，2016年，第127页。
[2] 王鏊著，吴建华点校：《王鏊集》卷三十六，上海：上海古籍出版社，2013年，第507页和第508页。
[3] 张昹著，陈其弟校注：《吴中人物志》，苏州：古吴轩出版社，2013年，第153页。

生于亥，冠带于丑，衰于辰，墓于未。由此而推，莫不皆然。自长生而冠带，自冠带而衰，自衰而墓，所谓生老病死也。一首《长生诀》，是一幅百年图矣。"[1]生老病死乃自然规律，这就是所谓的长生。

对成仙与永生的排斥，意味着对古典神性身体追求的瓦解。但是，长寿的理想仍然在，民间处处都体现着这样的追求。建于明代的东山明善堂，其上下枋雕刻了两个神话故事，分别是"陈抟一觉困千年""彭祖活了八百零三岁"，这显然是对长寿的一种美好愿景。只是此时的长寿已不再由神掌控，而是由药材来"控制"。祝允明明确表示了对仙的排斥，为此他专门撰文《斥仙》：

> 余答问仙者恒不尽其辞，因激直以待扣大归，欲得有无，宜为不一言以蔽之矣。有而不可为也。扬子曰：圣人不师仙，厥术异也。圣人非不能，不为也。子曰："朝闻道，夕死可矣。"释氏曰：寂灭为乐。形灭，性不灭也。老子曰：死而不亡者寿。皆无以不死为善。由羲、炎至于孔、颜为圣贤，在孔氏书者，无一人修仙。如其言黄帝冲举，不知果否。史故言帝崩冢且在，非谓决必无，即信仙，帝道已尽，身为圣人，乃仙亦何害？至所称广成之流，其为人贤不肖，不在世史，吾安得知之？由孔子后为者，悉不闻其素高识士，或言仙若嵇、阮、郭璞辈，知不免世祸托云尔。后多放之，不诚为其它，君臣士庶人诚为之，悉愚不肖也。虽有良士且为之，是知中之愚，贤中之不肖也。道二君子、小人，仙所为何有于天典民理，益于身、家、国、天下？何一心为君子之心？何一事为君子之事？是故天下诚不肖之事二：烧金者，大盗也，罪溢于跖。仙者贼也。谓盗贼者，无独人世盗贼，天地之盗贼也。又其事万败而一就，就者虽千万岁，犹莽、操、懿、温、劭刘、广杨，虽帝王而盗贼也。即所谓钟、吕等，在坐云表，笑九土，亦粪土而已矣。粪土且益世。其败者，即卓、泚、禄山、□巢等。愚中复愚，不肖中更不肖，穷恶竭祸，乞为兽虫不可得，

---

[1] 袁栋：《书隐丛说》卷十一，载王维德等撰《林屋民风（外三种）》，上海：上海古籍出版社，2018年，第665页和第666页。

万悔不及，夫何惑之有？[1]

祝允明认为，古今圣贤之人没有追求成仙的，伏羲、炎帝、孔子、颜回都是如此。对他们来说，朝闻道，夕可死矣，生命能否永恒存在并不重要，但是他们对身、家、国、天下都有益。他甚至把仙看作"贼"，即使他们千万岁，也是盗贼。粪土尚且对世界有益，他们只有害处。祝允明对仙的观点可谓激烈，但是对于延年益寿他充满了兴趣。长寿在他看来只是与世俗的调养有关，他曾经写诗赞美能够延年益寿的草药：

丹砂：少刚蕴精，却邪辅性。虹魄夕凝，阳彩晨映。鬼神莫寻，腾伏岂定？梯彼云场，脱兹人径。

云母：灵饵之君，爰有五云。积英霏微，流华缊氲。王母授法，沐浴吐吞。西龟定录，东华校名。

胡麻：胡麻上谷，甘平靡毒。敷茎团圞，流彩沃沃。充虚长肌，聪耳明目。仙源女真，载炊载暴。

黄精：性异钩吻，质从太阳。本讶葳蕤，叶疑箟簜。轻躬驻颜，回老返婴。盇征厥号，仙人余粮。[2]

丹砂、云母、胡麻、黄精都是有益于身体的中草药，作者热情地歌颂它们，甚至用隐喻的方式将它们与仙人相联系。明清以后，人们较少再去想象长生不死，面对现实，他们退而求其次，追求养生长寿。

---

[1] 祝允明著，薛维源点校：《祝允明集》，上海：上海古籍出版社，2016年，第211页和第212页。

[2] 祝允明著，薛维源点校：《祝允明集》，上海：上海古籍出版社，2016年，第556页。

第二节　社会理性对身体的规训

当身体的神圣性逐渐远去，社会理性对身体的规训却进一步加强。儒学发展到宋明时期，程朱理学用天理取代了天道。虽然天理在超越性、神圣性上和天道是一致的，但是它比天道明显更为刚硬。钱穆先生提到，"二程"所谓的天理"却不是指的宇宙之理，而实指的是人生之理。他只轻轻把天字来形容理，便见天的分量轻，理的分量重。于是他便撇开了宇宙论，直透入人生论。"[1]以人伦为要义的人道就成了天理。由天理控制的世界冲漠无朕，万象森然。天理给纷繁复杂的社会生活以规范、约束和提升而变得纯净。虽然在天理的笼罩下，世界仍然呈现出有序、纯净的美好面貌，但是此纯净美好是以对人的情感欲望的严格约束为代价的。程朱理学之天理建立在心与理二分的基础上，强化了天与人的二分。"朱熹在心与理为二的基础上给道心、人心、人欲划定了泾渭分明的界限，并确定了道心制约人心、排斥人欲的基调。与道心、人心、人欲相对应，性、情、欲之间也是区别明显、层层压制的关系。人道上升为天理，仁义礼智等道德伦理具有了无可置疑的合法性。"[2]

宋明理学在明代被官方奉为正统学说，对人的思想进行了钳制。虽然明中期阳明心学兴起，力倡良知之学，称良知良能人人皆有，但是良知也是天理在人心的另一种表述。综观明清时期，天理始终成为高悬世间、规训身体、压制情欲、不可侵犯的道德律令。

一、理学的明清实践对身体的规训

明王朝建立之初，作为国家的基本政治意识形态，程朱理学从制度上

---

[1]　钱穆：《宋明理学概述》，北京：九州出版社，2010年，第56页。
[2]　杨洋：《从"天理"到"良知"——王阳明"良知"思想的演变及其美学意蕴》，《中国文化研究》，2016年冬之卷。

进行全面的推行。我们主要通过对明清的节孝观进行具体分析来展示理学在明清的实践。作为礼教的一部分,"二程"和朱熹对贞节问题明确提出了自己的看法。程颐认为,男性再娶、女性再嫁都属于失节,是极不值得提倡的。从这个角度讲,节只是程颐道德理性的一种理想追求。但是,在具体的情况下,男性与女性由于社会地位的不同而存在区别。《二程集》载:"问:'孀妇于理似不可取,如何?'曰:'然。凡取,以配身也。若取失节者以配身,是已失节也。'又问:'或有孤孀贫穷无托者,可再嫁否?'曰:'只是后世怕寒饿死,故有是说。然饿死事极小,失节事极大。'"[1]在讨论妇女面临饥寒贫困等生存威胁是否可以再嫁的时候,程颐认为,这只是一种假设,饿死的可能性小,而且在失节这样的事面前,饿死也就不算什么了。男性在再娶问题上明显比女性更为灵活,在传继宗嗣的需求下,续娶妻是可以接受的。朱熹对"二程"的相关思想非常认同,多次提到程颐的这一表述,而且提出了具体的实施办法:"保内如有孝子顺孙、义夫节妇,事迹显著,即仰具申,当依条旌赏。其不率教者,亦仰申举,依法究治。"[2]朱熹提出的这种惩罚制度为元、明、清三朝的全面实施提供了直接的思路。但是,程朱理学在谈论这个问题时只是在士大夫层面,是对君子的一种德性要求,试图通过在这个阶层的实施为整个社会树立榜样,而且他们在此问题上虽然总体上是提倡的,但并不严苛。

  明清两代,朝廷在贞节问题上沿袭了宋明理学的基本思想。但是在具体的实施中走向了极端,从而使得理学失去了其柔性的维度,变得极其刚硬。明清科举主要沿唐宋之制,在考试内容上凸显程朱理学:"后颁科举定式,初场试《四书》义三道,经义四道。《四书》主朱子《集注》,《易》主程《传》、朱子《本义》,《书》主蔡氏《传》及古注疏。《诗》主朱子《集传》,《春秋》主《左氏》、《公羊》、《谷梁》三传及胡安国、张洽传,《礼记》主古注疏。"[3]在科举考试"四书五经"的选本上,"四书"《易》《诗》用的都是程朱的注本,程朱的思想通过科举取士的方式渗透到天下士人之中。《姑苏名贤小记》记载了嘉靖时举人张基的事迹:"庚子科举应天

---

[1] 程颢、程颐著,王孝鱼点校:《二程集》,北京:中华书局,2004年,第301页。
[2] 朱熹:《劝谕榜》,载《朱子全书》第二十五册,上海:上海古籍出版社,合肥:安徽教育出版社,2002年,第4620页和第4621页。
[3] 张廷玉等:《明史》,北京:中华书局,1974年,第1694页。

荐，荐而例得坊金百，一日散之，亲族略尽。当会试有显者与先生善，欲为道地，先生咄曰：立身一败，尚欲何为哉。竟弗应……屏去冠服，为野人装，治一室甚洁，扁曰：爱日以居……于书无所不窥而尤邃于经术……足不逾户，妇亡不更娶，旁无姬侍，食不荤，寝恒不胁席也。岁大祲，有米数百斛，悉以赈饥者……先生常铭坐右曰：勿展无益身心之书，勿吐无益身心之语，勿近无益身心之人，勿涉无益身心之境……论曰：此真孝廉也哉。虽天性纯粹，乃其得于学植者深矣。先生之学盖自主敬入也。敬则静，而虚明湛然至德凝矣。"[1]理学对张基的影响可谓深刻。他对这些观念充满了敬畏，内心主动对这些道德观念进行吸收并付诸实践。在父母去世以后，他非常严格地要求自己，秉承禁欲主义的态度，读书、说话、交往、走动处处都以有益于理学所要求的身心为原则，是社会理性对身体的规训使得士人们往其要求的理想境界努力。

明初期开始，朝廷从制度层面上对女性的节孝行为进行了规定，《明史·列女》中载："明兴，著为规条，巡方督学岁上其事。大者赐祠祀，次亦树坊表，乌头绰楔，照耀井间，乃至僻壤下户之女，亦能以贞白自砥。其著于实录及郡邑志者，不下万余人，虽间有以文艺显，要之节烈为多。"[2]明代政府将女性的节孝纳入政府的考核事项，每年各地都要上报本地的情况，政府会根据情况赐祠祀或者树坊表，以示天下。明初，朝廷颁发了一系列的旌表法令，以对节妇烈女进行嘉奖。"洪武元年（1368）令，凡孝子顺孙义夫节妇，志行卓异者，有司正官举名，监察御史、按察司体核，转达上司，旌表门闾。又令，民间寡妇，三十以前夫亡守制，五十以后不改节者，旌表门闾，除免本家差役。"[3]洪武二十一年（1388），为预防地方官员不奏报，又下诏，要求核实入奏。洪武二十六年（1393）再次强调颁令，要求礼部对各地的节孝行为进行旌表。对妇女节孝的制度性旌表一直持续到清代，有过之而无不及。清代继承了明代的规定，由礼部掌管旌表孝妇、孝女、烈妇、烈女、守节、殉节、未婚守节女等事项，每年都会统计，据《清史稿》所述，受旌表者每年都有数千人。有清一代同样以朝廷政令的形式推行节孝："雍正元年（1723），诏天下守

---

[1] 文震孟：《姑苏名贤小记》，台北：明文书局，1991年，第104—106页。
[2] 张廷玉等：《明史》，北京：中华书局，1974年，第7689页和第7690页。
[3] 李东阳等撰，申时行等重修：《大明会典》（影印本），扬州：广陵书社，2007年，第1254页。

节妇女，一切穷檐蔀屋，俱得上陈。时山陬海澨，概邀旌门之典。既又命天下有司于所治建节孝祠，凡既经旌表者，奉主入祠，春秋致祭。"[1]制度的推行使得节孝成为全社会都遵循的普遍化行为，完全超越了礼不下庶人的设定，渗透到了每一个角落，以致"'饿死事小，失节事大'之言，则村农市儿皆耳熟焉"[2]。贞节观自古有之，从《仪礼》开始就有对女性贞节的相关规范，但在历史发展中，其并没有成为规训妇女的社会风俗，各个阶层特别是上层中女性再嫁的行为都普遍存在。虽然从《后汉书》开始，烈女就进入正史之中，但从各种文献中统计的数据来看，明清二代守节的数量出现了井喷："周代至五代2000年间，节妇92人，烈妇95人；宋代至清代不到1000年间，节妇37 134人，烈妇12 062人。隋唐，节妇34人，烈妇39人；宋代，节妇152人，烈妇122人；元代节妇359人，烈妇383人。明清两代500多年的时间就有5万女性成为礼教的殉葬品。"[3]

贞节之风在苏州同样非常兴盛。在各种地方志中，烈女都是重要的内容，而烈女中记载的基本都是节孝妇。贞节观念在各个阶层中蔓延开来，从城市渗透到乡镇。洞庭西山距苏州城近百里，但是贞节之风非常盛行，据《西山节烈祠碑记》载：

> 西山为吴县一隅，其节烈妇女，俱经吴县祠祀。然有洁白之行，皓如日月，而世代既远，未及上陈者。又西山距城百里，有波涛之险，狂飙怪雨，每至断渡。春秋时享，子孙至不能瞻拜，于礼仍阙。于时西山蔡子宏望与同志谋于本山公所，别建一祠，自唐宋以来，史书志乘有可征考，及见闻确实，幽抑未显者，并得入祠，春秋致祭，同郡城例。而子孙将事其中，不致风涛闲阻，贻憾寸心，此又补圣朝典礼之所未备者也。夫西山习尚淳朴，其地故多节烈，又累年以来，历被褒崇，奖劝井里，坊表巍峨相望。而秉夷好德之士复能推广仁恩，以补典礼之所未备，将宋贤所云"饿死事小，失节事大"者，益浸入妇女之心，人心日以正，风俗日以厚，推而广之，教化大行，五常惇叙，王政于是乎成矣。因

---

[1] 王维德等：《林屋民风（外三种）》，上海：上海古籍出版社，2018年，第381页。
[2] 方苞著，刘季高校点：《方苞集》，上海：上海古籍出版社，1983年，第105页。
[3] 舒红霞：《宋代理学贞节观及其影响》，《西北大学学报》（哲学社会科学版），2000年第1期。

西山人士之请，志其建祠缘起如此。[1]

碑记描述了西山康熙朝的节烈之风。当时"饿死事小，失节事大"的观念已经深入普通妇女的内心，成为她们追求的一种道德观念。此地节烈之人众多，据《林屋民风》载，光西山此时就有节孝坊三十一个，其中孝坊只有一个，确如碑记所言"坊表巍义相望"。为推广这种品行，教化民众，西山申请独立建祠。

明清两代，以孝治天下的观念得到进一步加强。国家往往将孝的推行与节联系在一起，颁发相关政令时，对孝子、顺孙、义夫、节妇一般同时做出规定。同时，历代统治者对孝都有特别的强调。《明太祖实录》载洪武三年（1370）："上曰：'人情莫不爱其亲，必使之得尽其孝，一人孝而众人皆趋于孝，此风化之本也。故圣人之于天下，必本人情而为治。'"[2]这就为整个明朝的孝治奠定了方向，后来历代皇帝都反复地明确孝治的地位。到了清代，孝的地位更加凸显。顺治年间，《孝经》被纳入科举考试，直到乾隆五十二年（1787）退出。顺治八年（1651）曾颁诏天下："朕惟帝王孝治天下，尊养隆备，鸿章显号，因事有加，乃人子之至情，古今之通义也。"[3]历代帝王都将孝治纳入礼制纲纪、官员士子考核的制度之中。这种制度被贯彻到整个社会，孝的行为得到嘉奖，逐渐成为人们严格遵循的道德观念。

节孝行为的推行首先表现为上层的一种制度，国家通过奖惩措施对节孝行为进行引导，有些人因为政府的奖励有意识地去展示自己的节孝以获得相应的奖赏。同时，节孝已经成为内在于人的一种道德理性。"明代政府所推行的节孝行为，就不仅仅是一种制度政策，同时也成为一种社会道德的教化行为。于是，在制度与教化的双重作用下，明清时期的节孝行为，越来越出现了超越人性、违反人性的激烈化行为。"[4]下面我们将着重考察明清苏州的节孝实践对身体的规训，探究这一时期身体所呈现的畸形面貌。

---

[1] 王维德等：《林屋民风（外三种）》，上海：上海古籍出版社，2018年，第381页和第382页。
[2] 《明实录·明太祖实录》，台湾研究院语言研究所，1962年，第963页。
[3] 《清实录·世祖章皇帝实录》，北京：中华书局，2008年，第1961页。
[4] 陈支平：《朱子学·理学：唐宋变革与明清实践》，《厦门大学学报》（哲学社会科学版），2014年第3期。

在明清苏州的各种地方志文献中存在着大量的关于贞节女性的记录。女性在守节过程中会不同程度地对自己的身体进行伤害，以此来表明其守节的坚定立场，我们试举几例：

陈氏，同邑吴宣妻。为郡吏得危疾时，未有子而陈妊五月矣。宣且死，凄怆而无言。陈谓曰："吾知子不悲短命而痛胤嗣之不续也。今吾方妊，所生男也固大幸；即女也，吾且长育教诲之，为择婿，属以蒸尝，子无忧乏祀矣。"宣死后，节妇免身得男。自是蓬首毁容，日居丧帷中，人莫见其面。既葬宣，因庐于墓所，乃独纺绩以为食。[1]

王妙凤，洞庭东山民女，许嫁吴氏。吴父死，母有污行。凤知语母，求绝婚。母谕不可。凤入门，孝敬无违。夫出贾南楚，污人来，姑计使浼凤见，凤不能发。一日，污饮姑室，姑命凤来温酒。凤恚事污，挈瓶出，久不进，在爨室举燎炀之以警污。污不去，且入厨紾凤臂挑之。凤随取刀斫此臂，不断，再斫乃断。归家，母将讼理。凤曰："死耳，世宁有妇讼姑者耶？"逾旬卒。母鸣于官，官为匪人眩沮，冤迄不申。

高氏者，嘉定狄阿毛妻也，配狄一月，患痛疽，高吮之，不愈死。高抱尸恸哭，三日不内水浆。家贫，火葬，火炽，高便跃入火，姑救出之。高恨不得从夫地下，取夫骨啮吞之。父母惊异而昧其志，相谓言："疾嫁耳，迟之，则死矣。"漏言于高，高归舍，即断发自誓，其夕竟就雉经。[2]

陈氏在丈夫去世以后将自己封闭起来，"蓬首毁容"。面对婆婆勾结歹人侮辱自己的行为，王妙凤拿刀斩断自己的手臂。高氏为刚结婚不久的丈夫吸吮痈疽。在丈夫死后，她抱尸恸哭三日不进水米，并试图与丈夫一起火葬。在婆婆把她救出来之后，她却恨不能与丈夫一起死，吞噬丈夫的尸骨，最后还自缢身亡。殉夫、封闭、绝食、刲股、断臂、毁容、断发、自缢等各种残害自己身体的行为层出不穷。女性的这些行为却得到了社会的赞赏："赞曰：妙凤激义既烈，处理详善，其东南山泽粹气钟发也。古今人以

[1] 杨循吉纂，陈其弟点校：《长洲县志》，载《吴邑志　长洲县志》，扬州：广陵书社，2006年，第172页。
[2] 祝允明著，薛维源点校：《祝允明集》，上海：上海古籍出版社，2016年，第967页。

忠贞杀身以成仁者何限？ 赖以为世，又何痛悼一死哉！ 淑清逼迫淫势，淹回以终，岂不冤哉！ 高心诚委所天，视死若归，暗于理道，乖伤中正。孔子曰：'观过知仁。'高仁矣哉！"[1]一方面，社会赞赏这种行为，对这种行为进行表彰；另一方面，女性坚定地认为守节是自己必须遵守的道德行为规范，外在的制度政策与内在的道德追求使得她们自觉地按照理学的要求来对自己的身体进行严格的控制。她们的身体已是被规训的身体。

在文学作品中，女性贞节是非常普遍的主题。顾元庆在其《夷白斋诗话》中记载了一则都穆与沈周之间的故事："南濠都先生穆，少尝学诗沈石田先生之门。石田问：'近有何得意作？'南濠以《节妇诗》首联为对。诗云：'白发贞心在，青灯泪眼枯。'石田曰：'诗则佳矣！ 有一字未稳。'南濠茫然，避席请教。石田曰：'尔不读《礼经》云：寡妇不夜哭。何不以"灯"字为"春"字？'南濠不觉悦服。"[2]日常的写诗以此作为主题，足见其风气之盛。在这些作品中，自残乃至自杀以守节的现象也非常普遍，"忠臣不事二君，烈女不更二夫"是很多女性人物严格遵循的准则。冯梦龙《喻世明言》第二十卷《陈从善梅岭失浑家》中，陈从善的妻子张如春与丈夫去广东赴任途中被申阳公劫走，掳回洞中。申阳公欲娶她，并劝她说："小圣与娘子前生有缘，今日得到洞中，别有一个世界。你吃了我仙桃、仙酒、胡麻饭，便是长生不死之人。你看我这洞中仙女，尽是凡间摄将来的。娘子休闷，且共你兰房同床云雨。"[3]面对长生成仙的诱惑，如春决然拒绝，只为快死，以保全贞节，"宁为困苦全贞妇，不作贪淫下贱人"[4]。昆山人郑若庸的传奇《玉玦记》中，士人王商的妻子秦庆娘在金军掠夺山东而避难途中被降金叛将张安国所虏。秦庆娘坚决不肯委身于张安国，她说："忠臣不事二君，烈女不更二夫。断不学狗彘之行，玷衣冠之风。不改初心，宁蹈白刃。"为此，她剪发毁容，以此躲避张安国的凌辱之图："我被它凌逼，故设此计。如今截发破面，残毁形容，他想也不要我了。倘或再来逼迫，将此宝剑，卧起操持，危急之时，自刎而亡。若这叛

---

[1] 祝允明著，薛维源点校：《祝允明集》，上海：上海古籍出版社，2016年，第968页。
[2] 顾元庆：《夷白斋诗话》，载《历代诗话》，北京：中华书局，2004年，第805页。
[3] 冯梦龙编，许政扬校注：《喻世明言》，北京：人民文学出版社，1958年，第328页。
[4] 冯梦龙编，许政扬校注：《喻世明言》，北京：人民文学出版社，1958年，第329页。

贼因容颜损弃置了，留此残生，再见儿夫一面，也不见得。"[1]秦庆娘也做好了自杀的准备，如果无法捍卫贞节就自刎而亡。

当然被规训的不只是女性的身体，在孝观念方面，男性与女性都遵循理学的逻辑，这其中男性的案例尤其多。苏州各种方志记载了大量的"孝友"，地方政府通过将他们载入方志中，以引导人们去规范自己。在这些记载中，我们可以看到，孝的表达往往又是以身体的伤害作为表征的，《祝允明集》中记载了一个孝子朱颢："朱孝子颢，字景南，长洲人。父病，孝子事之有礼，不饮不荤不内处，不解冠服，虮虱满襞积，伥伥奔市中若狂。及死，庐墓终丧。甲午，下诏旌之。"[2]长洲孝子朱颢在父亲生病以后杜绝了一切非必要的感官欲望，甚至睡觉都不脱衣帽，衣服里长满了虱子。在父亲死后，他建起草庐住在里面，直到守丧期满。在他看来，要表达自己的孝，必须严格控制自己的身体欲望，甚至超越了常理。祝允明对此非常认同："赞曰：甚哉！孝之为称大矣！人皆乐道之。予列景南，亦足以发。"[3]

割肉救亲现象的普及则更进一步展示了这一时期道德观念对身体的规训。在文献中，人体的很多器官，如心脏、眼珠、肝肾等，都会被割下来，以救治亲人。其中，割股救亲是中国古代比较常见的一种现象，特别是唐代以来，这一现象由于得到官方的认可和表彰而越来越多。朱熹曾谈到这个问题："今人割股救亲，其事虽不中节，其心发之甚善，人皆以为美。又如临难赴死，其心本于爱君，人莫不悦之，而皆以为不易。且如今处一件事苟当于理，则此心必安，人亦以为当然。"[4]在朱熹看来，割股救亲这一行为本身并不合适，但由于他发自心之理，正如因忠于君王而临难赴死。朱熹的这种观点在明清苏州得到了更为普遍的传播，光绪《吴江县续志》的"孝友"曾对这种行为进行辩护："割股之事，儒者议之，以为伤生，非孝也。李龄寿曰：人之有身，一毛发无不爱也，蚊蚋攒之，即觉于心而动于体，针锥刺之，虽壮夫亦色骇。及至无可如何，顾引刃以自

---

[1] 黄竹三、冯俊杰：《六十种曲评注·玉玦记评注》，沈阳：吉林人民出版社，2001年，第119页和第120页。
[2] 祝允明著，薛维源点校：《祝允明集》，上海：上海古籍出版社，2016年，第966页。
[3] 祝允明著，薛维源点校：《祝允明集》，上海：上海古籍出版社，2016年，第967页。
[4] 黎靖德编，王星贤校点：《朱子语类》，北京：中华书局，1986年，第1390页。

割,其心知有父母耳;不知有身也,尚何引《诗》《书》绳礼仪,以自文饰哉? 余考前辈诸记载,得如千人,其人或士人,或农夫,或市人,盖天性之事,虽愚夫妇而或过于士大夫。"[1]作者亦认为,割股救亲是人的天性,儒者以"身体发肤受之父母,不敢有毁"为由而认为这种行为是不孝的,是站不住脚的,孝之天性,本无需任何的论证。《吴江县续志》记载了潘其炳、程逢源、陶明元、赵士奇、翁三祝、朱良法、李正明等数十个割股救亲的人,而这只是当时吴江县的记载。其他文献也记载了吴地大量割股救亲的例子,我们试举几例:

> 沈士鳞,字余光,盛泽人,性至孝,幼知爱敬,饮食不敢先尝。父母有怒色则嬉笑膝下,令欢然乃已。年十二,父承源病,割股以奉,得愈。父没,继母病笃,士鳞出祷佛寺,请剖心以救人,有见者惊告其家,急往视之,已血晕仆地矣。后子母俱全。康熙四十一年(1702),巡盐御史雅某旌其门。[2]

> 陈世曙,字亮初,马迹山人。父士仁遭家难避祸,世曙以身当之,几殆。奉母挈弟妹,侨居湖北鄙,为塾师,以养母及弟妹。馆舍饮食,可怀者辄怀奉母。父归,病甚,曙割股和药以疗,家中无知者。年三十四始娶妻。淮安郡丞李公稔世曙贤,具金币为聘,世曙即以金归母,为中弟娶妇。已两亲相继殁,拮据丧葬如礼。[3]

> 吴璋,字廷用,县市人。年十一而孤,母陆氏孀居不嫁,永乐癸卯,朝廷选天下孀妇之贞者以备内役,而陆以例行。宣德丙午随亲王出封广东,改封饶州。璋弃家往来二藩间,累启本求见,不许。正统丁卯,乃冒死陈情甚切,王怜而许之,遂得入养赡所见焉。而陆已病笃不能言矣,璋彷徨无措,乃出而割股作糜以进,陆啖之,遂苏。于是母子相劳苦抱持以泣。王闻而召之,赐白金五两,彩缎一匹,奖谕而遣之。不久,陆卒于旅舍,璋与榇归葬,

---

[1] 金福曾等修,熊其英等纂:《吴江县续志》,载《中国地方志集成·江苏府县志辑》第20册,南京:江苏古籍出版社,1991年,第425页。
[2] 陈葉缠、丁元正修,倪师孟、沈彤纂:《吴江县志》(二),载《中国地方志集成·江苏府县志辑》第20册,南京:江苏古籍出版社,1991年,第121页和第122页。
[3] 王维德等撰,侯鹏点校:《林屋民风(外三种)》,上海:上海古籍出版社,2018年,第167页。

哀痛终身云。[1]

在这些记载中，有的提到了是否吃药，有的则没有提。父亲生病，沈士鳞割大腿肉来治病，继母生病则试图剖心来治。母亲生病，吴璋彷徨无措，于是割大腿肉做成肉糜给母亲吃。父亲生病，陈世曙割股和药来治父亲。明清在中医较发达的苏州，当人生病时，首先的反应应该是请医生看病吃药。但是，大量的记载并没有提到他们是否吃药，只强调割股，大部分的记载还明确表示吃了肉之后病好了，这似乎不合常理。那么我们就需要对这样的文本建构进行反思。第一，社会道德观念将对父母的孝与子女的身体奉献对应起来，以至于割股、割心等行为成为父母生病时表达孝的第一反应，这是道德理性教化的直接后果，而这些行为是违背基本常识与人性的。《喻世明言》第三十八卷《任孝子烈性为神》中，王珏是个大孝子，虽每日都在张员外家帮忙打理买卖，但早晚都会向父亲问安。妻子梁圣金不守妇道，与周得私通。王珏受妻子欺骗，错怪父亲。待发现事实真相后，他杀了岳父岳母、丫鬟春梅、妻子梁氏和与其私通的周得。他的行为却得到了大家的认可，一方面由于他的烈性，另一方面则因为他是大孝子。官府不得已而判处其死刑，在刑场上，天显异象，王珏坐化在刑具上。两个月后，王珏附体在小孩身上，告诉百姓玉帝念他忠烈孝义，封他为土地神。百姓在他原来房屋上建立起一座庙，树起王珏神像，供大家祭拜。忠孝之人，即使伤人，却也成神，可见当时人们对于这一观念的推崇。第二，这是官方有意识地引导。在记述这些行为时，绝大部分文字都明确记载了这些人因为自己的孝行而得到嘉奖。虽然明朝在洪武二十七年（1394）曾经就割肉孝亲问题做过官方的表态，不同意这种行为："诏申明孝道。凡割肢或致伤生，卧冰或致冻死，自古不称为孝，若为旌表，恐其仿效，通行禁约，不许旌表。"[2]但是似乎没有推行下去，而后历代皇帝仍普遍表彰这样的孝行。由于忠和孝是联系在一起的，在家为孝，在国则为忠。褒奖孝道，实际则是鼓励对君王忠。第三，由于国家普遍褒奖这种行为，不排除很多人可能为了褒奖而故意去割肉，那么就有可能偏离了朱熹所说的理之所在或者性之所在了，孝行的表达就带有了世俗的功利目

---

[1] 莫旦：《弘治吴江志》，台北：台湾学生书局，1987年，第427页。
[2] 李东阳等撰，申时行等重修：《大明会典》（影印本），扬州：广陵书社，2007年，第1255页。

的。在科举考试越来越难的情况下，通过展示自己的孝行以入仕无疑是一条可选择的道路。

同时我们必须认识到，宋明理学作为当时社会理性的最重要力量，对身体的规训是全方位、根深蒂固的，其影响也并不总是以变态的形式表现出来。因为社会规训存在于任何社会、任何阶段，在合理的范围内，身体也会呈现出理性的光辉。但是，我们必须认识到这一阶段身体所处的不合理状态，理性的适当约束本能够克服感性身体的杂乱状态，但是过度的强硬使得身体失去了自身的活力，呈现出变态的状态，这是中国古代的一种"非美"之美的状态，是古代身体美学的另一个极端。

二、道德理性对情的提升

明清时期，宋明理学作为主导性的社会道德观念，始终对人的身体欲望起着严格的控制作用。但是，理学内部随着心学的兴起，也发生了一些变化。程朱理学主张处于天理与人欲之间的情可以获得合法的存在，但这个情必须是恻隐、羞恶、辞让、是非等道德情感，它们可以被净化与提升，进入审美的领域。但心学理学主张"天理在人心"，人心有恻隐、是非的道德情感，也有喜怒哀乐等自然情感。既然天理在人心，那么人的自然情感也就有了存在的合理性，不会被道德理性决然地排斥在外了。随着心学的推进、明清社会的变化，自然情感逐渐走进道德理性审美的视野。这一时期，情成为苏州地区诸多思想家、文学家尊崇的对象，被赋予重要地位。同时我们也必须意识到，情并不是一个与理相对立的存在，相反，它受到理的净化与提升，并与理结合在一起，促进社会的教化，维护社会的道德秩序。

明清时期，情的地位得到了前所未有的提升。冯梦龙把情看作万物产生之源，"天地若无情，不生一切物。一切物无情，不能环相生。生生而不灭，由情不灭故。四大皆幻设，惟情不虚假。"[1]万事万物都是由情而产生的，地、水、火、风等一切物质都是虚幻的，只有情不可能虚假。情也被看作文学艺术的本源。冯班在《马小山停云集序》中说："诗以道性

---

[1] 冯梦龙：《情史·龙子犹序》，南京：凤凰出版社，2011年，第1页。

情。"[1]徐祯卿亦说:"情者,心之精也。情无定位,触感而兴,既动于中,必形于声。故喜则为笑哑,忧则为呼戏,怒则为叱咤。然引而成音,气实为佐;引音成词,文实与功。盖因情以发气,因气以成声,因声而绘词,因词而定韵,此诗之源也。"[2]有感于物而情生,然后形成声音。情感不同,声音亦表现为不同的状态。嘉定侯玄泓在描绘戏曲的声调时说:"若夫情曼者其声啴,情抗者其声厉,情危者其声烈,情豫者其声扬。是数者虽诡于和,而情之所激,皆足以铿锵律吕,感动鬼神。"[3]戏曲的声调是情的表现,情感不同,声调亦不一样。"夫情既异其形,故辞当因其势。譬如写物绘色,倩盼各以其状;随规逐矩,圆方巧获其则。此乃因情立格,持守圆环之大略也。"[4]诗歌的写作应该根据情感的不同来选择不同的语词,也因情感的不同形成不同的文学风格。可以说,情感决定了文学艺术的方方面面。

从情的角度来说,人与万物并没有什么不同,"万物生于情,死于情,人于万物中处一焉,特以能言,能衣冠揖让,遂为之长,其实觉性与物无异。是以羊跪乳为孝,鹿断肠为慈,蜂立君臣,雁喻朋友,犬马报主,鸡知时,鹊知风,蚁知水,啄木能符篆,其精灵有胜于人者,情之不相让可知也。"[5]人只是万物中的一种,虽然在语言、衣冠、仪礼上区别于他物,但动物是有情的,它们也是生于情且死于情的。相反,如果人没有情,即使活着,也跟死了一样。情能让人生,亦能让人死。"人生,而情能死之;人死,而情又能生之。即令形不复生,而情终不死,乃举生前欲遂之愿,毕之死后;前生未了之缘,偿之来生。情之为灵,亦甚著乎!"[6]情不会随着生命的终止而消失,即使此生已了,来生仍将继续。因情而生死的思想在当时苏州得到了不少人的响应,卫泳在《悦容编》中说:"情之一字,可以生而死,可以死而生。故凡忠臣孝子,义士节妇,莫非大有情人。"[7]卫泳

[1] 冯班撰,何焯评,李鹏点校:《钝吟杂录》,北京:中华书局,2013年,第153页。
[2] 徐祯卿:《谈艺录》,载《历代诗话》,北京:中华书局,2004年,第765页。
[3] 侯玄泓:《尺牍新抄》卷十二,载《丛书集成初编》,上海:商务印书馆,1937年,第295页。
[4] 徐祯卿:《谈艺录》,载《历代诗话》,北京:中华书局,2004年,第767页。
[5] 冯梦龙:《情史》,南京:凤凰出版社,2011年,第677页。
[6] 冯梦龙:《情史》,南京:凤凰出版社,2011年,第260页。
[7] 卫泳:《悦容编》,载虫天子编《香艳丛书》(一),北京:人民文学出版社,1992年,第67页。

也是将情置于很高的地位，其观点与冯梦龙大致相同。情犹如风，围绕在人的周围，感化人，这是风的属性。"情主动而无形，忽焉感人，而不自知。有风之象，故其化为风。风者，周旋不舍之物，情之属也。"[1]这与理的刚硬形成了鲜明的对比，它感人、化人，因此也更能入人心，人在不知不觉中就会受到其影响。这在文学艺术中也能得到说明，徐祯卿说："夫情能动物，故诗足以感人。荆轲变征，壮士瞋目；延年婉歌，汉武慕叹。凡厥含生，情本一贯，所以同忧相瘵，同乐相倾者也。故诗者风也，风之所至，草必偃焉。"[2]诗歌来源于情感，它之所以能够感人，是因为人们在情感上是共通的。它如风一样，风吹草低，无不受其影响。

虽然情得到了诸多苏州文人的辩护，被推崇到世界本原的地位，但是我们必须认识到，当时人们对情的认识是在儒家道德理性的框架之内展开的。他们并没有将情与理对立起来，相反，情是他们为传统的儒家道德观念找到的一个新的根基。

首先，儒家经典"五经"在情的层面统合在一起。按照《白虎通义》中对"五经"的解释："孔子所以定'五经'者何？以为孔子居周之末世，王道陵迟，礼乐废坏，强陵弱，众暴寡，天子不敢诛，方伯不敢伐，闵道德之不行，故周流应聘，冀行其道德。自卫反鲁，自知不用，故追定《五经》，以行其道。"[3]即周王朝后期，礼崩乐坏，道德不行，王道被废。孔子审定"五经"，是要推行其道德观念。也就是说，推行道德观念是其根本目的。这一目的在冯梦龙看来都是奠基在情感基础上的，但事实上孔子对于情感并没有过多的思考。在《论语》中，"情"字只出现过两次："上好信，则民莫敢不用情"（《论语·子路》）和"如得其情，则哀矜而勿喜"（《论语·子张》）。这两个情与情感没有直接关联，被更多地理解为实际情况。但是，冯梦龙对儒家经典做出了自己的解释："六经皆以情教也。《易》尊夫妇，《诗》有《关雎》，《书》序嫔虞之文，《礼》谨聘奔之别，《春秋》于姬姜之际详然言之，岂非以情始于男女，凡民之所必开者，圣人亦因而导之，俾勿作于凉，于是流注于君臣、父子、兄弟、朋友之间而汪然

---

[1] 冯梦龙：《情史》，南京：凤凰出版社，2011年，第270页。
[2] 徐祯卿：《谈艺录》，载《历代诗话》，北京：中华书局，2004年，第766页。
[3] 陈立撰，吴则虞点校：《白虎通疏证》，北京：中华书局，1994年，第444页和445页。

有余乎!"[1]按照冯梦龙的解释,儒家经典实质上都是试图通过情来教化人的,男女之情是它们共同的起点。以情释儒家经典是他情教思想的重要内容。

其次,儒家所谓忠孝节烈等道德观念也根植于情。以劝善崇德而著称于世的袁了凡(即袁黄)晚期迁居吴江,著书立说,对晚明以后的苏州产生了重要的影响。苏州不少家规、家训都以他的《袁了凡四训》作为范本,要求子弟遵循他的训导。王师晋的《资敬堂家训》载:"以《袁了凡四训》付侄孙辈观看。大凡为圣为贤,须立志发愤,即世之成事业者,亦俱有发愤志向,然后可成。断无懈怠玩忽,而可成事业者。"[2]由此可见《袁了凡四训》的影响,但在谈及情与理的关系时,袁了凡仍将情置于理的根部。在《两行斋集》中,了凡说:"人生于情,理生于人,理原未尝远于情也。后之学者远情而骛于理,矻矻讲究,图史塞胸,其于理愈明,而六脉不知调,授之尺寸之辔不知御,盍亦返而思其情乎?"[3]在他看来,情是理的根源,因为人生于情中,理则从人生出,但是很多人将其关系搞混,认为理是根源。事实上,理与情的关系并非对立,而是紧密联系在一起的。"人生而有情,相与为盱睢也,相与为煦煦洽比也,而极其趣,调其宜,则理出焉……夫世之劝人沮人者,以刑赏,以天道之吉凶,以名义之衮钺,是独以理行者也。而善劝善沮者,则以情。情联之则琴瑟埙篪,情走之则千里命驾,情迫之则等一死于鸿毛、指汤火而皆赴,情羞之则暮夜之金不收、呼蹴之物不饵。"[4]如果情感处理得恰当,即所谓"盱睢"和"煦煦洽比",理自然就出现了。也就是说,理从情出,它就是情达到合适位置所表现出来的状态。真正懂得情的人是不会将情与理区分开的。袁了凡文集《两行斋集》所谓"两行",就是保持事理的自然均衡,用语源自《庄子·齐物论》:"是以圣人和之以是非而休乎天钧,是之谓两行。"冯梦龙更具体论述了忠孝节烈等具体的理问题:"自来忠孝节烈之事,从道理上做者必勉强,从至情上出者必真切。夫妇其最近者也,无情之夫,必不

---

[1] 冯梦龙:《情史·詹詹外史序》,南京:凤凰出版社,2011年,第2页。
[2] 王卫平、李学如:《苏州家训选编》,苏州:苏州大学出版社,2016年,第103页。
[3] 袁黄:《两行斋集·情理论》,载黄宗羲编《明文海》,北京:中华书局,1987年,第958页。
[4] 袁黄:《两行斋集·情理论》,载黄宗羲编《明文海》,北京:中华书局,1987年,第959页。

能为义夫；无情之妇，必不能为节妇。世儒但知理为情之范，孰知情为理之维乎。"[1] 冯梦龙对于忠孝节烈是完全认同的，在《情史》的首卷"情贞"里，他列举了很多的相关例子，并明确赞赏这些行为。嘉定狄阿毛妻高氏为丈夫吸吮痈疽，在其死后试图殉夫，被婆婆救后仍自缢身亡。这则事迹在《祝允明集》中也被记载了，祝允明和冯梦龙都认为女性的贞节值得称颂。但是，二者的评价原则不一样，祝允明是从儒家的"仁"出发，认为她"仁矣哉！"，"仁"作为一种道德观念，是无需论证的。但冯梦龙则往前追溯了一步，他认为，节烈根源于真情。在他看来，如果没有真情所在，忠孝节烈都是不可能的，这番论述事实上确证了儒家道德观念的情本源。

最后，王道亦本乎人情。按照传统儒家思想，实行仁政是王道的根本。冯梦龙也认同这样的观点，但是他又从情的角度对仁政的王道何以可能进行追溯，那就是它根源于人情，顺乎人情。"王道本乎人情。不通人情，不能为帝王。"[2] 帝王如果不通人之常情，则无法成为帝王。在这里，人的喜怒哀乐、凡俗生活成了王政必须考虑到的东西。袁黄亦说："古之圣人，治身以治天下，唯用吾情而已。""是故情深者为圣人；能用情者为贤人；有情而不及情者为庸人；若畸人迂士，往往窃理以自饰，而无情之人也。明于情者，勿以理与情齮分也。"[3] 情成为判断人层次的标准，情深的人是圣人，能用情的是贤人，情感不够的是庸人，那些时常拿理来伪装自己的是无情之人。圣人治天下，最根本的途径就是用情。袁宏道表达了同样的观点："顺人情可久，逆人情难久"，"夫民之所好好之，民之所恶恶之，是以民之情为矩，安得不平？今人只从理上聚去，必至内欺己心，外拂人情，如何得平？夫非理之为害也，不知理在情内，而欲拂情以为理，故去治弥远。"[4] 理在情内，顺民之情，方能长久安治。

从儒家经典、忠孝节烈观再到王道，它们都根于情，可见情之重要。我们可以将这种观点理解为，时人主动用儒家的思想对情加以提升，力图使其具有教化作用。"尊情和卫道之间的争论不能简化为先进和保守的辩

---

[1] 冯梦龙：《情史》，南京：凤凰出版社，2011年，第26页。
[2] 冯梦龙：《情史》，南京：凤凰出版社，2011年，第390页。
[3] 袁黄：《两行斋集·情理论》，载黄宗羲编《明文海》，北京：中华书局，1987年，第958页和第959页。
[4] 袁宏道著，钱伯城笺校：《袁宏道集笺注》，上海：上海古籍出版社，2018年，第1401页。

论。这种新爱情思想的特点即是道德与情感之间存在着隐秘的妥协。总体来说，情没有排斥其他的价值，也没有与社会、习俗对抗。相反，为了强调情的价值，它需要借助道德，即便对于'情'的情感化特质与伦理的强制性特质这两者的区别有明确的认识。"[1]由于有了儒家道德理性的提升，无论如何强调情的地位，其思想都可以比较好地为社会所接受。

由于情始终在道德理性的约束之中，因此其不可能不受限制而表现得为所欲为。第一，情不能过度。"情，犹水也。慎而防之，过溢不上，则虽江海之决，必有沟浍之辱矣。情之所悦，惟力是视。"[2]正如水一样，过多的情感会淹没自己，必须控制在一定的程度之内，所以仍需用社会理性观念去节制它。虞山诗派冯班说："人生而有情，制礼以节之，而诗则导之使言，然后归之于礼。一弛一张，先生之教，然也……忠愤之词，诗人不可苟作也。以是为教，必有臣诬其君、子谪其父者，温柔敦厚其衰矣。"[3]情感是先天的，但是在创作时不能任凭它自由喷发，否则就破坏了温柔敦厚的原则。金圣叹可谓是明清苏州情论的重要提倡者，在论及《西厢记》时，他认为，崔莺莺与张生都是至情之人，两人相见并且相爱是受必至之情的驱使，是人类爱情的自然流露。"彼才子有必至之情，佳人有必至之情。"但是他们的爱情遭遇了诸多不幸，为何如此呢？因为情必须符合礼法的规范。金圣叹认为，创作的一个重要目的就是"教天下以立言之体也"[4]。金圣叹在评点"琴心"时说：

> 然而才子必至之情，则但可藏之才子心中；佳人必至之情，则但可藏之佳人心中。即不得已久之久之，至于万万无幸，而才子为此必至之情而才子且死，则才子其亦竟死，佳人且死，则佳人其亦竟死，而才子终无由能以其情通之于佳人，而佳人终无由能以其情通之于才子。何则？先王制礼，万万世不可毁也。《礼》曰："外言不敢或入于阃，内言不敢或出于阃。"斯两言者，无有照鉴，如临鬼神，童而闻之，至死而不容犯也。夫才子之爱佳人

---

[1] 朱秋娟：《重构明清时期中国人的情感生活——史华罗教授访谈录》，《文艺研究》，2011年第10期。
[2] 冯梦龙：《情史》，南京：凤凰出版社，2011年，第460页。
[3] 冯班撰，何焯评，李鹏点校：《钝吟杂录》，北京：中华书局，2013年，第150页和第151页。
[4] 金圣叹著，陆林辑校整理：《金圣叹全集》（修订版），南京：凤凰出版社，2016年，第890页。

则爱,而才子之爱先王则又爱者,是乃才子之所以为才子;佳人之爱才子则爱,而佳人之畏礼则又畏者,是乃佳人之所以为佳人也。是故男必有室,女必有家,此亦古今之大常,如可以无讳者也。然而虽有才子佳人,必听之于父母,必先之以媒妁。枣栗段脩,敬以将之;乡党僚友,酒以告之。[1]

只凭借情是无法实现才子佳人的完美结局的,情固然重要,但必须与礼结合在一起。礼作为社会理性的象征,是神圣不可侵犯的。对金圣叹来说,这不是理与情的矛盾问题,而是情必须在理的规范之下,男女间爱情的升华必须经过父母之命、媒妁之言,否则情感的表达就缺乏合法性,是必须被抑制的。"君子立言,虽在传奇,必有体焉,可不敬与!"[2]《西厢记》最后由于得到了崔莺莺母亲的允诺,符合了社会理性的要求,故情也得以最终实现,这是社会理性对情的规范,亦是对情的提升,如此方呈现出情理交融的和谐景象:"士矜才则德薄,女炫色则情放。若能如执盈,如临深,则为端士淑女矣,岂不美哉。"[3]

第二,情有公私之分,情首先是私的,在其基础上必须将其化私为公。昆山人顾炎武在《日知录》中说:"自天下为家,各亲其亲,各子其子,而人之有私,固情之所不能免矣,故先王弗为之禁。非惟弗禁,且从而恤之。建国亲侯,胙土命氏,画井分田,合天下之私以成天下之公,此所以为王政也。至于当官之训,则曰以公灭私,然而禄足以代其耕,田足以供其祭,使之无将母之嗟,室人之谪,又所以恤其私也。此义不明久矣。世之君子必曰'有公而无私',此后代之美言,非先王之至训矣。"[4]个人的私利是允许存在的,情也一样,私是公的前提,不能以公的名义去消灭私。在尊重私的基础上,可以合天下之私以成天下之公。冯梦龙《情史·龙子犹序》的一个重要目的也是如此:"尝欲择取古今情事之美者,各著小传,使人知情之可久,于是乎无情化有,私情化公,庶乡国天下,蔼然以情相与,于浇俗冀有更焉。"[5]情之私毕竟不可长久,如果使情为天下人所共识,那么就能够实现其社会作用。

[1] 金圣叹著,陆林辑校整理:《金圣叹全集》(修订版),南京:凤凰出版社,2016年,第976页。
[2] 金圣叹著,陆林辑校整理:《金圣叹全集》(修订版),南京:凤凰出版社,2016年,第890页。
[3] 冯梦龙编,严敦易校注:《警世通言》,北京:人民文学出版社,1956年,第638页。
[4] 顾炎武著,黄汝成集释:《日知录集释》,上海:上海古籍出版社,2014年,第59页。
[5] 冯梦龙:《情史》,南京:凤凰出版社,2011年,第1页。

第三节　身体欲望的放纵与困惑

正如前文所述，以儒家伦理为代表的社会理性对身体进行了严格的规训，而这种社会理性又与政治统治结合在一起，形成制度与教化的双重力量。在这种规训下，身体或主动或被动地按理性的原则去运作。正如伊格尔顿所说，"审美预示了马克斯·霍克海默尔（Max Horkheimer）所称的'内化的压抑'，把社会统治更深地置于被征服者的肉体中，并因此作为一种最有效的政治领导权模式而发挥作用。"[1]身体如果没有遵循规训的逻辑，就会被理性构建为丑陋的、邪恶的。在明清苏州的很多小说中，那些没有遵循儒家道德观念而追求感官欲望的身体，特别是很多女性的身体，往往被描述成淫荡的、被欲望控制的恶魔般的变态身体。但是，"审美是危险的、模糊的，这是因为肉体中存在反抗权力的事物，而权力又规定着审美"[2]。社会理性越是以强硬的态度压制身体，身体就用同样的力量反抗。特别是在当时苏州社会经济相对发达这一外部条件的催化下，出现了放纵欲望的风尚。明中期以后苏州发生了重大的变化，"吴中素号繁华，自张氏之据，天兵所临，虽不被屠戮，人民迁徙，实三都、戍远方者相继；至营籍亦隶教坊，邑里潇然，生计鲜薄，过者增感。正统、天顺间，余尝入城，咸谓稍复其旧，然犹未盛也。迨成化间，余恒三四年一入，则见其迥若异境。以至于今，愈益繁盛，闾檐辐辏，万瓦甃鳞，城隅濠股，亭馆布列，略无隙地。舆马从盖，壶觞罍盒，交驰于通衢。水巷中，光彩耀目。游山之舫，载妓之舟，鱼贯于绿波朱阁之间，丝竹讴舞与市声相杂。

---

[1] 伊格尔顿：《审美意识形态》，王杰、付德根、麦永雄译，桂林：广西师范大学出版社，2001年，第17页。
[2] 伊格尔顿：《审美意识形态》，王杰、付德根、麦永雄译，桂林：广西师范大学出版社，2001年，第17页。

凡上供锦绮、文具、花果、珍羞、奇异之物，岁有所增。"[1]城市的发展为欲望的满足提供了物质条件。于是，规训与放纵构成了当时身体审美的内在张力。

一、对欲的辩护

严格地说，程朱理学并没有完全否定我们一般所谓的欲望，但它们的存在空间相当小。朱熹对人欲有自己的理解："饮食者，天理也；要求美味，人欲也。"[2]他所指的天理部分包含了我们所说的欲望，即那些维持我们基本生存的欲望。人要活着，必须吃饭、穿衣，这是天理。但是追求美味与华服则超出了天理的范围，成了人欲。表面上看，理学给感官欲望留下了生存的空间。但是，天理的纯净与刚硬试图让凡俗的人在满足了基本生存所需的感官欲望之后，将全部的理想都放在追求高高在上的至善道德境界上，事实上否定了世俗生活的合法性。他将人欲看作洪水："心譬水也；性，水之理也。性所以立乎水之静，情所以行乎水之动，欲则水之流而至于滥也。"[3]心犹如水，水没有动是性，水动了是情，水奔腾汹涌则是欲。如果人沉迷于感官之欲，如财利、饮食、声色等，心就会出现疾病，往私与邪的方向发展。"人性本善，只为嗜欲所迷，利害所逐，一齐昏了。"[4]因此，理学家们将天理与人欲置于完全对立的地位："人心私欲，故危殆。道心天理，故精微。灭私欲则天理明矣。"[5]程颐认为，私欲危害甚大，必须消灭，借此将天理昭明。朱熹进一步明确了这种情况："人之一心，天理存，则人欲亡；人欲胜，则天理灭，未有天理人欲夹杂者。"[6]二者的势不两立必然导致所谓的"存天理，灭人欲"。

程朱理学的欲望观通过官方的实施超出了原来的士大夫阶层，自上而下影响到各个社会阶层，禁欲成为很多人的道德规范。我们以明清时期在

---

[1] 王锜撰，李剑雄校点：《寓圃杂记》，载《明代笔记小说大观》，上海：上海古籍出版社，2005年，第325页。
[2] 黎靖德编，王星贤点校：《朱子语类》，北京：中华书局，1986年，第224页。
[3] 黎靖德编，王星贤点校：《朱子语类》，北京：中华书局，1986年，第97页。
[4] 黎靖德编，王星贤点校：《朱子语类》，北京：中华书局，1986年，第133页。
[5] 程颐、程颢著，王孝鱼点校：《二程集》，北京：中华书局，2004年，第312页。
[6] 黎靖德编，王星贤点校：《朱子语类》，北京：中华书局，1986年，第224页。

吴中地区非常流行的功过格为例做具体的说明。人的善恶行为以具体分值的形式体现出来，善与恶可以相互抵消，通过最后的积分来确定自己的道德水准的进与退。当然，因果报应观念是功过格能够推行的重要前提，神灵能够对功与过进行相应的奖惩。因此，这套功过体系具有了威胁性与指导性，人也能够通过自己的行为对命运进行控制。袁了凡在其《立命篇》中就明确表示，他之所以能够科考成功，并有儿子，是因为他使用功过格严格要求自己。功过格开始主要流行在宋明理学家中，后来流传到民间，影响很大。在功过格中，对身体欲望的限制是重要的内容，很多内容从行为到意识心理层面都对欲望进行严格的规范，有一些已经超过了正常的逻辑，见表3：[1]

表3 "与身体欲望有关的意识、行为"功过评析表

与身体欲望有关的意识、行为	功过
做色情梦	一过
做色情梦而不自责，反追忆摹拟	五过
色情梦导致性冲动	五过
遇美色流连顾盼	一过
不久视美人	五功
无故作邪狎之想	一过
心地意淫，有意与妇女接手	十过
妻妾众多	五十过
称赞、谈论某女之淫秽	二十过
歌淫曲	二过
暗藏春宫画	每张十过
点演淫戏一场	二十过
创作或刊印淫书、淫画、淫曲	一千过
谈淫亵语	十过
不经意地碰他人女眷之手	一过
故意碰他人女眷之手	十过

[1] 表3根据刘达临《性与中国文化》相关论述制成，见刘达临：《性与中国文化》，北京：人民出版社，1999年，第211—213页。

表3中的相关意识、行为主要围绕着与性相关的欲望。有一些是比较合理的约束，如"心地意淫，有意与妇女接手""故意碰他人女眷之手"等，明显是有违日常道德、不尊重女性的行为。但是有一些功过格超出了日常行为，涉及意识领域，如将做梦、想象都视作过的表现。但是按照精神分析学的相关理论，梦往往是由于现实中欲望的压抑而出现的潜意识现象，这并不属于人的意识行为，人是无法对其进行理性控制的。因此，这样的要求无疑超出了人性的自然状况，由此可见对身体欲望约束的不合理性。

在经济不发达的时候，天理仍旧能够维系古典的传统社会，人欲也即基本的生存需求，仍在天理允许的范围之内。但是在一个个性发展逐渐得到认识、物质生活得以丰富的社会中，天理对人欲的排斥就显得不合时宜了，成为一种偏狭的观念，既无法面对生活的百态，亦无法满足人们对欲望的追求。欲望的抑制达到相当程度，在外在因素的诱导下，欲望的放纵则成为意料之中的状况。明中期以后，苏州社会发生了重要的变化，市民经济的发展、物质的繁盛、尊情观念的盛行，无不为身体的欲望化提供了很好的条件。但是，自宋以来，欲作为肉体欲望的代名词，其处境非常尴尬。在宋明理学处于统治地位的明清苏州，想要将追求欲望的享受当作合理的要求，就必须对其进行辩护，以获得合法化的地位。

1. 借助情的表达来为欲辩护

正如前文所述，朱熹对情与欲的态度是完全不同的，情为水之动，欲则为水之滥。与情的可接受相比，欲则完全应该被禁止。伴随着明清苏州尊情思潮的盛行，情得到了民众的承认。情与欲本就不是能够截然分开的。"情色"二字，"乃一体一用也。故色绚于自，情感于心，情色相生，心目相视。"[1]情往往伴随欲望的满足，像沈复《浮生六记》中所描述的夫妻间平淡而温和的现象并不多见。在冯梦龙看来，情与欲是不一样的，在他的情教思想中，广情是目的而非导欲。尽管如此，在具体的实施中，情与欲往往是糅合在一起的，很多不符合情的东西也被称作情。在冯梦龙早期编的民歌集《山歌》中，我们可以看到大量非常大胆且直白的青年男女欲望的表达，冯梦龙称其为"情"。我们以《山歌》第二卷"私情四句"中

[1] 冯梦龙编，严敦易校注：《警世通言》，北京：人民文学出版社，1956年，第628页。

的"姐儿生得"中的几首为例：

> 又：姐儿生得有风情，枕头上相交弗老成。小阿姐儿好像五夏六月个星长脚花蚊子，咬住子情郎呜呜能。

> 又：姐儿生得眼睛鲜，铁匠店无人奴把钳。随你后生家性发钢能介硬，经奴炉灶软如绵。

> 又：姐儿生得滑油油，遇著子情郎就要偷。正像个柴稽上火烧处处着，葫芦结顶再是囫囵头。[1]

这一组山歌热情歌颂女性的身体及青年男女之间的自然欲望。男女之间的爱情本就与性欲紧密结合在一起，来自民间的山歌大胆描绘男女之间的身体欲望。但冯梦龙认为，这些都是情，是真情、私情，并没有什么不对。也就是说，很多的欲归在情的名义下，欲就有了合法的表达。在灵岩寺僧人董说的《西游补》中，世间各种欲望都被称作情："四万八千年，俱是情根团结。悟通大道，必先空破情根；空破情根，必先走入情内；走入情内，见得世界情根之虚，然后走出情外，认得道根之实。《西游》补者，情妖也；情妖者，鲭鱼精也。"[2]鲭鱼也就是情欲，在鲭鱼的肚子里，孙悟空面对富贵、功名、性欲等各种欲望的考验，最后破除情根，与其他三人一起去西天取经。苏州人俞达所著的小说《青楼梦》亦是以情的名义展示男性对欲的追求。主人公金挹香出身富贵之家，一辈子追求"游花国，护美人，采芹香，掇巍科，任政事，报亲恩，全友谊，敦琴瑟，抚子女，睦亲邻，谢繁华，求慕道"[3]。小说中，他以情的名义占有三十六位美人，并表示对她们将会雨露均调，一样看待。待到众芳开始分散，他伤感痛苦，说："总归书生福薄，艳福无常。我蒙你们众姐妹相爱相怜，亦是前生之福，奈何不能久聚，令人惆怅顿生。"[4]对他来说，放纵欲望、占有美人是根本，所谓的有情人只是幌子。

2. 对玩物的追求进行合理化的解释

对于传统儒家观念来说，对物欲过多追求是很危险的，它对于修身养性会产生不利的影响，但是此时人们的观念已经逐渐发生改变。太仓理学

---

[1] 冯梦龙：《山歌》，载魏同贤主编《冯梦龙全集·挂枝儿·山歌》，上海：上海古籍出版社，1993年，第36页和第37页。
[2] 董说著，赵红娟、朱睿达校注：《西游补》，杭州：浙江文艺出版社，2020年，第7页。
[3] 慕真山人：《青楼梦》，济南：齐鲁书社，2008年，第2页。
[4] 慕真山人：《青楼梦》，济南：齐鲁书社，2008年，第191页。

家陆世仪说:"古语有'玩物丧志''玩物适情''玩心高明'三语。'玩物丧志',其最下者矣;'玩物适情',其贤者之事乎? 至于'玩心高明',则非大贤以上不能。知此者其庶几乎?"[1]陆世仪区分了玩物的三种不同的境界:玩物丧志、玩物适情与玩心高明。玩物丧志肯定是不对的。但就玩物本身而言,玩物并不总是不可以接受,因为在玩物中也可能达到适情与高明的境界。由此可见,这一时期理学家已经正视玩物的问题。钱谦益在《琴述叙》中记述了古人与今人对物的不同态度:"使叔夜游于洙、泗之间,弹琴咏歌,安知不在思、点之列乎? 古之人追耆逐好,至于破家发棺,据船堕水,极其所之,皆可以委死生、轻性命。玩此者为玩物,格此者为格物,齐此者为齐物。物之与志,器之与道,岂有两哉!"[2]古人将物与志、器与道二分,物、器只是寄托志与道的,嵇康虽然精通琴艺,《广陵散》名扬天下,但他对琴的爱好也并不是一味沉迷。而现在人们对古琴之爱陷于物欲的追求中,为此可不顾生死、轻性命,俨然将物视为生命本身。沈春泽在给文震亨《长物志》做的序中对嗜物、长物的现象进行了辩护:"夫标榜林壑,品题酒茗,收藏位置图史、杯铛之属,于世为闲事,于身为长物,而品人者,于此观韵焉,才与情焉,何也? 挹古今清华美妙之气于耳目之前,供我呼吸;罗天地琐杂碎细之物于几席之上,听我指挥;挟日用寒不可衣、饥不可食之器,尊逾拱璧,享轻千金,以寄我之慷慨不平,非有真韵、真才与真情以胜之,其调弗同也。"[3]在真韵、真才、真情的名义下,士人们对多余之物的追求是合理的。在《长物志》中,室庐、花木、水石、禽鸟、书画、几榻、器具、衣饰、舟车、位置、蔬果、香茗这些东西涵盖了士大夫阶层物质生活的方方面面,在沈春泽看来,凡夫俗子是无法体会其中之意的。在物中,我们可以看到主人的韵、才、情。"丰俭不同,总不碍道,其韵致才情,政自不可掩耳。"[4]其实,自宋以来,士人们对物质生活的追求就已经开始了,"宋代士人开始自觉地追求闲适、自然的生活,他们通过远游山水,亲近林泉,构建私人园林,游戏文墨等方式展现出潇洒飘逸而又极具才情的休闲生活;但同时,在这种看似

---

[1] 陆世仪:《陆桴亭思辨录辑要》,载《丛书集成初编》,上海:商务印书馆,1936年,第32页。
[2] 钱谦益著,钱曾笺注:《牧斋初学集》,上海:上海古籍出版社,1985年,第952页。
[3] 文震亨著,李霞、王刚编著:《长物志》,南京:江苏凤凰文艺出版社,2015年,第1页。
[4] 文震亨著,李霞、王刚编著:《长物志》,南京:江苏凤凰文艺出版社,2015年,第1页。

玩弄风月的生活方式下，休闲的人生诉求包涵了士人对政治出处、显隐、得失，以及对人生情性之道、人生意义与价值乃至宇宙天地意识的深入思考和体悟"[1]。但是，明清时期，对道的体悟已经淡薄，"不碍道"是基本的要求，虽然士人们一再强调追求物欲只是陶冶情趣、追求雅致的一种表现，但是从他们的实际所作所为来看，追求物欲是其最根本的原因。

3. 从修道养身的角度直接为欲望辩护

传统思想认为，沉溺于欲望不利于修身养性，而这一时期出现了相反的一种观念，认为满足欲望有利于修身养性。卫泳在《悦容编》中提出了"色隐"的观点："谢安之屐也，嵇康之琴也，陶潜之菊也，皆有托而成其癖者也。古未闻以色隐者，然宜隐孰有如色哉？一遇冶容，令人名利心俱淡，视世之奔蜗角蝇头者，殆胸中无癖，怅怅靡托者也。真英雄豪杰，能把臂入林，借一个红粉佳人作知己，将白日消磨。有一种解语言的花竹，清宵魂梦，饶几多枕席上烟霞！须知色有桃源，绝胜寻真绝欲，以视买山而隐者何如？"[2]卫泳认为，谢安、嵇康、陶潜他们寄情于屐、琴、菊这些物中，形成独特的癖好，却没有寄情于声色。寄情于美色之中，终日与美色消磨岁月，可以让人忘记功名利禄，并在其中开辟出一个桃源，这就是他所谓的"色隐"。在"色隐"中，人可以很好地修身养性："彭篯未闻鳏居，而鹤龄不老。殇子何尝有室，而短折莫延。世之妖者、病者、战者、焚溺者、札厉者相牵而死，岂尽色故哉？人只为虚怯死生，所以祸福得丧，种种惑乱，毋怪乎名节道义之当前，知而不为，为而不力也。倘思修短有数，趋避空劳，勘破关头，古今同尽，缘色以为好，可以保身，可以乐天，可以忘忧，可以尽年。"[3]庄子曾在《养生主》中说："缘督以为经，可以保身，可以全生，可以养亲，可以尽年。"这就要求人们遵循自然之道，如此方可养生。但是卫泳把它改成了"缘色以为好"，其观点可谓大胆，直接从养身的角度为色欲的放纵辩护。

---

[1] 潘立勇、陆庆祥等：《中国美学通史·宋金元卷》，南京：江苏人民出版社，2014年，第314页。

[2] 卫泳：《悦容编》，载虫天子编《香艳丛书》（一），北京：人民文学出版社，1992年，第75页和第76页。

[3] 卫泳：《悦容编》，载虫天子编《香艳丛书》（一），北京：人民文学出版社，1992年，第76页和第77页。

二、纵欲的诸面向

明清时期，在对欲望进行辩护的同时，人们在社会生活中也具体实践着对感官欲望的放松乃至放纵，这一点我们可以从明中期以后几个重要文人的生活方式上初步看出。褚人获在其《坚瓠集》中记载沈周曾出版一本《田家乐词》，里面的诗歌描绘了沈周的生活理想，我们摘录其中一些：

自有宅边田数亩，不用低头俯仰人。虽无柏叶珍珠酒，也有浊醪三五斗。虽无海错美精肴，也有鱼虾供素口。虽无细果似榛松，也有芋荠共菱藕。虽无麻菰与香菌，也有蔬菜与葱韭。虽无歌唱美女娘，也有村妇相伴守。虽无银钱多积蓄，不少饭分不少粥。虽无翠饰与金珠，也有寻常粗布服。煎鳓皮，强似肉，乐有余，自知足。不能琴，听弹孝行也赏心。不能棋，五花六直惯能移。不能书，牛契田舔写有余。不能画，印板故事满壁挂。花朝节，年年赏花花不缺，花前不放酒杯歇。桃花尽尽开，菜花香又来。风雨时高歌，酌酒掩柴扉。牧童骑犊过村西，风吹箬笠横，无腔笛韵清。月明夜，清光澹澹茅檐射，有肴无酒邻家借。无板曲高歌，猜拳豁一壶。雪落天，江上渔翁钓罢还，火箱煨热坐团团，片片飘来不觉寒。四时快活容易过，饥来吃饭困来眠。米自春，酒自做，纺棉花，织大布。野菜馄饨似肉香，秧芽搭饼甜酒浆，炒豆松甜儿叫娘。有时车田跋小娄，乌背鲫鱼大小有。软骨新鲜真个肥，胜似鲥鱼与石首。杜洗麸，爊葫芦，煸苋菜，糟落苏。蚬子清汤煮淡斋，葱花细切炙田鸡。难比羔羊珍馐味，时常也得口头肥。自说村居无限好，自有地段种瓜枣。自种槐花染淡黄，自种红花染红袄。自有菜油能照读，自有豆麦能罨酱。自拉小园种细茶，不用搯斤与播两。邻家过，说家务，不愿小小贵，不愿大大富。自有船，尽可渡，自有牛，不用雇。且吃荤，莫吃素。黄脚鸡，锅里熥。添些盐，用些醋。买斤肉，掘笋和，煨芋芳，煎豆腐，沉沉吃到日将暮。深缸汤，软草铺，且留一宿到明朝，田家快乐真好过。[1]

沈周一生布衣，生活无忧。他理想的生活是非常世俗化的，能够正面世俗中的各种欲望。他不追求奢侈的享受，但是对于基本的吃、穿、住、行、乐等方面也毫不避讳。整个诗歌充满了世俗的乐趣，已不见理学的那种天理高高在上、人欲被驱逐的严肃场景，取而代之的是充满世俗情趣的生活场景。在这里，生活的意义似乎就体现在日常的美味、美景、美乐等简单的享乐中。

当然，沈周的理想生活包括对世俗欲望的承认，但总体格调是平淡的，这与其审美人格有密切的联系。在其他一些吴中文人的身上，对欲望的追求则更加强烈，已然达纵欲的程度。祝允明"好酒色六博，善度新声，少年习歌之，间傅粉墨登场，梨园子弟相顾弗如也。海内索其文及书，赘币踵门，辄辞弗见，伺其狎游，使女伎掩之，皆捆载以去。为家未尝问有无，得俸钱及四方馈遗，辄召所善客嚱饮歌呼，费尽乃已。或分与持去，不留一钱。"[2] 可见其对酒、色、赌博、曲、狎妓等方面的爱好。袁宏道一再表示，当官束缚了他的享受，让他非常难受，那著名的"五快活"则是这种纵欲之风的极端化表达："然真乐有五，不可不知。目极世间之色，耳极世间之声，身极世间之鲜，口极世间之谭，一快活也。堂前列鼎，堂后度曲，宾客满席，男女交舄，烛气熏天，珠翠委地，金钱不足，继以田土，二快活也。箧中藏万卷书，书皆珍异。宅畔置一馆，馆中约真正同心友十余人，人中立一识见极高，如司马迁、罗贯中、关汉卿者为主，分曹部署，各成一书，远文唐、宋酸儒之陋，近完一代未竟之篇，三快活也。千金买一舟，舟中置鼓吹一部，妓妾数人，游闲数人，泛家浮宅，不知老之将至，四快活也。然人生受用至此，不及十年，家资田地荡尽矣。然后一身狼狈，朝不谋夕，托钵歌妓之院，分餐孤老之盘，往来乡亲，恬不知耻，五快活也。"[3] 在这"五快活"中，除了第三个快活不是对身体欲望的追求，其他四个欲望都是直接表达。这种肆欲的人生态度为许多人所向往，反映了当时社会所呈现出的欲望化倾向。

---

[1] 褚人获辑撰，李梦生校点：《坚瓠集》乙集卷三，上海：上海古籍出版社，2012年，第457页和第458页。
[2] 钱谦益：《列朝诗集小传》，上海：上海古籍出版社，1983年，第299页。
[3] 袁宏道著，钱伯城笺校：《袁宏道集笺校》，上海：上海古籍出版社，2018年，第221页和第222页。

1. 视听享受

明清时期,昆曲在苏州社会各个阶层全面展开,"至明代末叶,昆曲已一统吴中,并且很快沿着运河、长江北上、南下并西进,发展成为一个全国性剧种,昆曲的鼎盛一直延伸至清代中叶,在这又一个两百年的昆曲鼎盛史中,苏州一直是全国戏曲活动的中心:不仅是演唱的中心,也是创作和学术理论的中心"[1]。在演出的场所上,私人园林中的亭、台、楼、阁和普通家宅、官署中的厅堂、游船都有可能成为戏曲表演的场地,有的私家园林还专门搭建了戏台,民间的神庙、地方的祠堂及各地在苏州的会馆也时有曲目上演,而酒楼、戏园、茶馆则是社会中专门进行戏剧表演与观赏的场所。"最初勾栏兴盛之时,酒楼只是作为辅助助兴的清唱场所;勾栏消失之后,酒楼逐渐扮演了替补承接的角色。四周客人边饮酒,边欣赏中心戏台的演出,这样的建筑格局也成为后来正式戏园剧场的雏形。清之后,酒楼戏园开始成为酒楼固定的一部分。清中期之后,茶馆戏园则逐渐取代酒楼戏园,成为都市主要的戏曲表演场所之一。"[2]据《清嘉录》载,戏曲表演空间的多元化使得其能够渗透到社会的各个阶层中去,以沈璟为代表的吴江派提倡昆曲语言的本色化,符合市民的审美趣味,推动了昆曲在普通群众中的传播。随着接受群体的扩大,很多人都依靠这个行业谋生:"至今游惰之人,乐为优俳。二三十年间,富贵家出金帛,制服饰器具,列笙歌鼓吹,招至十余人为队,搬演传奇;好事者竞为淫丽之词,转相唱和;一郡城之内,衣食于此者,不知几千人矣。"[3]

这种兴盛甚至渗透到了乡镇,春台戏是苏州地区在春天通过戏曲表演来祈祷丰收的一种活动,《清嘉录》记载了其盛况:"二、三月间,里豪市侠,搭台旷野,醵钱演剧,男妇聚观,谓之'春台戏',以祈农祥。蔡云《吴歈》云:'宝炬千家风不寒,香尘十里雨还干。落灯便演春台戏,又引闲人野外看。'案:汤文正公抚吴告谕中有云:'地方无赖棍徒,借祈年报赛为名,每至春时,出头敛财,排门科派,于田间空旷之地,高搭戏台,

---

[1] 朱栋霖、周良、张澄国:《苏州艺术通史》(中),南京:江苏凤凰文艺出版社,2014年,第638页和第639页。
[2] 邓天白、秦宗财:《明清时期江南都市的戏曲消费空间演变——以苏州和扬州为例》,《南京社会科学》,2020年第9期。
[3] 张瀚撰,盛冬铃点校:《松窗梦语》,载《元明史料笔记丛刊》,北京:中华书局,1985年,第139页。

哄动远近，男妇群聚往观，举国若狂。'"[1]这种情况也在贝青乔的诗歌《村田乐府·演春台》中得到记录："前村佛会歇还未，后村又唱春台戏。敛钱里正先定期，邀得梨园自城至。红男绿女杂还来，万头攒动环当台。台上伶人妙歌舞，台下欢声潮压浦。脚底不知谁氏田，菜踏作齑禾作土。梨园唱罢斜阳天，妇稚归话村庄前。今年此乐胜去年，里正夜半来索钱。东家五百西家千，明朝灶突寒无烟。"[2]春台戏接二连三，大家在这里狂欢，但是我们也看到，这往往超出民众的承受能力，属过度的消费，因为春台戏的费用要分配到各家各户中，最后弄得"明朝灶突寒无烟"。

事实上，在苏州地区，不同的月份中都有节日，很多节日都会表演相应的戏剧，如四月的药王生日、五月的关帝生日、六月的雷尊诞辰等。神庙戏台表演长年不断，民众一年四季都在享受视听带来的快乐。而这些享乐往往又带有超前消费的特征，由此可以窥见这一时期的纵欲状况。

2. 味蕾盛宴

明中期以后，苏州风俗逐渐由朴入奢，饭店、酒馆和茶坊作为人们追求味觉享乐的主要场所，在苏州日益普遍，成为日常生活的一部分。我们以清代嘉庆、道光年间山塘至虎丘一带的状况为例。据顾禄《桐桥椅棹录》载，这一带最重要的饭店主要是三山馆、山景园和李家馆三家，大致构成了三足鼎立的局面。这三家店稍有不同，三山馆业务最多，一年四季不断，除了正常的游客餐饮外，它还承担了那一带居民婚丧嫁娶的宴席，而山景园、聚景园只有游客光临。三山馆的菜品可谓异常丰盛：

> 所卖满汉大菜及汤炒小吃，则有烧小猪、哈儿巴肉、烧肉、烧鸭、烧鸡、烧肝、红炖肉、黄香肉、木犀肉、口蘑肉、金银肉、高丽肉、东坡肉、香菜肉、果子肉、麻酥肉、火夹肉、白切肉、白片肉、酒焖蹄、硝盐蹄、凤鱼蹄、绉纱蹄、爊火蹄、蜜炙火蹄、葱椒火蹄、酱蹄、大肉圆、炸圆子、溜圆子、拌圆子、上三鲜、汤三鲜、炒三鲜、小炒、爊火腿、爊火爪、炸排骨、炸紫盖、炸八块、炸里脊、炸肠、烩肠、爆肚、汤爆肚、醋溜肚、芥辣肚、烩肚丝、片肝、十丝大菜、鱼翅三丝、汤三丝、拌三丝、黄芽三

---

[1] 顾禄著，王密林、韩育生译：《清嘉录》，南京：江苏凤凰文艺出版社，2019年，第81页。
[2] 转引自周秦：《苏州昆曲》，苏州：苏州大学出版社，2004年，第218页和第219页。

丝、清炖鸡、黄焖鸡、麻酥鸡、口蘑鸡、溜渗鸡、片火鸡、火夹鸡、海参鸡、芥辣鸡、白片鸡、手撕鸡、凤鱼鸡、滑鸡片、鸡尾搉、炖鸭、火夹鸭、海参鸭、八宝鸭、黄焖鸭、凤鱼鸭、口蘑鸭、香菜鸭、京冬菜鸭、胡葱鸭、鸭羹、汤野鸭、酱汁野鸭、炒野鸡、醋溜鱼、爆参鱼、参糟鱼、煎糟鱼、豆豉鱼、炒鱼片、炖江鲚、煎江鲚、炖鲥鱼、汤鲥鱼、剥皮黄鱼、汤黄鱼、煎黄鱼、汤着甲、黄焖着甲、斑鱼汤、蟹粉汤、炒蟹斑、汤蟹斑、鱼翅蟹粉、鱼翅肉丝、清汤鱼翅、烩鱼翅、黄焖鱼翅、拌鱼翅、炒鱼翅、烩鱼肚、烩海参、十景海参、蝴蝶海参、炒海参、拌海参、烩鸭掌、拌鸭掌、炒腰子、炒虾仁、炒虾腰、拆炖、炖吊子、黄菜、溜下蛋、芙蓉蛋、金银蛋、蛋膏、烩口蘑、炒口蘑、蘑菇汤、烩带丝、炒笋、荬肉、汤素、炒素、鸭腐、鸡粥、十锦豆腐、杏酪豆腐、炒肫干、炸肫干、焖焐脚鱼、出骨脚鱼、生爆脚鱼、炸面筋、拌胡菜、口蘑细汤。点心则有八宝饭、水饺子、烧卖、馒头、包子、清汤面、卤子面、清油饼、夹油饼、合子饼、葱花饼、馅儿饼、家常饼、荷叶饼、荷叶卷蒸、薄饼、片儿汤、饽饽、拉糕、扁豆糕、蜜橙糕、米丰糕、寿桃、韭合、春卷、油饺等，不可胜纪。[1]

  全国各地的菜品都集中在这里，可谓各种肉、菜等应有尽有，选择性很大。而顾客亦可根据需要选择八盆四菜、四大八小、五菜、四荤八拆，以及五簋、六菜、八菜、十大碗等各种规格，每桌要花费一两至十余两不等。这样的消费普通人家可能是很难承受的，但是这样的店能够存在说明当时还是有相当一些人会去吃喝的。至于茶坊，那一带也有很多，"虎丘茶坊，多门临塘河，不下十余处，皆筑危楼杰阁，妆点书画，以迎游客，而以掛酌桥东情园为最。春秋花市及竞渡市，裙屐争集，湖光山色，逐人眉宇。木樨开时，香满楼中，尤令人流连不置。又虎丘山寺碑亭后一同馆，虽不甚修葺，而轩窗爽垲，凭栏远眺，吴城烟树，历历在目。"[2]河塘两

---

[1] 顾禄：《桐桥椅棹录》，载王稼句点校、编纂《苏州文献丛钞初编》，苏州：古吴轩出版社，2005年，第658页。

[2] 顾禄：《桐桥椅棹录》，载王稼句点校、编纂《苏州文献丛钞初编》，苏州：古吴轩出版社，2005年，第659页。

边茶馆起码有十余家，里面装修得非常讲究，一到节日，就有大量的人涌入。文震亨在《长物志》的"蔬果"和"香茗"两卷中描绘了文人士大夫饮食的精细与讲究。而普通人家在饮食方面往往相互攀比，时常超出自己的能力来消费。冯梦龙的"三言"里描绘了不少普通人家的请客景象，其中《卢太学诗酒傲王侯》中写卢家的长工钮成，他生了儿子，于是便请大家吃饭，"那些一般做工的，同卢家几个家人斗分子与他贺喜。论起钮成恁般穷汉，只该辞了才是。十分情不可却，称家有无，胡乱请众人吃三杯，可也罢了。不想他却去弄空头，装好汉，写身子与卢楠家人卢才，抵借二两银子，整个大大筵席款待众人。"[1]普通人家就连经常吃饭也要喝酒，更不用说请客了，当然想要大肆操办。

3. 情欲放纵

明清时期人们一方面受到儒家伦理道德观念的严格束缚，另一方面又试图极力反抗这种束缚，而反抗最直接的途径就是情欲，这是最粗鄙而最具有力量的方式。明清时期，江南地区青楼盛行，妓女的地位较高。《吴门画舫录》的作者西溪山人模仿《青泥莲花记》和《板桥杂记》，记录了乾隆、嘉庆年间苏州娼妓的情况，介绍了近五十个苏州名妓。作者对她们的才华、美貌、命运、气节等极尽赞扬之词。之后个中生又写了续书《吴门画舫续录》，认为《吴门画舫录》"迄今不及十载，存者已仅止二三。而群芳之争向春风，其秀出一时者，又踵相接也。余叹红颜之莫驻，悲彦会之靡常，爱续是编，藉资谈助。以金阊佳丽省识再四者列入内传，寄迹吴门暨传闻艳羡者为外编。数年后倘更有痴于我者，或再续焉，庶几花月因缘，不与流春同逝尔。"[2]在这续书中，个中生又记载了数十位名妓。在袁宏道、张岱、李流芳等诸多名家的游记中，我们可以看到，明中后期之后，士人旅游一直都有妓女相伴。从诸多文献我们可知当时娼妓之盛。当然，当时所谓的妓女并不只与情爱关联，但我们无法否认这一重要的方面。

在明清苏州文学艺术作品中，吟咏风月的很多，描绘女性身体的更多。在这些作品中，女性身体的每一个部位，眉毛、云鬓、嘴唇、脖颈、

[1] 冯梦龙编，顾学颉校注：《醒世恒言》，北京：人民文学出版社，1956年，第701页。
[2] 个中生：《吴门画舫录续》，载王稼句点校、编纂《苏州文献丛钞初编》，苏州：古吴轩出版社，2005年，第772页。

胳膊、乳房、细腰、小腹、膝盖、缠足等都被细致地描写出来，充满了情欲的气息，这实际上是当时情欲的一种表达。在《青楼梦》中，作者反复、详细地描绘了诸多美女的身体，比如，描绘陆丽仙："晕雨桃花为貌，惊风畅柳成腰。轻盈细步别生娇，更喜双弯纤小。云鬟乌连云髻，眉尖青到眉梢。漫言当面美难描，便是影儿也好。"[1]几乎主人公金挹香遇见的每个女性都美丽，同时又钟情于他，这显然是作者情欲的一种想象性替代。在卫泳的《悦容编》中，同样无比细致地描绘了女性的身体：

> 唇檀烘日，媚体迎风，喜之态；星眼微瞋，柳眉重晕，怒之态；梨花带雨，蝉露秋枝，泣之态；鬟云乱洒，胸雪横舒，睡之态。金针倒拈，绣屏斜倚，懒之态；长颦减翠，瘦靥消红，病之态。(寻真)[2]

> 美人自少至老，穷年竟日，无非行乐之场。少时盈盈十五，娟娟二八，为含金柳，为芳兰蕊，为雨前茶，体有真香，面有真色。及其壮也，如日中天，如月满轮，如春半桃花，如午时盛开牡丹，无不逞之容，无不工之致，亦无不胜之任。至于半老，则时及暮而姿或丰，色渐淡而意更远，约略梳妆，偏多雅韵，调适珍重，自觉稳心，如久窨酒，如霜后橘，知老将提兵，调度自别，此终身快意时也。春日艳阳，薄罗适体，名花助妆，相携踏青，芳菲极目。入夏好风南来，香肌半裸，轻挥纨扇，浴罢，湘簟共眠，幽韵撩人。秋来凉生枕席，渐觉款洽，高楼爽月窥窗，恍拥婵娟而坐，或共泛秋水，芙蓉映带。隆冬六花满空，独对红妆拥炉接膝，别有春生。此一岁快意时也。晓起临妆，笑问夜来花事阑珊。午梦揭帏，偷觑娇姿。黄昏着倒眠鞋，解至罗襦。夜深枕畔细语，满床曙色，强要同眠。此又一日快意事也。(及时)[3]

在男性的视角下，唇、眼、眉、鬟等女性身体的每一个部位都显示媚的诱惑，喜、怒、泣、睡、懒、病的每一种姿态都渗透着身体的魅力，少年、壮年、半老的每一个阶段都可成为"行乐之场"，女性的身体往往被描

---

[1] 慕真山人：《青楼梦》，济南：齐鲁书社，2008年，第7页。
[2] 卫泳：《悦容编》，载虫天子编《香艳丛书》（一），北京：人民文学出版社，1992年，第71页和第72页。
[3] 卫泳：《悦容编》，载虫天子编《香艳丛书》（一），北京：人民文学出版社，1992年，第73页和第74页。

绘成在男性充满欲望的目光注视下的欲望化存在。

有一些作品直接描绘了性爱的场景。《野叟曝言》写的是吴江书生文素臣抵制诱惑、争取功名、建功立业的故事。在小说中，众多的女性被描绘成淫荡、堕落、为欲望所控制的形象，而男主人公则是一个圣人般的存在。从六十七回开始，文素臣误中李又全圈套，为药酒所迷。李又全让自己的十多个美貌妖娆的姬妾施展各种淫邪手段引诱文素臣。小说详细地描绘了这些场景，她们或唱淫词荡曲，或又裸身做戏，极尽淫邪放荡。女性在这里毫无羞耻感与尊严，似乎都是变态之人，完全为欲望所驱使。而男主人公则在极端情况下都能控制自己的欲望，实际上也控制着女性的行为，借此塑造其道德典范的形象，这显然也是男性本位的表现。

虽然欲望的放纵主要体现在男性的身上，但从明清小说中大量女性偷情的现象来看，不少女性的观念也发生了一定的变化，即使作者总是以批判的态度面对女性的这些行为。特别值得注意的一个现象是，这个时期有不少的女性作家描写女性的身体，这种描写不再是从男性视角下投射出男性欲望的身体，而表现出女性的一种自我意识。吴江叶小鸾在所作的《艳体连珠》中对女性的鬓、眉、目、唇、手、腰、足、全身、发等都进行了细腻的描述，我们摘录几则：

发：盖闻光可鉴人，谅非兰膏所泽。鬐余绕匝，岂由脂沐而然？故艳陆离些，曼鬋称矣；不屑髢也，如云美焉。是以琼树之轻蝉，终擅魏主之宠；蜀女之委地，能回桓妇之怜。

眉：盖闻吴国佳人，篸黛由来自美；梁家妖艳，愁妆未是天然。故独写春山，入锦江而望远；双描斜月，对宝镜而增妍。是以楚女称其翠羽，陈王赋其联娟。

目：盖闻含娇起艳，乍微略而遗光；流视扬清，若将澜而讵滴。故李称绝世，一顾倾城；杨著回波，六宫无色。是以咏曼睐于楚臣，赋美盼于卫国。

唇：盖闻菡萏生华，无烦的绛；樱桃比艳，岂待加殷。故裛裛余歌，动清声而红绽；盈盈欲语，露皓齿而丹分。是以兰气难同，妙传神女之赋；凝朱不异，独著捣素之文。

手：盖闻似春笋之初萌，映齐纨而无别；如秋兰之始茁，傍荆璧而生疑。故陌上采桑，金环时露；机中识素，罗袖恒持。是以秀若裁冰，抚瑶琴而上下；纤如削月，按玉管而参差。[1]

发的光泽可见非兰膏所致，鬓能够缠绕，也不是因为用了脂沐。吴国之佳人、身体之光泽，都是自然之美，非人工所为。这是女性对自己的赞歌，充满活力的身体让女性自豪，这种自豪不需要男性目光的肯定。叶小鸾的母亲沈宜修延续了女儿的这种身体审美，写作了《续艳体连珠》，对女性的眉、眼、腰、脚进行了描绘：

眉：盖闻远山有黛，卓文君擅此风流。彩笔生花，张京兆引为乐事。是以纤如新月，不能描其影。曲似弯弓，可以折其弦。

眼：盖闻将军之号，乃喻其大。美人之容，实惊其艳。是以新柳之青垂垂，春风谁识。双凤之丹点点，秋水何长。

腰：盖闻楚宫饿死，因婀娜之难求。沈郎瘦时，知飘遥之有托。是以邯郸学步，此后无人。金谷衔杯，怜卿独我。

脚：盖闻白绫三尺，玉笋枝枝。金莲一双，沉香步步。是以回风曲罢，窅娘真是可儿。凌云态浓，飞燕呼为仙子。[2]

卓文君大胆追求自己的爱情，其美丽由内而外。那些一味追求瘦的人只是邯郸学步。沈宜修与叶小鸾具有鲜明的自主意识，从女性意识出发，对女性身体有着非常明确的定位。她们的文字为明清时期的身体审美提供了以往中国古代美学中几乎不可能出现的思考。这种审美意识之所以能够出现，很大程度上与她们的家庭氛围、文化修养和地域环境有着密切的联系。沈宜修出身书香门第，自幼聪慧，与丈夫叶绍袁结婚后恩爱和谐。后来叶绍袁辞官隐居汾湖，以与妻及诸子女歌咏唱酬为乐，并将爱妻和子女的作品编成《午梦堂集》。如此家庭氛围及苏州当时比较开放的环境使得家中女性得到尊重，女性的自主意识才能够觉醒。

明清苏州的纵欲风尚不仅体现在以上几个方面，事实上，从服饰、居住、出行、旅游等任何一个方面都可以看到。正如顾公燮所言，"苏郡俗尚奢靡，文过其质，大抵皆典借侵亏，以与豪家角胜。至岁暮，索讨填门，水落石出，避之惟恐不深。其作俑在闾胥阛阓之间，东南城，向俱俭朴。

---

[1] 叶小鸾：《艳体连珠》，载虫天子编《香艳丛书》（一），北京：人民文学出版社，1992年，第143页和第144页。

[2] 沈宜修：《续艳体连珠》，载虫天子编《香艳丛书》（一），北京：人民文学出版社，1992年，第1087页。

今则群相效尤矣,虽蒙圣朝以节俭教天下,大吏三令五申,此风终不可改,而亦正幸其不改也。自古习俗移人,贤者不免。山陕之人,富而若贫。江粤之人,贫而若富。即以吾苏而论,洋货、皮货、绸缎、衣饰、金玉、珠宝、参药、诸铺、戏园、游船、酒肆、茶店,如山如林,不知几千万人。"[1]整体奢靡的社会风气使得这一时期的苏州呈现出纵欲的审美风尚。

三、纵欲的困惑

儒家强调道德人格的塑造,程朱理学将这种理想极端化,否定肉体的感性存在,将它们置于人性的最底端,从而抑制正常的人性需求。明清理学的社会化将崇高的人格理想置于普通人的身上,导致了人内在的矛盾性。伦理道德观念高高悬挂在头上,感官欲望却始终内在于身体。极度压抑的另一面就是极度放纵。"晚明文士躲避宰制儒家伦理所要求的崇高精神,以一种生命扭曲的方式追求怪诞的美,以此获得个体的自由。"[2]对于明中后期以来的这种纵欲风尚,我们必须有清醒的认识。一方面,王阳明提出"心与理一",把天理拉入人心,把更多的感性欲求容纳进圣境许可的范围,从而为感性进一步上升创造了条件,也更贴近世俗人情。天理与人欲并非对立,这是对欲望的合法化辩护。人欲的合法化对明清苏州纵欲思潮的出现有着重要的影响,这股思潮在发现人的感性层面上有着明显的进步意义。在中国美学的现代性演进中,主体性是非常重要的观念,主体性不仅包含理性,也应容纳感性欲望。作为当时中国较发达的城市,苏州的审美风尚为整个中国提供了一个很好的范本,展示了中国审美现代性演进的一种可能路径。另一方面,我们必须意识到,如此纵欲的风尚并不是一种正常的人性表现。晚明经常被认为是一个"天崩地解"的时代,传统的社会秩序面临瓦解,起码面临各种冲击,而新的秩序又未形成,人们普遍感到悲观与困惑,纵欲则是困惑的一种表现,人们用一种畸形的、变态的方式表达自己的困惑。因此,我们不能简单地将明清苏州的生活概括为

---

[1] 顾公燮:《消夏闲记摘抄三卷》,载《丛书集成续编》第96册,上海:上海书店,1994年,第700页。
[2] 妥建清:《颓废审美风格与晚明现代性研究》,北京:人民出版社,2018年,第143页。

诗意的生活、唯美的生活，相反，在很多时候它是一种非正常人性的生活，而理想的美应该是符合人性的。

事实上，这一时期人们对于欲望是矛盾的，欲望的满足让人体会到了世俗生活的快乐，但是它确实带来了许多问题：小到纵欲对个人的身体是有害的，大到它会导致社会秩序的混乱，而且纵欲之人还要面临一直以来悬挂在头顶的天理的拷问与折磨。袁宏道晚期对自己沉迷于女色表示反悔，他在给友人的一封信中表示："弟往时亦有青娥之癖，近年以来，稍稍勘破此机，畅快无量。始知学人不能寂寞，决不得彻底受用也。回思往日孟浪之语最多，以寄为乐，不知寄之不可常。今已矣，纵幽崖绝壑，亦与清歌妙舞等也。愿兄早自警发，他日意地清凉，得离声色之乐，方信弟言不欺也。"[1] 袁宏道表示自己对性欲已经看开，现在自然的幽崖绝壑能够让他感觉到同样的快乐，他奉劝友人也能够如此。从对个人身体的伤害来看，寄托幽崖绝壑算好一些，但是以另一种欲望来取代原来的欲望，并没有本质的区别，或许这种改变可能主要是来源于他身体的改变。袁宏道仅活了四十三岁就生病去世了，很难说这与他一直以来的纵欲生活没有关系。

另外，欲望的放纵挑战了传统的人伦观念，使得人们对社会充满了担忧。明清时期，苏州的同性恋现象非常普遍，其中又以男风为主。其实男风自古以来都存在，但较为零散。明中后期，苏州有关男风的记录大量增加，形成了一种社会风尚。谢肇淛在《五杂组》中说："今天下言男色者，动以闽、广为口实，然从吴越至燕云，未有不知此好者也。"[2] 而且这个风气是由江南一带传至其他地方的。在《情史》中，冯梦龙专门列了"情外"一类，记载了近四十个历朝历代的男同现象，他对男同没有任何鄙视的情感，他认为，男风也是真情的表达。《万历野获编》中记载了一则例子，可见人们对男风的接受：

> 周用斋汝砺，吴之昆山人，文名籍甚……馆于湖州南浔董宗伯家。赋性朴茂，幼无二色，在塾稍久，辄告归，主人知其不堪寂寞，又不敢强留。微及龙阳子都之说，即恚怒变色，谓此禽兽

---

[1] 袁宏道著，钱伯城笺校：《袁宏道集笺校》，上海：上海古籍出版社，2018年，第1337页。
[2] 谢肇淛撰，傅成校点：《五杂组》卷八，载《明代笔记小说大观》，上海：上海古籍出版社，2005年，第1638页。

盗丐所为，盖生平未解男色也。主人素稔其憨，乃令童子善淫者乘醉纳其茎，梦中不觉欢洽，惊醒，其童愈翾之不休，益畅适称快，密问童子，知出主人意，乃大呼曰"龙山真圣人"；数十声不绝，明日其事传布，远近怪笑。龙山为主人别号。自是遂溺于男宠，不问妍媸老少，必求通体。其后举丁丑进士，竟以好外，羸惫而殁。[1]

男同现象已经能够被传播出去，供大家议论，可见社会风气之一斑。"在晚明直至整个清代，苏州娈童以其灵秀的外表，柔媚的举止和良好的南曲修养而称冠江南，名闻遐迩。晚明的不少通俗小说都写到豪商富绅到苏州物色娈童的情节。他们甚至以与姑苏娈童狎游作为自己身份的一种标志。因苏州在晚代文风极盛，出过不少状元，有人便戏称姑苏的特产是状元与娈童。晚明的同性恋小说中关于苏州娈童的故事最多，娈童集中的现象使苏州的同性恋风气特别严重，给当地的少年造成了很坏的影响。"[2]

然而这种现象仍然会给当事人带来诸多烦恼。因为按照传统的道德观念，男性承担着"上以事宗庙，下以继后世"的责任，同性恋不能够产生子嗣，这在当时看来是不被接受的。如果单纯从情的角度来说，同性恋行为并没有太多问题，但如果只是追求新奇感与刺激感，而耽误了传承子嗣的重要任务，那么就是大问题，必然会承受来自社会与自身的双重压力。所以当时很多同性恋的行为更多是双性恋，在与男性交往的同时，也会正常结婚生子。尽管风气盛行，主流社会还是会对这种行为表示不满。"情欲与伦理的冲突、行为与内心的矛盾是同性恋文化中一个永远的悖论。"[3]这样的矛盾与冲突使得很多同性恋者遭遇着内心的折磨，使得他们的行为也没有那么理所当然。在《子不语》中，袁枚讲了一个常熟程生的故事。乾隆年间，程生参加乡试，头场入号后，半夜像发疯一样惊叫，后未完成考试就提前交白卷出考场，在别的考生一再追问下才道明原委。原来他在不到三十岁时曾在一缙绅之家教书，垂涎于弟子柳生的美貌。趁清明节其他学生回家扫墓的机会，程生写诗表达爱慕之意，然后灌醉了柳生，与之

---

[1] 沈德符撰，杨万里校点：《万历野获编》补遗卷三，载《明代笔记小说大观》，上海：上海古籍出版社，2005年，第2843页和第2844页。
[2] 吴存存：《明中晚期社会男风流行状况叙略》，《中国文化》，2001年第17、18期。
[3] 施晔：《明清同性恋小说的男风特质及文化蕴涵》，《文学评论》，2008年第2期。

发生了性关系。柳生醒后非常伤心，上吊自杀了。他一直不敢将这个事情告诉别人，前一天他看到柳生的鬼魂也来到了这里，衙役将他们押至地府审讯。事实审明："神判曰：'律载：鸡奸者，照以秽物入人口例，决杖一百。汝为人师而居心淫邪，应加一等治罪。汝命该两榜，且有禄籍，今尽削去。'柳生争曰：'渠应抵命，杖太轻。'"[1] 由此可见，当时"鸡奸"这样的行为仍是没有得到官方的认可，而这个事情对于程生来说也一直是一个心结，欲望与禁忌让他遭受着折磨，始终纠缠着他。

在明清苏州的文学作品中，我们可以看到普遍存在的内在分裂，不少作品大肆描绘人们的纵欲行为。对于这样的行为，作者的立场是比较矛盾的：一方面似乎以一种欣赏的姿态去描绘这些人及他们的行为，有时候也同情这些人由于纵欲而产生的悲剧结果；另一方面作者又总是以站在儒家传统道德观念的立场对这些人进行批判。在语言的内部，我们能够看到此时人们对纵欲的种种困惑。我们将对一些作品做具体的分析。

《警世通言》第三十八卷"蒋淑真刎颈鸳鸯会"讲述了两个女性的故事。步非烟是河南功曹参军武公业的妾，长得漂亮，有才华。武公业很宠爱她，但她总觉得丈夫一介武夫，与她没有共同语言。偶然的机会与邻居赵象私通，后被丈夫发现。面对丈夫的折磨，她表示："生则相亲，死亦无恨。"她率性而为，不为观念所束缚，然后慷慨赴死。冯梦龙评价步非烟时说："可怜雨散云消，花残月缺。"[2] 按照冯梦龙的情教观，这种行为是明显不对的，但是他赋予了她深切的同情，面对她因为追求自己的情欲而陨灭表达出非常可惜的态度，语言中透露出明显的矛盾与纠结。第二个女子蒋淑真长得也很漂亮，多才多艺，而且她大胆打扮自己，对生活有着浪漫的想象，也因此耽误了婚姻。到了二十多岁，她为欲望所驱使，与邻居小孩阿巧发生关系，导致阿巧死亡。之后，她先后与李二郎、张二官、张家私塾先生和朱秉中发生或正当或不正当的关系，终因与朱秉中的私通被发现而选择自杀。欲望是她所追求的，为了它，她哪怕舍弃生命。无论是步非烟还是蒋淑真，都大胆放纵自己，哪怕付出生命的代价。她们都选择了以自杀来结束自己的生命，死之前都异常英勇，特别是跟那些男子比起来。冯梦龙总是满怀同情又坚决批判，透露出深深的矛盾。

[1] 袁枚编撰，申孟、甘林校点：《子不语》，上海：上海古籍出版社，1998年，第119页。
[2] 冯梦龙编，严敦易校注：《警世通言》，北京：人民文学出版社，1956年，第630页。

《警世通言》第三十五卷"况太守断死孩儿"对邵氏失节的叙述同样充满了矛盾,其中夹杂着面对欲望与道德的困惑。邵氏二十三岁时丈夫去世。她不顾父母亲戚的改嫁劝告,坚决要守寡。原本是值得推崇的事情,但作者说:"孤孀不是好守的。替邵氏从长计较,到不如明明改个丈夫,虽做不得上等之人,还不失为中等,不到得后来出丑。"[1]这是基于感性的角度去劝诫邵氏,守节的社会道德退居其次。后来由于恶少支助的使坏,邵氏与小厮私通,并怀身孕,产下一男孩。可以说,邵氏没有很好地控制自己的欲望。面对支助坑财之后又想谋色的企图,她坚决不从,一气之下,杀死了得贵,然后自杀。作者写道:"地下新添冤恨鬼,人间少了俏孤孀。"冯梦龙把邵氏称作"冤恨鬼",透露出自己对邵氏同情的态度,也就是说,他并没有将邵氏没有守节、放纵欲望看作悲剧的根源,而将根源归结于支助一直以来的作恶。这一点在况太守对支助的审判中得到明确:"审得支助,奸棍也。始窥寡妇之色,辄起邪心;既秉弱仆之愚,巧行诱语。开门裸卧,尽出其谋;固胎取孩,悉堕其术。求奸未能,转而求利;求利未厌,仍欲求奸。"[2]我们由此可见冯梦龙对这个悲剧故事的基本定位。但是,小说仍然将邵氏的行为看作出丑,认为邵氏见欲心乱,而且综合"三言"整体的思想倾向来看,理与欲的矛盾一直是冯梦龙的困惑。

　　理想的审美状态当然是感性能够得到理性的有效制约,理性也能够带有感性的生动与活泼,如此的身体才是灵与肉的完美结合。在阳明心学中,天理与人心的合一并没有否定天理的神圣性,身体的感性之维得到承认,但仍需要天理的制约。在明清苏州的语境中,这样的理想是不现实的,身体处于被分裂的状态。受传统道家与道教思想的影响,社会上仍然存在对神性身体的追求,但是逐渐淡去。以宋明理学为代表的道德理性的规训却越来越严苛,导致明清苏州人的身体失去了活力。感性只是被压制,并没有消失。随着外部条件的改变,它以纵欲的方式释放出来。总之,这一时期苏州的身体审美充满了矛盾与困惑,这正是古典与现代交汇期的必然表现。

---

[1] 冯梦龙编,严敦易校注:《警世通言》,北京:人民文学出版社,1956年,第587页。
[2] 冯梦龙编,严敦易校注:《警世通言》,北京:人民文学出版社,1956年,第598页。

结语

明清时期苏州经济繁盛、人文荟萃，既是文艺思潮嬗变的中心场域之一，又引领着全国的时尚风潮，也由此给人留下了风流蕴藉、豪华奢侈的印象。风流豪奢的确是这一时期苏州较为突出的人文特征，但是这一概括也遮蔽了苏州充满矛盾、冲突、裂变得更为多样和真实的面貌。本书将明清时期苏州审美风尚放入中国美学发展的宏观视野下加以观照，力图从人格、自然、礼文、身体四个方面对其做出较为全面和深入的研究。

　　从人格的角度而言，明清苏州士论与民誉共同塑造的审美理想仍然承续了中国古典美学的传统，欣赏重义轻利、不羡权贵、铁骨铮铮而具有崇高美感的人物品格。但是，此时期苏州经济繁盛，士商一体化成为普遍的现象，传统对于圣贤人格的审美追求也因此遭受着巨大的冲击。从义利观看，苏州士人并不遵守君子耻于言利的传统，逐利成为整个地区的风尚。传统的天道义理收束、净化人性的功能进一步弱化，人性变得混杂不堪。从仕隐观看，仕隐互通的观念得到了士人的普遍认同。士人以仕为苦，吴中士人一度有"莫肯为用"的风习，并不执着于进入官场。选择隐逸也并不意味着与世隔绝，隐而有用于民成为普遍的观念。隐逸也并不意味着清苦的生活，雅集、结社风尚和山人之风的兴起都透露出仕隐观念的变化。士人可隐于书、诗、画、色等，生活多姿多彩。隐逸风习中逃俗离世、清苦自守的气息淡化，并逐渐影响了整个时代。从生死观看，在两朝鼎革之际兴起一股死殉之风。活下来的人有逃禅为僧者，有隐居不仕者，也有终其一生奋争不止者。此三类人群虽人生选择有所不同，但是其作为明清之际遗民身份的生存状态及人格品评都导向尚苦。明清时期人们将平居与临大节视为两种不同的状态，普遍认同较为奢华的生活方式，并不将其作为衡量人物品行的重要标准，甚至有弥合居之风流与赴临大节之义无反顾的趋势。

从自然的角度而言，丰富的自然资源、强烈的文化认同使得苏州的山水通过诗词文赋、绘画方志等得以细致呈现，表现出苏州的独有空间特色，并继承了明清之前的中国古典隐逸与空灵澄澈的山水意境。但是，此时的自然审美风尚表现出明显的世俗化趋势，在世俗社会的影响下，山水自然呈现出不同的形态。从山水旅游活动来看，参与的群体越来越广，而且各个阶层都将其作为感官享乐的重要途径，这打破了传统山水所呈现的隐逸与空灵的境界，朝着享乐化的方向发展。从苏州园林风尚来看，传统文人的山水之好通过园林的建造而成为日常生活的一部分。园林风格亦经历了明初期的素朴、明中期的典雅和明后期及之后的繁复，体现了自然审美的雅俗融合，这是对古典自然审美的一种背离。从苏州山水中自然意象的嬗变来看，苏州在文学中经历了从诗意的苏州到诗意与世俗共存的演变，其中山水苏州逐渐被市井苏州取代；有关身体的词汇，特别是女性身体的词汇，经常被用来描写苏州自然山水的魅力，使得自然意象感官化；来自世俗因素的渗透使得吴门山水画走向了文雅的风格，而清代"四王"受正统观念的束缚，他们背离了传统的逸而呈现雅正之风。总之，中国古典自然审美风尚在逐渐瓦解，世俗的影响越来越明显。

从礼文的角度而言，明清时期礼仍然有规范人之感性的强大功能。在中国传统文化的语境中，礼是人世间依照天道运转而建立的规则，既有象征性、神圣性，又有世俗性、工具性。礼有文、本之分。"礼之本"具有强烈的世俗性，是维系人伦社会的工具。"礼之文"具有强烈的象征性，因天道赋予神圣性而具有形式化的规范力量。在理想的社会中，二者紧密结合在一起，纷繁的社会现象在礼文中展现为秩序性与形式化。明清时期通过政令的强制推行及程朱理学的思想形塑，古典的礼文之美思想已经深入人心，苏州民众对严整有序的礼文之美仍自觉推崇。但是，此时期从苏州本地的风俗中可见天道自然对人世间的影响淡化。原本联系紧密的血缘关系遭受着战乱的破坏、朝廷的压制，世家大族陵替、家庭小型化趋势明显，经济发展也进一步冲击着血缘纽带的功能。天人相分的趋势明显加强。由此，从"礼之本"的角度而言，一方面礼的神圣性淡化，其维系社会秩序的功能相应减弱，社会上出现了称呼混乱、服饰逾分、冒用仪仗、庶子夺宗等大量的礼的失序状况；另一方面礼的工具性加强，化民、造族成为时人对礼的主要审美期待，"礼之文"因对"礼之本"维系社会时所起作用不同，时而得到强化，时而被弱化。从"礼之文"的角度而言，一方面，神圣性的淡化使得不再负有承接天道重任的"长物"走进了人们的视野，展现了一个活色生香的世界。人们用玩赏的态度对待物，尤其关注它们的形式美。另一方面，缺少了神圣性的约束之后，在世俗性的主导下，"礼之文"以其极具感官冲击性的形式向大众昭示着世俗的渴望，"苏意""苏样"的流行甚至暗藏着重建社会秩序的野心。

从身体的角度而言，道教最注重生命，追求长生不老、羽化成仙，同时保持现实的维度，这是天道与身体的一种结合。明清时期苏州崇奉道教正一派中的神霄派。正一派擅长斋醮符箓，求雨求福、驱邪驱鬼、祛妖降魔、念咒画符等行为具有明显的世俗性，关注的是人间灾害苦痛的解决，与明中期以来的苏州世俗化社会思潮吻合。因此，正一派在苏州各个阶层中，特别在市民阶层中，具有较大的影响力。由于整个社会风气的变化，世俗功利性的因素日益凸显。站在整体的社会层面上讲，人们对成仙、神性的兴趣已经淡了许多，转而更为关注如何延长寿命。这与全真派追求的逍遥长生、羽化成仙有非常明显的区别。与此同时，全真派以更为隐蔽与沉寂的方式在苏州传播，并在清初朝廷的认可下得到相当程度的发展。从美学的角度来看，这里隐含着人们对古典神性身体的无意识追求。但是，当身体的神圣性逐渐远去，社会理性对其规训进一步加强。明清苏州盛行的节孝观是程朱理学的极端化表现，它否定肉体的感性存在，抑制正常的人性需求。同时，身体处于内在的矛盾之中，伦理道德观念高高悬挂在头上，感官欲望却始终内在于身体。极度压抑的另一面就是极度放纵。明清苏州出现了为欲望辩护的思潮，在社会层面亦存在着纵欲的倾向。这显示了明清苏州身体审美的复杂性：一方面，在中国美学的现代性演进中，主体感性欲望的发现是主体性的重要方面，揭示了中国美学现代演进的重要维度；另一方面，无论是禁欲还是纵欲，都不是人性的正常表现，对纵欲的困惑显示了人们对这一时期传统秩序瓦解而新秩序尚不明朗的悲观与困惑。从本质上说，明清苏州的身体审美并不是一种理想的审美形态，在神性身体与延长寿命、肯定情感与强调教化、否定肉体与极致享乐之间，它们往往是分裂与矛盾的。

在我国古代文化传统中，人格、自然、礼文、身体共同构筑了天人合一的和谐世界：纷杂的社会人事变得有序可观，客观的自然万物变得灵动可亲，混杂的人性中闪耀着圣洁的光芒，有限的肉身有不朽的可能。天之刚硬恒久、高远超拔与人之随机灵活、低平务实相互结合所形成的性有圣、物有灵、事有序、身有神构成了我国古代最美的社会图景。但是，我们必须意识到天人合一不是天人为一，二者在互相结合的时候仍存在分离的趋势。在中国美学发展的后期阶段，天人相分的影响就愈发明显，而作为当时的经济、文化重地，引领时尚风潮的苏州，这种变化就表现得尤为突出。因此，我们可以见到时人对古典传统美学观念的念念不忘，亦可观察到人格、自然、礼义、身体方面的审美观念呈现出分裂与矛盾的状态。一方面，道德理性仍然对人进行着严酷的压制；另一方面，人不断试图冲击这种束缚，甚至在重压之下以一种非正常的状态来表达自己的情感欲望。不可否认，传统的古典理性对人收束的功能在减弱，但是在冲破旧的束缚之时，如何在道德的废墟上重建人性、重建社会规则，如何找到新的平衡感性和理性的途径，则是另一个艰巨的历史课题了。